普通高等教育"十二五"机电类规划教材

数控加工工艺

主　编　施晓芳

副主编　庄曙东

电子工业出版社·

Publishing House of Electronics Industry

北京·BEIJING

内 容 简 介

本书全面、系统地介绍了数控加工工艺的基本知识,共分为6章,包括数控刀具与数控工具系统、数控机床夹具、数控加工工艺规程、数控车削加工工艺、数控铣削加工工艺及加工中心加工工艺等内容。本书加强和突出了实用性方面的内容,能够帮助读者全面、系统地学习和更好地理解数控加工工艺。由于数控加工工艺指导数控编程,数控程序又包含数控加工工艺,因此,数控加工工艺和数控程序密不可分。书中编写的数控加工工艺规程实例配有数控加工工序,从而使本书变得更加系统、完善,更具有先进性和实用性。

本书可作为理工科高等院校相关专业学生的教材,也可作为广大从事数控工作的工程技术人员的参考书。

图书在版编目(CIP)数据

数控加工工艺/施晓芳主编. —北京:电子工业出版社,2011.6
(普通高等教育"十二五"机电类规划教材)
ISBN 978-7-121-13510-1

Ⅰ. ①数… Ⅱ. ①施… Ⅲ. ①数控机床-加工工艺-高等学校-教材 Ⅳ. ①TG659

中国版本图书馆 CIP 数据核字(2011)第 084520 号

策划编辑:李 洁
责任编辑:李 洁 特约编辑:刘 忠
印   刷:北京虎彩文化传播有限公司
装   订:北京虎彩文化传播有限公司
出版发行:电子工业出版社
          北京市海淀区万寿路 173 信箱 邮编 100036
开   本:787×1092 1/16 印张:17.5 字数:448 千字
版   次:2011 年 6 月第 1 版
印   次:2023 年 7 月第 9 次印刷
定   价:39.80 元

前　言

数控加工是机械制造中的先进技术，是一种高效率、高精度和高柔性化的自动化加工方法。数控技术是提高产品质量、提高生产效率必不可少的技术手段，大力发展数控技术已成为各国加速经济发展、提高综合国力的重要途径。正确、合理的数控加工工艺是实现产品高质量、高精度、高效率的保证。本书比较全面、系统地介绍了数控加工工艺的基本知识，具体分析了数控车床、铣床、加工中心的加工工艺，加强和突出了实用性方面的内容。

本书被列为普通高等教育"十二五"机电类规划教材，内容丰富、语言精练、图文并茂，具有很强的实践性；有较强的核心工艺理论知识；具有定位准确、注重能力、内容创新、叙述通俗的特色；通过典型实例分析，结合数控编程，培养学生掌握数控加工工艺能力。

本书共分 6 章，包括数控刀具与数控工具系统、数控机床夹具、数控加工工艺规程、数控车削加工工艺、数控铣削加工工艺及加工中心加工工艺等内容。参考学时 60 学时，可作为理工科高等院校有关专业学生的教材，也可作为广大从事数控工作的工程技术人员的参考书。

本书由江苏技术师范学院施晓芳老师主编，河海大学庄曙东老师任副主编，第 1 章及本书习题部分由江苏技术师范学院张卫平老师编写。

本书在编写过程中，参阅了国内外同行的专著、教材、手册等文献资料，并得到了企业技术人员的技术支持和帮助，在此一并致谢。

由于编者水平有限，书中难免出现疏漏和错误，恳请读者批评指正。

编　者

目　录

第 1 章
数控刀具与数控工具系统

1.1 数控刀具

1.1.1 数控刀具的基本特点

数控刀具为适应数控机床高速、高效、自动化程度高、加工工序集中和加工零件次数少等要求，应当具有以下基本特点。

① 切削刀具由传统的机械刀具实现了向高科技产品的飞跃，刀具的切削性能有显著的提高。

② 切削技术由传统的切削工艺向创新制造工艺的飞跃，大大地提高了切削加工的效率。

③ 刀具工业由脱离使用、脱离用户的低级阶段向面向用户、面向使用的高级阶段的飞跃，成为用户可利用的专业化的社会资源和合作伙伴。

④ 切削刀具从低值、易耗品过渡到全面进入"三高一专（高效率、高精度、高可靠性和专用化）"的数控刀具时代，实现了向高科技产品的飞跃。

⑤ 成为现代数控加工的关键技术。

⑥ 与现代科学的发展紧密相连，是应用材料科学、制造科学、信息科学等领域的高科技成果的结晶。

数控刀具必须适应数控机床高速、高效和自动化程度高的特点，一般应包括通用刀具、通用连接刀柄及少量专用刀柄。刀柄要连接刀具并装在机床动力头上，因此，已逐渐标准化和系列化。

1.1.2 数控刀具的分类

数控机床加工时都必须采用数控刀具，数控刀具主要是指数控车床、数控铣床、加工中心等机床上所使用的刀具。从现实情况看，应当从广义上来理解"数控刀具"的含义。随着数控机床结构、功能的发展，现代数控机床所使用的刀具，不是普通机床所采用的"一机一刀"的模式，而是多种不同类型的刀具同时在数控机床的主轴上（刀盘上）轮换使用，可以达到自动换刀的目的。因此，对"刀具"的含义应理解为"数控工具系统"。数控刀具按不同的分类方式可分成以下几类。

1．按照刀具结构分类

（1）整体式

由整块材料磨制而成，使用时根据不同用途将切削部分磨成所需要的形状。其优点是结构简单、使用方便、可靠、更换迅速等。如钻头、立铣刀等。

（2）镶嵌式

镶嵌式包括刀片采用焊接式和机夹式，机夹式又可根据刀体结构的不同，分为不转位刀具和可转位刀具。

（3）特殊形式

特殊形式包括强力夹紧、可逆攻螺纹、复合刀具等。数控机床的刀具主要采用不重磨机夹可转位刀具。

（4）减振式

当刀具的工作长度与直径比大于4时，为了减少刀具的振动，提高加工精度，应该采用特殊结构的刀具。减振式刀具主要应用在镗孔加工上。

2．按照切削工艺分类

① 车削刀具：外圆刀、内孔刀、螺纹刀、成型车刀等；

② 铣削刀具：面铣刀、立铣刀、螺纹铣刀等；

③ 钻削刀具：钻头、铰刀、丝锥等；

④ 镗削刀具：粗镗刀、精镗刀等。

3．铣刀的结构

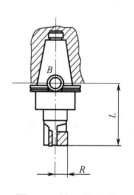

铣刀的结构分为三部分：切削部分、导入部分和柄部，如图1-1所示。铣刀的柄部为7∶24圆锥柄，这种圆锥柄不会自锁，换刀方便，具有较高的定位精度和较大的刚性。

1.1.3 数控刀具的材料

图1-1　铣刀的结构

刀具材料主要指刀具切削部分的材料。刀具切削性能的优劣，直接影响着生产效率、加工质量和生产成本。而刀具的切削性能，首先取决于切削部分的材料；其次是几何形状及刀具结构的选择和设计是否合理。

1．对刀具材料的基本要求

在切削过程中，刀具切削部分不仅要承受很大的切削力，而且要承受切屑变形和摩擦产生的高温，要保持刀具的切削能力，刀具应具备如下的切削性能。

（1）高的硬度和耐磨性

刀具材料的硬度必须高于工件材料的硬度。常温下一般应为 60HRC 以上。一般说来，刀具材料的硬度越高，耐磨性也越好。

（2）足够的强度和韧性

刀具切削部分要承受很大的切削力和冲击力，因此，刀具材料必须要有足够的强度和韧性。

（3）良好的耐热性和导热性

刀具材料的耐热性是指在高温下仍能保持其硬度和强度，耐热性越好，刀具材料在高温时抗塑性变形的能力、抗磨损的能力也越强。刀具材料的导热性越好，切削时产生的热量越容易传导出去，从而降低切削部分的温度，减轻刀具磨损。

（4）良好的工艺性和经济性

为便于制造，要求刀具材料具有良好的可加工性。包括热加工性能（热塑性、可焊性、淬透性）和机械加工性能，以及良好的经济性。

2．常用刀具材料

刀具材料的种类很多，常用的有工具钢，包括：碳素工具钢、合金工具钢和高速钢、硬质合金、陶瓷、金刚石和立方氮化硼等。

碳素工具钢和合金工具钢，因耐热性很差，只适宜做手工刀具。

陶瓷、金刚石和立方氮化硼，由于质脆、工艺性差及价格昂贵等原因，仅在较小的范围内使用。

目前，最常用的刀具材料是高速钢和硬质合金。

（1）高速钢

高速钢是在合金工具钢中加入较多的钨（W）、钼（Mo）、铬（Cr）、钒（V）等合金元素的高合金工具钢。它具有较高的强度、韧性和耐热性，是目前应用最广泛的刀具材料。高速钢因刃磨时易获得锋利的刃口又称"锋钢"。

高速钢按用途不同，可分为普通高速钢和高性能高速钢。

1）普通高速钢

普通高速钢具有一定的硬度（62～67 HRC）和耐磨性、较高的强度和韧性，切削钢料时切削速度一般不大于 50～60m/min，不适合高速切削和硬材料的切削。常用牌号有 W18Cr4V、W6Mo5Cr4V2。

2）高性能高速钢

在普通高速钢中增加碳（C）、钒的含量或加入一些其他合金元素而得到耐热性、耐磨性更高的新钢种，但这类钢的综合性能不如普通高速钢。常用牌号有 9W18Cr4V 、9W6Mo5Cr4V2、W6Mo5Cr4V3 等。

（2）硬质合金

硬质合金是由硬度和熔点都很高的碳化物，用钴（Co）、钼（Mo）、镍（Ni）作为黏结剂烧结而成的粉末冶金制品。其常温硬度可达 78～82 HRC，能耐 850～1000℃的高温，切削速度可比高速钢高 4～10 倍。但其冲击韧性与抗弯强度远比高速钢差，因此，很少做成整体式刀具。在实际使用中，常将硬质合金刀片焊接或用机械夹固的方式固定在刀体上。

我国目前生产的硬质合金主要分为三类。

1）K 类（YG）

K 类即钨钴类，由碳化钨和钴组成。这类硬质合金韧性较好，但硬度和耐磨性较差，适用于加工铸铁、青铜等脆性材料。常用的牌号有 YG8、YG6、YG3，它们制造的刀具适用于粗加工、半精加工和精加工。其中数字表示钴含量的百分数，如 YG6 即含钴为 6%，含钴量越高，则韧性越好。

2）P 类（YT）

P 类即钨钴钛类，由碳化钨、碳化钛和钴组成。这类硬质合金耐热性和耐磨性较好，但抗冲击韧性较差，适用于加工钢料等韧性材料。常用的牌号有 YT5、YT15、 YT30 等，其中的数字表示碳化钛含量的百分数，碳化钛的含量越高，则耐磨性较好、韧性越低。这三种牌号的硬质合金制造的刀具分别适用于粗加工、半精加工和精加工。

3）M 类（YW）

M 类即钨钴钛钽铌类。由在钨钴钛类硬质合金中加入少量的稀有金属碳化物（TaC 或 NbC）组成。它具有前两类硬质合金的优点，用其制造的刀具既能加工脆性材料，又能加工韧性材料，同时还能加工高温合金、耐热合金及合金铸铁等难加工材料。常用牌号有 YW1、YW2。

（3）其他刀具材料简介

1）涂层硬质合金

这种材料是在韧性、强度较好的硬质合金基体上或高速钢基体上，采用化学气相沉积（CVD）法或物理气相沉积（PVD）法涂覆一层极薄硬质和耐磨性极高的难熔金属化合物而得到的刀具材料。通过这种方法，使刀具既具有基体材料的强度和韧性，又具有很高的耐磨性。常用的涂层材料有 TiC、TiN、Al_2O_3 等。TiC 的韧性和耐磨性好；TiN 的抗氧化、抗黏结性好；Al_2O_3 的耐热性好。使用时可根据不同的需要选择涂层材料。

2）陶瓷

陶瓷的其主要成分是 Al_2O_3，刀片硬度可达 78 HRC 以上，能耐 1200～1450℃的高温，故能承受较高的切削速度，但抗弯强度低，冲击韧性差，易崩刃。主要用于钢、铸铁、高硬度材料及高精度零件的精加工。

3）金刚石

金刚石分人造和天然金刚石两种，做切削刀具的材料，大多数是人造金刚石，其硬度极高，可达 10000 HV（硬质合金仅为 1300～1800 HV）。其耐磨性是硬质合金的 80～120 倍，但刃性差，对铁族材料亲和力大。因此，一般不宜加工黑色金属，主要用于硬质合金、玻璃纤维塑料、硬橡胶、石墨、陶瓷、有色金属等材料的高速精加工。

4）氮化硼

氮化硼（CNB）是人工合成的超硬刀具材料，其硬度可达 7300～9000HV，仅次于金刚石的硬度。但热稳定性好，可耐 1300～1500℃高温，与铁族材料亲和力力小。但强度低，焊接性差。目前，主要用于加工淬火钢、冷硬铸铁、高温合金和一些难加工材料。

刀具材料的选用应对使用性能、工艺性能、价格等因素进行综合考虑，做到合理选用。例如，车削加工 45 钢自由锻齿轮毛坯时，由于工件表面不规则且有氧化皮，切削时冲击力大，选用韧性好的 K 类（钨钴类）就比 P 类（钨钴钛类）有利。又如车削较短钢料螺纹时，按理要用 P 类，但由于车刀在工件切入处要受冲击，容易蹦刃，所以，一般采用 K 类比较有利。

虽然 K 类的热硬性不如 P 类，但工件短，散热容易，热硬性就不是主要矛盾了。

1.2　数控机床自动换刀装置与工具系统

1.2.1　自动换刀装置

数控机床为了进一步提高生产率，压缩非切削时间，已逐步发展为在一台机床上一次装夹完成多工序或全部工序的加工。这就要求数控机床的刀具不能采用普通机床所采用的"一机一刀"的模式，而是多种不同类型的刀具同时在数控机床的刀盘上（或主轴上）轮换使用，以达到自动换刀的目的。为了完成对工件的多工序加工而设置的存储及更换刀具的装置称为自动换刀装置，它是加工中心上必不可少的部分。根据组成结构，自动换刀装置可分为回转刀架式、转塔式、带刀库式三种形式。图 1-2、图 1-3、图 1-4 所示为带刀库式自动换刀装置。

带刀库式自动换刀系统由刀库和刀具换刀机构组成，目前，这种换刀方法在数控机床上的应用最为广泛。带刀库式自动换刀装置的数控机床主轴箱与转塔主轴头相比较，由于主轴箱内只有一个主轴，所以，主轴部件有足够的刚度，因而能够满足各种精密加工的要求。另外，刀库可以存放数量很多的刀具，可进行复杂零件的多工序加工，可明显地提高数控机床的适应性和加工效率。这种带刀库式自动换刀装置特别适用于数控钻床、加工中心等机床。

带刀库式换刀系统换刀过程较为复杂，首先应把加工过程中需要使用的全部刀具分别安装在标准刀柄上，在机外进行尺寸调整之后，按一定的方式放入刀库，换刀时按刀具编号在刀库中进行选刀，并由刀具交换装置从刀库和主轴上取出刀具进行交换，将新刀装入主轴，把从主轴上取下的旧刀具放回刀库。存放刀具的刀库有较大的容量，刀库可安放在主轴箱的侧面或上方，也可单独安装在机床以外作为一个独立部件，由搬运装置运送刀具。这种换刀方式的整个工作过程动作较慢，换刀时间较长，并且使系统变得更为复杂，降低了工作可靠性。

1.　自动换刀装置的形式

在刀库式自动换刀装置中，为了传递刀库与机床主轴之间的刀具并实现刀具装卸的装置称为刀具的交换装置。刀具的交换方式通常分为两种：一种是机械手交换刀具；另一种是由刀库与机床主轴的相对运动实现刀具交换，即无机械手交换刀具。刀具的交换方式及它们的具体结构直接影响机床的工作效率和可靠性。

（1）无机械手交换刀具方式

无机械手的换刀系统一般是把刀库放在主轴箱可以运动到的位置，或整个刀库或某一刀位能移动到主轴箱可以到达的位置，同时，刀库中刀具的存放方向一般与主轴上的装刀方向一致。换刀时，由主轴运动到刀库上的换刀位置，利用主轴直接取走或放回刀具。图 1-2 所示是一种可装 20 把刀的立式加工中心无机械手换刀装置。

无机械手换刀系统的优点是结构简单，成本低，换刀的可靠性较高。缺点是换刀时间长，刀库因结构所限容量不大。

（2）带机械手交换刀具方式

采用机械手进行刀具交换方式在加工中心中应用最为广泛。机械手是当主轴上的刀具完成一个工步后，把这一工步的刀具送回刀库，并把下一工步所需要的刀具从刀库中取出来装入主轴继续进行加工的功能部件。对机械手的具体要求是迅速可靠，准确协调。由于不同的加工中心的刀库与主轴的相对位置不同，所以，各种加工中心所使用的换刀机械手也不尽相同。图1-3所示为一种可装24把刀的立式加工中心有机械手换刀装置。

图1-2　可装20把刀的立式加工中心
无机械手自动换刀装置

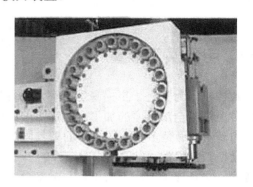

图1-3　可装24把刀的立式加工中心
有机械手自动换刀装置

1.2.2　刀库

1. 刀库的功用

刀库是用来储存加工刀具及辅助工具的，是自动换刀装置中最主要的部件之一。由于多数加工中心的取送刀具位置都是在刀库中某一固定刀位，因此，刀库还需要有使刀具运动的机构来保证换刀的可靠性，刀库中刀具的定位机构是用来保证要更换的每一把刀具或刀套都能准确地停在换刀位置上。其控制部分可以采用简易位置控制器，或类似半闭环进给系统的伺服位置控制，也可以采用电气和机械相结合的销定位方式，一般要求其综合定位精度达到0.1～0.5mm，即可采用电动机或液压系统为刀库转动提供动力。

2. 刀库的类型

按刀库的结构形式可分为圆盘式刀库、链式刀库和箱式刀库，前两种较为常见。圆盘式刀库如图1-2所示，其结构简单，应用也较多。但因刀具采用单环排列，空间利用率低，因此，出现了将刀具在盘中采用双环或多环排列的形式，以增加空间利用率。但这样使刀库的外径扩大，转动惯量也增大，选刀时间也长，所以，圆盘式刀库一般用于刀具容量较小的刀库。链式刀库适用于刀库容量较大的场合。链的形状可以根据机床的布局配置，也可将换刀位凸出以利于换刀。当需要增加链式刀库的刀具容量时，只需要增加链条的长度，一般刀具数量为30～120把时都采用链式刀库。

1.2.3　数控工具系统

由于在数控机床上要加工多种工件，并完成工件上多道工序的加工，因此，需要使用的刀具品种、规格和数量就较多。要加工不同工件所需刀具更多，因品种规格繁多而造成很大困难。

为了减少刀具的品种规格，有必要发展柔性制造系统和加工中心使用的工具系统。数控工具系统是指连接数控机床与刀具的系列装夹工具，由刀柄、连杆、连接套和夹头等组成。工具系统一般为模块化组合结构，在一个通用的刀柄上可以装多种不同的刀具，使数控加工中的刀具品种规格大大减少，同时也便于刀具的管理。数控机床工具系统能实现刀具的快速、自动装夹。随着数控工具系统的应用与日俱增，我国已经建立了标准化、系列化、模块式的数控工具系统。数控机床的工具系统分为整体式和模块式两种形式。

1. 车削类工具系统

随着车削中心的产生和各种全功能数控车床数量的增加，人们对数控车床和车削中心所使用的刀具提出了更高的要求，形成了一个具有特色的车削类刀具系统。目前，已出现了几种车削类工具系统，它们具有换刀速度快、刀具的重复定位精度高、连接刚度高等特点，提高了机床的加工能力和加工效率。目前，广泛采用的一种整体式车削工具系统是 ZCG 车削工具系统，它与机床的连接接口的具体尺寸及规格可参考相关资料。图 1-4 所示为车削加工中心用的模块化快换刀具系统，它由刀具头部、连接部分和刀体组成。这种刀体还可装车、钻、镗、攻螺纹检测头等多种工具。

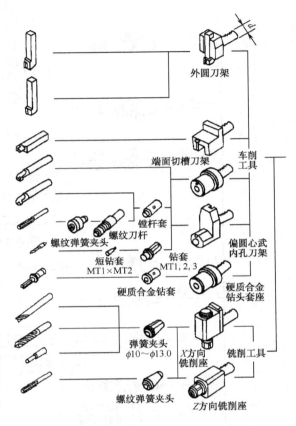

图 1-4　车削加工中心用模块化快换刀具系统

2. 镗铣类工具系统

加工中心上加工的内容较多，其配备的刀具和装夹刀具的工具种类也较多，并要求换刀迅速。因此要将其配备的装夹刀具的工具系列化，标准化，即镗铣类工具系统。镗铣类工具系统一般由与机床连接的柄部、接杆和刀具组成。它们组合后，可进行平面、型腔、凸台、钻孔、扩孔、铰孔、镗孔、攻螺纹等工艺。镗铣类工具系统分为整体式工具系统（TSG）和模块式工具系统（TMG）。

（1）整体式工具系统

图 1-5 所示为镗铣类整体式工具系统的组成，它是把工具柄部和装夹刀具的工作部分做成一体。要求不同工作部分都具有同样结构的刀柄，以便与机床的主轴相连，所以，具有可靠性强、使用方便、结构简单、调换迅速及刀

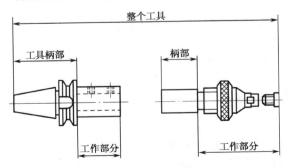

图 1-5　整体式工具系统的组成部分

柄的种类较多的特点。由于工具的品种、规格繁多，给生产、使用和管理带来不便。图1-6所示为整体式工具系统图，该图表明了整体式工具系统中各种工具的组合形式。

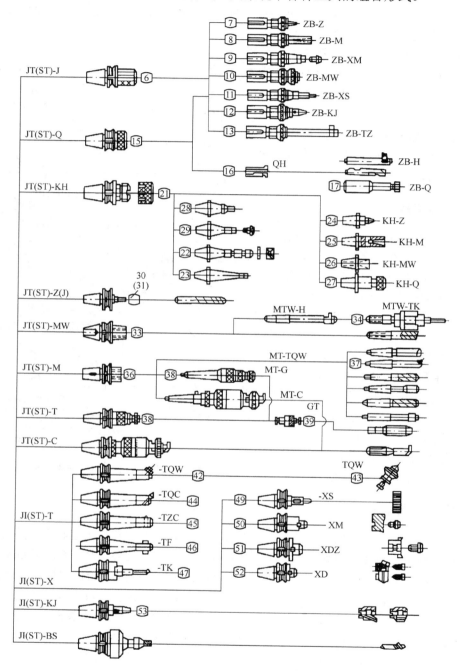

图1-6 整体式工具系统图

（2）模块式工具系统

镗铣类模块式工具系统是把整体式刀具分解成柄部（主柄模块）、中间连接块（中间连接模块）和工作头部（工作模块）三个主要部分，然后通过各种连接结构，在保证刀杆连接精度、强度、刚性的前提下，将这三部分连接成整体，如图 1-7 所示。

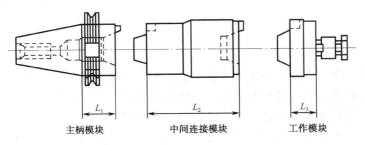

图 1-7　模块式工具系统的连接模块

模块式工具系统有下列三种结构形式：圆柱连接系列 TMG21，轴心用螺钉拉紧刀具；短圆锥定位系列 TMG10，轴心用螺钉拉紧刀具；长圆锥定位系列 TMG14，用螺钉锁紧刀具。模块式工具系统以配置最少的工具来满足不同零件的加工需要，因此，该系统增加了工具系统的柔性，是工具系统发展的高级阶段。

这种工具系统可以用不同规格的中间连接块，组成各种用途的模块工具系统，既灵活、方便，又大大减少了工具的储备。例如，国内生产的 TMG10、TMG21 工具系统，发展迅速，应用广泛，是加工中心使用的基本工具。图 1-8 所示为模块式工具系统的示意图。

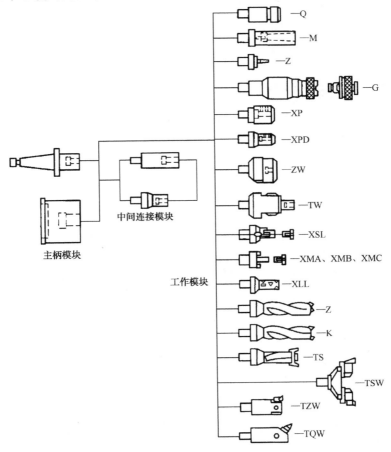

图 1-8　模块式工具系统

思考题 1

1.1 比较硬质合金与高速钢性能的主要区别。为何高速钢刀具仍占有重要地位？

1.2 目前，高硬度的刀具材料有哪些？其特点和使用范围如何？

1.3 简述涂层硬质合金、陶瓷刀具材料的优点及应用。

1.4 金属切削刀具切削部分的材料，在切削性能和工艺性能方面应满足哪些要求？为什么？

1.5 通用高速钢常用的有哪几种牌号？主要化学成分是什么？

1.6 什么叫硬质合金？常用的有哪几类？试举出粗加工、精加工钢件和铸铁的硬质合金牌号？

第2章

数控机床夹具

2.1　机床夹具概述

2.1.1　机床夹具的定义和分类

1．机床夹具的定义

对工件进行机械加工时，为了保证加工要求，首先要使工件相对于刀具及机床有正确的位置，并使这个位置在加工过程中不因外力的影响而变动。为此，在进行机械加工前，先要将工件装夹好。

工件的装夹方法有两种：一种是工件直接装夹在机床的工作台或花盘上，一般先要按图样要求在工件表面画线，画出加工表面的尺寸和位置，装夹时用划针或百分表找正后再夹紧。这种方法不需要专用装备，但效率低，一般用于单件和小批生产。另一种是工件装夹在机床夹具上，机床夹具是将工件进行定位、夹紧、将刀具进行导向或对刀，以保证工件和刀具间的相对位置关系的附加装置（简称夹具）。它们是机床和工件之间的连接装置，使工件相对于机床或刀具获得正确位置。批量较大时，大都采用夹具装夹工件。机床夹具的好坏将直接影响工件加工表面的位置精度，所以，机床夹具设计是装备设计中一项重要的工作。

2. 数控机床夹具所需要的功能

在数控机床上，工件在一次安装条件下，完成过去要多道工序才能完成的多个加工表面的加工。

数控机床的特点对夹具设计产生了直接的影响，传统夹具以专用夹具为代表的主要有定位、夹紧、导向和对刀四种功能。由于数控系统的准确控制和精密机床传动中小摩擦和零间隙的实现，以及采用传统转塔车床工艺中钻孔的方法，不用导向钻套也可得到较高的孔的位置精度。此外，编程中可以决定刀具的正确位置，铣刀的对刀就能轻而易举地得到解决，并且一次安装下的多工步加工，不同加工部位之间的尺寸公差和位置误差都由机床代替夹具来保证。可见，在数控机床上使用的夹具，只需要具备定位和夹紧两种功能就能满足要求。夹具中取消了导向和对刀功能就使夹具种类减少，结构简化，这些都有利于计算机辅助夹具设计（CAFD）系统的实现。

3. 机床夹具的分类

机床夹具的种类繁多，可以从不同的角度对机床夹具进行分类。常用的分类方法有以下几种。

（1）按夹具的通用化程度分类

1）通用夹具

已经标准化的、可加工一定范围内不同工件的夹具称为通用夹具，例如，车床上三爪自定心卡盘、铣床上的平口虎钳、万能分度头、平面磨床上的磁力工作台等。这些夹具通用性强，一般不需要调整就可适应多种工件的安装加工，已作为机床附件由专门工厂制造供应，只需要选购即可。

2）专用夹具

专为某一工件的某道工序设计制造的夹具称为专用夹具，专用夹具一般在批生产中使用。

3）可调夹具和成组夹具

这一类夹具的特点是具有一定的可调性，或称"柔性"。夹具的某些元件可调整或可更换，部分装置可调整，可调整夹具一般适用于同类产品不同品种的生产，略做更换或调整就可用来安装不同品种的工件。成组夹具适用于一组尺寸相似、结构相似、工艺相似工件的安装和加工，在多品种、中小批生产中有广泛的应用前景。

4）组合夹具

组合夹具是由一系列的标准化元件组装而成，标准元件有不同的形状，尺寸和功能，其配合部分有良好互换性和耐磨性。使用时，可根据被加工工件的结构和工序要求，选用适当元件进行组合连接，形成一个专用夹具。用完后可将元件拆卸、清洗、涂油、入库，以备后用，它特别适合单件、小批生产中位置精度要求较高的工件的加工。

5）拼装夹具

由专门的标准化、系列化的拼装零部件拼装而成的夹具称为拼装夹具。它具有组合夹具的优点，但比组合夹具精度高、效能高、结构紧凑；它的基础板和夹紧部件中常带有小型液压缸。此类夹具更适合在数控机床上使用。

6）随行夹具

随行夹具是一类在自动线和柔性制造系统中使用的夹具，它既要完成工件的定位和夹紧，又要作为运载工具将工件在机床间进行传送。传送到下一道工序的机床后，随行夹具应能在机床上准确地定位和可靠地夹紧。一条生产线上有许多随行夹具，每个随行夹具随着工件经历生产线的全过程，然后卸下已加工的工件，装上新的待加工工件，循环使用。

（2）按使用机床分类

夹具按使用机床可分为车床夹具、铣床夹具、钻床夹具、镗床夹具、齿轮机床夹具、数控机床夹具、自动机床夹具、自动线随行夹具及其他机床夹具等。

（3）按夹紧的动力源分类

夹具按夹紧的动力源可分为手动夹具、气动夹具、液压夹具、气液增力夹具、电磁夹具及真空夹具等。

2.1.2　机床夹具的作用和组成

1．机床夹具的作用

（1）保证加工精度

工件通过机床夹具进行安装，包含了两层含义：一是工件通过夹具上的定位元件获得正确的位置，称为定位；二是通过夹紧机构使工件的既定位置在加工过程中保持不变，称为夹紧。这样，就可以保证工件加工表面的位置精度，且精度稳定。

（2）提高生产率

使用夹具来定位、夹紧工件，可以避免手工画线、找正，可以减少辅助时间，采用多件、多工位夹具，以及气动、液压动力夹紧装置，可以进一步减少辅助时间，提高生产率。

（3）扩大机床的使用范围

有些机床夹具实质上是对机床进行了部分改造，扩大了原机床的功能和使用范围。如在车床床鞍上安放镗模夹具，就可以进行箱体零件的孔系加工。

要镗削图 2-1 所示的机体上的阶梯孔，如果没有卧式铣镗床和专用设备，可设计一个夹具在车床上加工，其加工情况如图 2-2 所示。

夹具安装在车床的床鞍上，通过夹具使工件的内孔与车床主轴同轴，镗杆右端由尾座支撑，左端用三爪自定心卡盘夹紧并带动旋转。

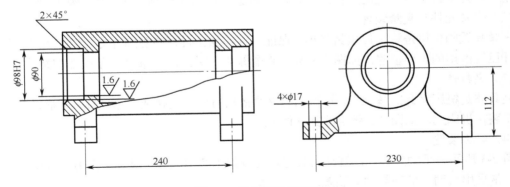

图 2-1　机体镗孔工序图

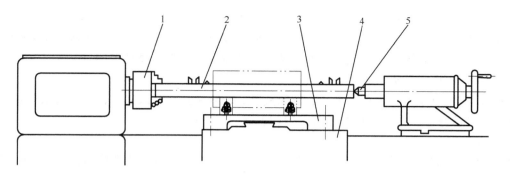

图 2-2　在车床上镗机体阶梯孔示意图

1—三爪自定心卡盘；2—镗杆；3—夹具；4—床鞍；5—尾座

（4）保证安全

减轻工人的劳动强度，保证生产安全。

（5）降低成本

在批生产中使用夹具后，由于劳动生产率的提高、使用技术等级较低的工人及废品率下降等原因，明显地降低了生产成本。夹具制造成本分摊在一批工件上，每个工件增加的成本是极少的，远远小于由于提高劳动生产率而降低的成本。工件批量越大，使用夹具所取得的经济效益就越显著。

2．机床夹具的组成

机床夹具的种类和结构虽然繁多，但它们的组成均可概括为下面几个部分。

现以装夹连杆的数控铣槽夹具为例，说明机床夹具的基本组成。图 2-3 所示为连杆的数控铣槽夹具图，加工内容是铣槽，本工序之前，其他加工表面均已完成。

图 2-3 所示为装夹上述工件进行铣槽工序的铣床夹具。工件的定位是 $\phi42.6$ 和 $\phi15.3$ 孔，$\phi42.6$ 孔与圆柱销 11 的圆柱面配合，$\phi15.3$ 孔与菱形销 10 配合，工件端面与夹具体 1 靠紧。工件的夹紧是拧动螺母 7，通过垫圈 4、5 压下压板 2，压板 2 一端压着夹具，另一端压紧工件，保证工件的正确位置不变。从该例可以看出数控机床夹具一般由以下几部分组成。

（1）定位元件及定位装置

用于确定工件正确位置的元件或装置。如图 2-3 所示的圆柱销 11、菱形销 10 和夹具体 1。

（2）夹紧元件与夹紧装置

夹紧装置的作用是将工件压紧夹牢，保证工件在加工过程中受到外力（切削力等）作用时不离开已经占据的正确位置。如图 2-3 所示的螺母 7、垫圈 4、垫圈 5、压板 2 和螺栓 6。

（3）夹具体

夹具体是机床夹具的基础件，通过它将夹具的所有元件连接成一个整体，并通过它将整个夹具安装在机床上。如图 2-3 所示的夹具体 1。

（4）动力装置

图 2-3 所示为手动夹具，没有动力装置。在成批生产中，为了减轻工人劳动强度，提高生产率，常采用气动、液动等动力装置。

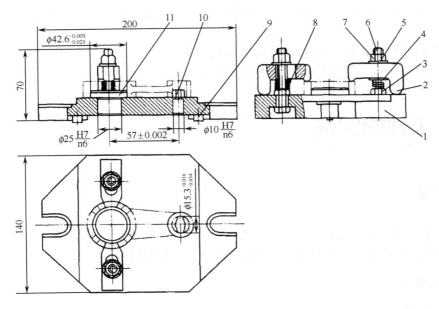

图 2-3　连杆铣槽夹具结构

1—夹具体；2—压板；3、7—螺母；4、5—垫圈；6—螺栓；8—弹簧；9—定位键；10—菱形销；11—圆柱销

（5）其他元件及装置

根据加工需要来设置的元件或装置。例如，铣床夹具中机床与夹具的对定，往往在夹具体底面安装两个定向键等，如图 2-3 所示的定位键 9。

（6）导向及对刀元件

用于确定工件与刀具相互位置的元件。铣床夹具中常用对刀块来确定刀具与工件的位置。

以上所述元件与装置，是机床夹具的基本组成。对于一个具体的夹具，可能略少或略多一些，但定位、夹紧和夹具体三部分一般是不可缺少的。

3．机床夹具应满足的要求

机床夹具应满足的基本要求包括下面几个方面：

（1）保证加工精度

这是必须做到的最基本要求，其关键是正确的定位、夹紧和导向，夹具制造的技术要求，定位误差的分析和验算。

（2）夹具的总体方案应与年生产纲领相适应

在大批生产时，尽量采用快速、高效的定位、夹紧机构和动力装置，提高自动化程度，符合生产纲领要求。在中、小批生产时，应具有一定的可调性，以适应多品种工件的加工。

（3）安全、方便、减轻劳动强度

机床夹具要有工作安全性考虑，必要时加保护装置，要符合工人的操作位置和习惯，要有合适的工件装卸位置和空间，使工人操作方便。大批生产和工件笨重时，更需要减轻工人的劳动强度。

（4）排屑顺畅

机床夹具中积集切屑会影响到工件的定位精度，切屑的热量使工件和夹具产生热变形，影响加工精度。清理切屑将增加辅助时间，降低生产率。因此，夹具设计中对于排屑问题要充分地重视。

（5）机床夹具应有良好的强度、刚度和结构工艺性

机床夹具设计时，要方便制造、检测、调整和装配，有利于提高夹具的制造精度。

2.2 工件的定位

2.2.1 基准

基准是用来确定生产对象上几何要素之间的几何关系所依据的那些点、线或面。从设计和工艺两个方面，可把基准分为两大类：即设计基准和工艺基准。

1. 设计基准

设计者在设计零件时，根据零件在装配结构中的装配关系及零件本身结构要素之间的相互位置关系，确定标注尺寸（或角度）的起始位置。这些尺寸（或角度）的起始位置称为设计基准。简而言之，设计图样上所采用的基准就是设计基准。

2. 工艺基准

零件在加工和装配过程中所采用的基准称为工艺基准。工艺基准又可进一步分为工序基准、定位基准、测量基准和装配基准。

（1）工序基准

在工序图上用来确定本工序所加工表面加工后的尺寸、形状、位置的基准称为工序基准。在设计工序基准时，主要应考虑以下三个方面的问题。

① 应首先考虑用设计基准作为工序基准；

② 所选工序基准应尽可能用于工件的定位、工序尺寸的检验；

③ 当采用设计基准为工序基准有困难时，可另选工序基准，但必须可靠地保证零件设计尺寸的技术要求。

（2）定位基准

在加工时用于工件定位的基准称为定位基准。定位是指确定工件在机床或夹具中占有正确位置的过程。定位基准是获得零件尺寸的直接基准，并还可以进一步分为粗基准、精基准及辅助基准。

定位基准的选择直接影响零件的加工精度能否保证、加工顺序的安排及夹具结构的复杂程度等，所以，它是制定工艺规程中的一个十分重要的问题。

① 粗基准和精基准。未经过机械加工的定位基准称为粗基准；经过机械加工的定位基准称为精基准。

② 辅助基准。零件上根据机械加工工艺需要而专门设计的定位基准称为辅助基准。例如，轴类零件常用顶尖孔定位，顶尖孔就是专为机械加工工艺而设计的定位基准。

（3）测量基准

在加工中或加工后用来测量工件的形状、位置和尺寸误差时所采用的基准称为测量基准。

（4）装配基准

在装配时用来确定零件或部件在产品中的相对位置所采用的作为基准的点、线、面有时在工件上并不一定实际存在（如孔和轴的轴心线，两平面之间的对称中心面等），在定位时是通过有关具体表面体现的，这些表面称为定位基面。工件以回转表面（如孔、外圆）定位时，回转表面的轴心线是定位基准，而回转表面就是定位基面。工件以平面定位时，其定位基准与定位基面一致。

如图 2-4 所示为各基准之间的关系。

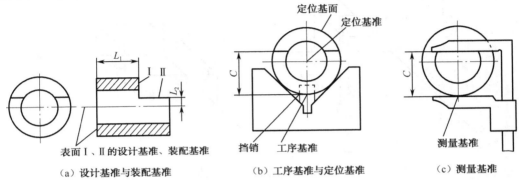

图 2-4 各基准之间的关系

2.2.2 六点定位原理

一个物体在三维空间中可能具有的运动称为自由度。

如图 2-5 所示，将未定位工件（双点画线所示长方体）放在空间笛卡儿坐标系中，工件可以沿 X、Y、Z 轴有不同的位置，称为工件沿 X、Y 和 Z 轴的位置自由度，用 $\vec{X}$、$\vec{Y}$、$\vec{Z}$ 表示；也可以绕 X、Y、Z 轴有不同的位置，称为工件绕 X、Y 和 Z 轴的角度自由度，用 $\hat{X}$、$\hat{Y}$、$\hat{Z}$ 表示。用于描述工件位置不确定性的 $\vec{X}$、$\vec{Y}$、$\vec{Z}$ 和 $\hat{X}$、$\hat{Y}$、$\hat{Z}$，称为工件的 6 个自由度。

也就是说在 $OXYZ$ 坐标系中，物体可以有沿 X、Y、Z 轴的移动及绕 X、Y、Z 轴的转动，共有 6 个独立的运动，即有 6 个自由度。

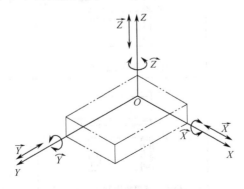

图 2-5 未定位的工件的 6 个自由度

2.2.3 工件的定位

工件的定位就是采取适当的约束措施，来消除工件的 6 个自由度，以实现工件的定位。图 2-6 所示为长方体工件的定位。

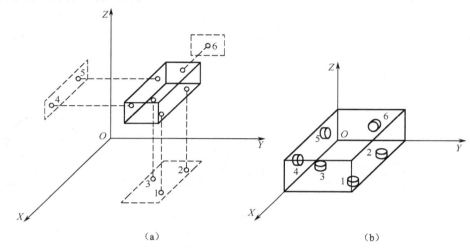

图 2-6 长方体工件的定位

六点定位原理是采用 6 个按一定规则布置的约束点，限制工件的 6 个自由度，使工件实现完全定位。

图 2-6 所示为完全定位的实例。在夹具设计中，小的支撑钉可以直接作为一个约束。但由于工件千变万化，代替约束的定位元件是多种多样的。各种定位元件可以代替哪几种约束，限制工件的哪些自由度，以及它们的组合可以限制的自由度情况，对初学者来说，应反复分析研究，熟练掌握。表 2-1 是常见定位元件的定位分析。

表 2-1 典型定位元件的定位分析

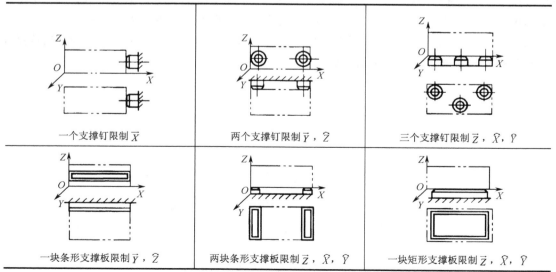

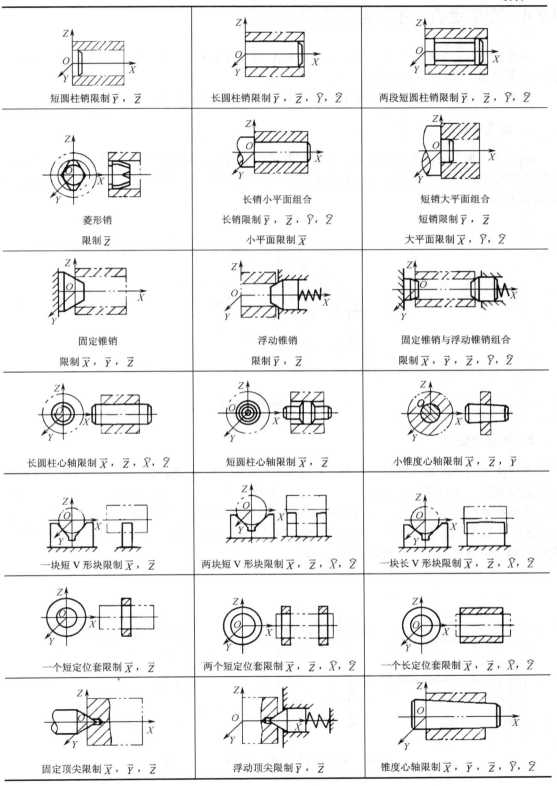

短圆柱销限制 $\vec{Y}$，$\vec{Z}$	长圆柱销限制 $\vec{Y}$，$\vec{Z}$，$\hat{Y}$，$\hat{Z}$	两段短圆柱销限制 $\vec{Y}$，$\vec{Z}$，$\hat{Y}$，$\hat{Z}$
菱形销 限制 $\vec{Z}$	长销小平面组合 长销限制 $\vec{Y}$，$\vec{Z}$，$\hat{Y}$，$\hat{Z}$ 小平面限制 $\vec{X}$	短销大平面组合 短销限制 $\vec{Y}$，$\vec{Z}$ 大平面限制 $\vec{X}$，$\hat{Y}$，$\hat{Z}$
固定锥销 限制 $\vec{X}$，$\vec{Y}$，$\vec{Z}$	浮动锥销 限制 $\vec{Y}$，$\vec{Z}$	固定锥销与浮动锥销组合 限制 $\vec{X}$，$\vec{Y}$，$\vec{Z}$，$\hat{Y}$，$\hat{Z}$
长圆柱心轴限制 $\vec{X}$，$\vec{Z}$，$\hat{X}$，$\hat{Z}$	短圆柱心轴限制 $\vec{X}$，$\vec{Z}$	小锥度心轴限制 $\vec{X}$，$\vec{Z}$，$\vec{Y}$
一块短 V 形块限制 $\vec{X}$，$\vec{Z}$	两块短 V 形块限制 $\vec{X}$，$\vec{Z}$，$\hat{X}$，$\hat{Z}$	一块长 V 形块限制 $\vec{X}$，$\vec{Z}$，$\hat{X}$，$\hat{Z}$
一个短定位套限制 $\vec{X}$，$\vec{Z}$	两个短定位套限制 $\vec{X}$，$\vec{Z}$，$\hat{X}$，$\hat{Z}$	一个长定位套限制 $\vec{X}$，$\vec{Z}$，$\hat{X}$，$\hat{Z}$
固定顶尖限制 $\vec{X}$，$\vec{Y}$，$\vec{Z}$	浮动顶尖限制 $\vec{Y}$，$\vec{Z}$	锥度心轴限制 $\vec{X}$，$\vec{Y}$，$\vec{Z}$，$\hat{Y}$，$\hat{Z}$

2.2.4 完全定位、不完全定位与欠定位

工件定位时，影响加工要求的自由度必须限制；不影响加工要求的自由度，有时要限制，有时可不限制，视具体情况而定。

按照加工要求确定工件必须限制的自由度，在夹具设计中是首先要解决的问题。

1. 完全定位

根据工件加工表面的位置要求，有时需要将工件的 6 个自由度全部限制，称为完全定位。如图 2-7 所示的工件上铣槽，为满足加工要求，应限制工件的 6 个自由度，图中所用的定位即为完全定位。

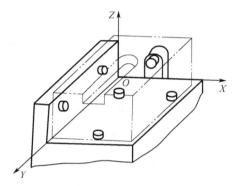

图 2-7 工件的完全定位

2. 不完全定位

有时需要限制的自由度少于 6 个，称为不完全定位。例如，铣图 2-8 所示的工件上的通槽，为保证槽底面与 A 面的平行度和尺寸 $60_{-0.2}^{0}$ mm 两项加工要求，必须限制 $\vec{Z}$、$\hat{X}$、$\hat{Y}$ 三个自由度；为保证槽侧面与 B 面的平行度及 30mm±0.1mm 两项加工要求，必须限制 $\vec{X}$、$\hat{Z}$ 两个自由度；至于 $\vec{Y}$，从加工要求的角度看，可以不限制。因为一批工件逐个在夹具上定位时，即使各个工件沿 Y 轴的位置不同，也不会影响加工要求。

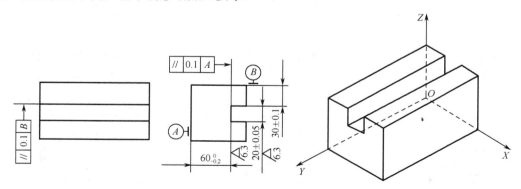

图 2-8 按照加工要求确定必须限制的自由度

表 2-2 为满足工件的加工要求所必须限制的自由度。

表 2-2　满足加工要求必须限制的自由度

工 序 简 图	加 工 要 求		必须限制的自由度
	① 尺寸 A； ② 加工面与底面的平行度		$\vec{Z}$、$\hat{X}$、$\hat{Y}$
	① 尺寸 A； ② 加工面与下母线的平行度		$\vec{Z}$、$\hat{X}$
	① 尺寸 A； ② 尺寸 B； ③ 尺寸 L； ④ 槽侧面与 N 面的平行度； ⑤ 槽底面与 M 面的平行度		$\vec{X}$、$\vec{Y}$、$\vec{Z}$ $\hat{X}$、$\hat{Y}$、$\hat{Z}$
	① 尺寸 A； ② 尺寸 L； ③ 槽与圆柱轴线平行并对称		$\vec{X}$、$\vec{Y}$、$\vec{Z}$ $\hat{X}$、$\hat{Z}$
	① 尺寸 B； ② 尺寸 L； ③ 孔轴线与底面的垂直度	通孔	$\vec{X}$、$\vec{Y}$ $\hat{X}$、$\hat{Y}$、$\hat{Z}$
		不通孔	$\vec{X}$、$\vec{Y}$、$\vec{Z}$ $\hat{X}$、$\hat{Y}$、$\hat{Z}$

续表

工序简图	加工要求		必须限制的自由度
加工面（圆孔） （示意图）	① 孔与外圆柱面的同轴度； ② 孔轴线与底面的垂直度	通孔	$\vec{X}$、$\vec{Y}$ $\hat{X}$、$\hat{Y}$
		不通孔	$\vec{X}$、$\vec{Y}$、$\vec{Z}$ $\hat{X}$、$\hat{Y}$
加工面（两圆孔） （示意图）	① 尺寸 R； ② 以圆柱轴线为对称轴，两孔对称； ③ 两孔轴线垂直于底面	通孔	$\vec{X}$、$\vec{Y}$ $\hat{X}$、$\hat{Y}$
		不通孔	$\vec{X}$、$\vec{Y}$、$\vec{Z}$ $\hat{X}$、$\hat{Y}$

3．欠定位

按照加工要求应限制的自由度没有被限制的定位称为欠定位。确定工件在夹具中的定位方案时，欠定位是决不允许发生的，因为欠定位保证不了工件的加工要求。

如图 2-8 所示，如果 Z 没有限制，就不能保证加工要求 30±0.1mm；也不能保证槽侧面与 B 面的平行度要求。

4．重复定位

工件的一个或几个自由度被不同的定位元件重复限制的定位称为过定位。

重复定位分两种情况：当工件的一个或几个自由度被重复限制，并对加工产生有害影响的重复定位，称为不可用重复定位，不可用重复定位是不允许的。当工件的一个或几个自由度被重复限制，但仍能满足加工要求，即不但不产生有害影响，反而可增加工件装夹刚度的定位称为可用重复定位，在实际生产中，可用重复定位被大量采用。

如图 2-9 所示的套筒定位方案，图 2-9（a）所示为过定位，图 2-9（b）、（c）、（d）所示为过定位改善措施。当过定位导致工件或定位元件变形，影响加工精度时，应禁止使用。但过定位不影响工件的正确定位，反而对提高加工精度有利时，也可以使用。过定位的可用与否是有条件的。

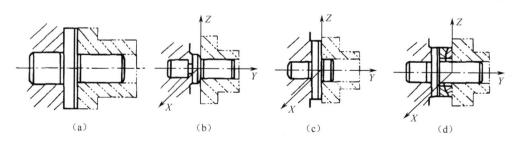

图 2-9　套筒定位方案

在以下两种特殊场合，是允许的。

① 工件刚度很差，在夹紧力、切削力作用下会产生很大变形，此时过定位只是提高工件某些部位的刚度，减小变形。

② 工件的定位表面和定位元件在尺寸、形状、位置精度已很高时，过定位不仅对定位精度影响不大，而且有利于提高刚度。

如图 2-10 所示的定位，若工件定位平面粗糙，支撑钉或支撑板又不能保证在同一平面，则这样情况是不允许的。若工件定位平面经过较好的加工，保证平整，支撑钉或支撑板又在安装后统一磨削过，保证了它的在同一平面上，则此过定位是允许的。

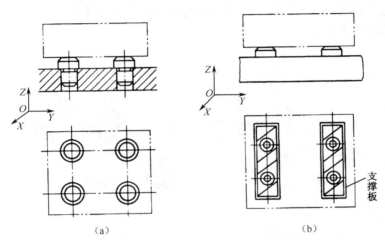

（a）　　　　　　　　　（b）

图 2-10　平面定位的过定位

图 2-11 所示为插齿时常用的夹具。工件 3（齿坯）以内孔在心轴 1 上定位，限制工件四个自由度；又以端面在支撑凸台 2 上定位。限制工件三个自由度，其中，$\hat{X}$、$\hat{Y}$ 被重复限制了。由于齿坯孔与端面的垂直度较高，可认为是可用重复定位。

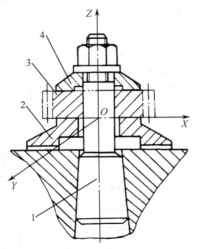

图 2-11　插齿时常用的夹具

1—心轴；2—支撑凸台；3—齿坯；4—压板

2.3 典型的定位方式、定位元件及装置

2.3.1 平面定位

对于箱体、床身、机座、支架类零件的加工，最常用的定位方式是以平面为基准。图 2-12 所示为平面定位方式简图，图 2-12（a）所示为粗基准定位，采用支撑钉；图 2-12（b）所示为精基准定位，采用支撑板。

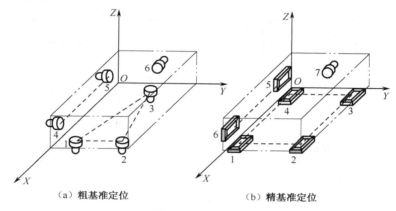

（a）粗基准定位　　　　　　　　（b）精基准定位

图 2-12　平面定位

1．固定支撑

支撑钉和支撑板也称固定支撑。支撑钉有平头、圆头和花头之分。图 2-13（a）所示为平头支撑钉，它可以减少磨损，避免定位表面压坏，常用于精基准定位。图 2-13（b）所示为圆头支撑钉，该支撑钉容易保证它与工件定位基准面间的点接触，位置相对稳定，但易磨损，多用于粗基准定位。图 2-13（c）所示为花头钉，摩擦力大，但由于其容易存屑，常用于侧面粗定位。支撑钉的尾柄与夹具体上的基体孔配合为过盈，多选为 H7/n6 或 H7/m6。

支撑板如图 2-13（d）、（e）所示，常用于大、中型零件的精基准定位。图 2-13（e）与图 2-13（d）相比，其优点是容易清理切屑。

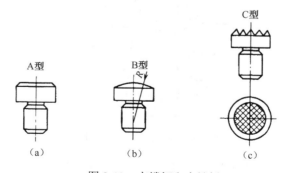

图 2-13　支撑钉和支撑板

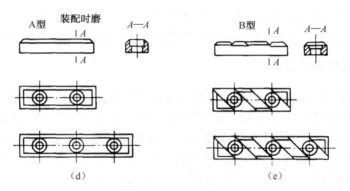

图 2-13　支撑钉和支撑板（续）

2．可调支撑

可调支撑与固定支撑的区别是，它的顶端有一个调整范围，调整好后用螺母锁紧。当工件的定位基面形状复杂，各批毛坯尺寸、形状有变化时，多采用这类支撑，可用于粗加工定位。可调支撑一般只对一批毛坯调整一次。这类支撑结构如图 2-14 所示，调节时松开螺母 2，将调整钉 1 调到所需高度，再拧紧螺母 2。

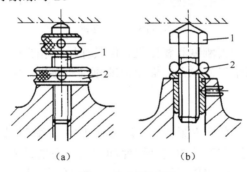

图 2-14　可调支撑

1—调整钉；2—锁紧螺母

在图 2-15（a）中，工件为砂型铸件，先以 A 面定位铣 B 面，再以 B 面定位镗双孔。铣 B 面时，若采用固定支撑，由于定位基面 A 的尺寸和形状误差较大，铣完后，B 面与两毛坯孔的距离尺寸 H_1、H_2 变化大，图 2-15（a）中的双点画线，致使镗孔时余量很不均匀，甚至余量不够。因此，图中采用了可调支撑。

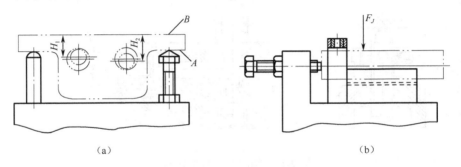

图 2-15　可调支撑的应用

可调夹具上加工形状相同而尺寸不等的工件时，也可用可调支撑。如图 2-15（b）所示，在轴上钻径向孔时,对于孔至端面的距离不等的几种工件,只要调整支撑钉的伸出长度便可加工。

3．自位支撑（浮动支撑）

在工件定位过程中，能自动调整位置的支撑称为自位支撑或浮动支撑。

自位支撑的特点是具有几个支撑点。这些支撑点在工件定位过程中能随着工件定位基准面位置的变化而自动与之适应。尽管每一自位支撑与工件可能不止一点接触，但实际上只能限制一个自由度，即只能起到一个支撑点的作用。夹具设计中，为使工件支撑稳定或为避免过定位，常采用自位支撑。图 2-16（a）所示为杠杆浮动两点式自位支撑，图 2-16（b）所示为三点式自位支撑。

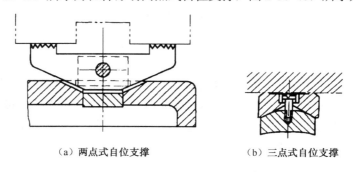

（a）两点式自位支撑　　　　　　　　　　　　（b）三点式自位支撑

图 2-16　自位支撑

自位支撑提高了工件的装夹刚度和稳定性，但其作用仍相当于一个固定支撑，只限制工件一个自由度。自位支撑适用于工件以毛坯面定位或刚性不足的场合。

4．辅助支撑

辅助支撑是指由于工件形状、夹紧力、切削力和工件重力等原因，可能使工件在定位后还产生变形或定位不稳，为了提高工件的装夹刚性和稳定性而增设的支撑。因此，辅助支撑只能起提高工件支撑刚性的辅助定位作用，而不起限制自由度的作用，更不能破坏工件的原有定位。

图 2-17 所示为辅助支撑的典型结构形式。图 2-17（a）所示的结构最简单，但使用时效率低。图 2-17（b）所示为弹簧自位式辅助支撑，靠弹簧 2 推动滑柱 1 与工件接触，用顶柱 3 锁紧。图 2-18 所示为辅助支撑的应用实例。

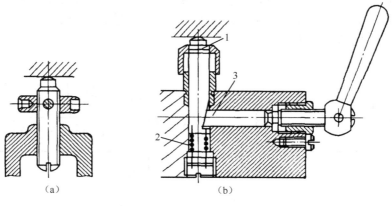

（a）　　　　　　　　　　　　（b）

图 2-17　辅助支撑的典型结构

1—滑柱；2—弹簧；3—顶柱

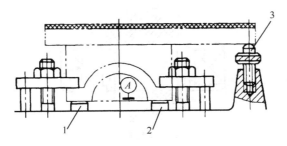

图 2-18 辅助支撑的应用

1、2—支撑板；3—辅助支撑

辅助支撑有些结构与可调支撑很相近，应分清它们的区别。从功能上讲，可调支撑起定位作用，而辅助支撑不起定位作用。从操作上讲，可调支撑是先调整，而后定位，最后夹紧工件，辅助支撑则是先定位，夹紧工件，最后调整辅助支撑。

2.3.2 孔定位

工件以圆孔定位时，常用的定位元件有定位销、圆柱心轴、圆锥心轴。其基本特点是定位孔和定位元件之间处于配合状态。

1．心轴定位

定位心轴广泛用于车床、磨床、齿轮机床等机床上，常见的心轴有以下几种。

（1）锥度心轴

这类心轴外圆表面有 1:（1000～5000）锥度，定心精度高达 0.005～0.01 mm，当然工件的定位孔也应有较高的精度。工件的安装是将工件轻轻压入，通过孔和心轴表面的接触变形夹紧工作，如图 2-19（a）所示。

（2）圆柱心轴

在成批生产时，为了克服锥度心轴轴向定位不准确的缺点，可采用圆柱心轴。图 2-19（b）所示为间隙配合心轴，基孔制 h、g、f，工件装卸方便，但定心精度不高。图 2-19（c）所示为过盈配合心轴，配合采用基孔制 r、s、u，它定心精度高，不用另设夹紧装置，但装卸工件不便，易损伤工件定位孔。其右端为导向部分，使工件迅速而准确地套入心轴。

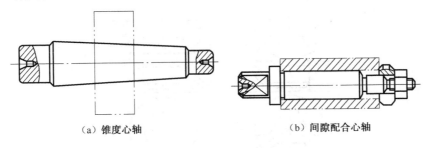

（a）锥度心轴　　　　　　　　　　　　　（b）间隙配合心轴

图 2-19 心轴定位

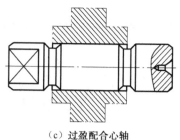

（c）过盈配合心轴

图 2-19　心轴定位（续）

2．定位销

（1）圆柱定位销

图 2-20 所示为标准化的圆柱定位销，上端部有较长的倒角，便于工件装卸，直径 d 与定位孔配合，是按基孔制 g5、g6 或 f7 制造的。其尾柄部分一般与夹具体孔过盈配合。大批、大量生产时，为了便于定位销的更换，可采用如图 2-20（d）所示的带衬套的结构形式。为便于工件装入，定位销的头部有 15° 倒角。

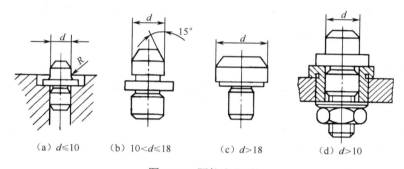

（a）$d \leqslant 10$　　（b）$10 < d \leqslant 18$　　（c）$d > 18$　　（d）$d > 10$

图 2-20　圆柱定位销

（2）圆锥定位销

圆锥定位销如图 2-21 所示，它是工件以圆孔在圆锥销上定位的示意图，它限制了工件三个移动自由度。图 2-21（a）所示的形式用于粗定位基面，图 2-21（b）所示的形式用于精定位基面。

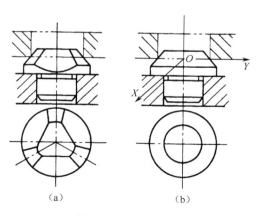

（a）　　　　　　　　　（b）

图 2-21　圆锥定位销

2.3.3 外圆定位

工件以外圆柱表面定位有两种形式：一种是定心定位；另一种是支撑定位。

1．定心定位

定心定位与工件以圆柱孔定心类似，用各种卡头、弹性筒夹、三爪自动定心卡盘来定位和夹紧工件的外圆。有时也可以采用套筒和锥套来定位，如图 2-22 所示。

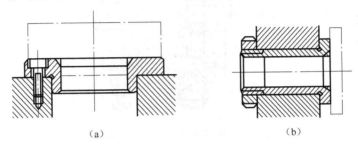

（a）　　　　　　　　　　　　（b）

图 2-22　工件以外圆柱表面套筒定位

图 2-23 所示为用半圆支撑定位的结构，活动的上半圆压板起夹紧作用。

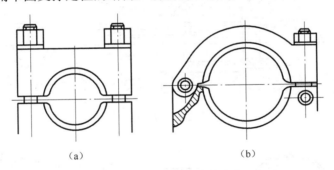

（a）　　　　　　　　　　　　（b）

图 2-23　工件用半圆支撑定位

图 2-24 所示为弹性薄板卡盘，定心和夹紧元件为弹性盘 1，用螺钉 2 和螺母 3 紧固在夹具体上，弹性盘有 6～12 个卡爪，爪上装有调节螺钉 5，用于工件的定心和夹紧。螺钉位置调整好后用螺母锁紧，然后"临床"磨削螺钉头部，以保证与机床主轴回转轴线同轴，磨削应在卡爪有一定的预张量（一般直径上的预张量取 0.4mm 左右）的情况下进行，螺钉头部圆弧直径磨到被夹紧表面的下极限尺寸为止。装工件时，弹性盘在外力 Q 通过推杆 8 的作用下发生弹性变形，使卡爪张开，放入工件后去掉外力 Q，靠弹性盘的弹性恢复力（大小由磨卡爪时的预张量决定）对工件进行定心、夹紧。

图 2-25 所示为以工件外圆柱面定位实现定心夹紧的夹具，称为弹簧夹，有一个弹性元件称为弹性套筒，具体结构如图 2-26 所示。它的结构尺寸、材料及热处理、加工精度等对使用性能影响很大，它是该类夹具的一个关键零件，一般由夹头部分 A、弹性部分 B 及导向部分 C 组成。为了改善接触情况，同时考虑到使用过程中产生磨损，弹簧套筒的锥角与锥体的锥角相差 1°。通常套筒锥角 $\alpha=30°$，所以锥体的锥角取 31°，然而对于专用的弹簧夹头，由于与工件定位基准之间的配合间隙很小，因此，变形也很小，此时两锥角可取为一致。

夹头部分开有三条或四条纵向槽,将圆周分成三瓣或四瓣便于胀缩。为了提高套筒的定心精度,除严格控制纵向槽的均布误差,壁厚误差外,套筒的变形量不宜过大,否则将造成表面接触不良,影响定心精度。弹性部分的厚度一般为 1.5～3.0mm。

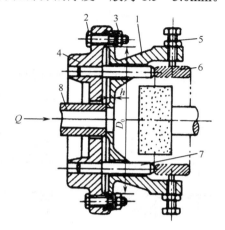

图 2-24 弹性薄板卡盘定位磨内孔夹具

1—弹性盘;2—螺钉;3—螺母;4—夹具体;5—调节螺钉;6—工件;7—定位销;8—推杆

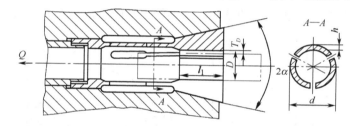

图 2-25 弹簧夹

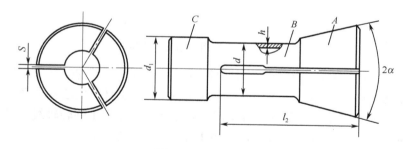

图 2-26 弹性套筒

2. V 形块定位

工件外圆以 V 形块定位是最常见的定位方式之一,两斜面夹角有 60°、90°、120° 等,90° V 形块使用最广泛,其定位精度和定位稳定性介于 60°、120° V 形块之间,精度比 60° V 形块高,稳定性比 120° V 形块高。使用 V 形块定位的优点是对中性好,可用于非完整外圆柱表面定位。如图 2-27 所示,V 形块有窄 V 形块、宽 V 形块和两个窄形块组合三种结构形式。宽 V 形块限制四个自由度,其宽度 B 与圆柱直径 D 之比 $B/D \geq 1$,窄 V 形块只能限制两个自由度，两个窄 V 形块组合定位限制工件的四个自由度，窄 V 形块宽度有时仅 2mm。它们均已标准化，可以选用，特殊场合也以可自行设计。

（a）宽 V 形块　　　　　　（b）两个窄 V 形块组合　　　　　（c）窄 V 形块

图 2-27　V 形块

2.3.4　定位表面的组合

在实际生产中，经常遇到的不是单一表面的定位，而是几个定位表面的组合。常见的有平面与平面组合，平面与孔组合，平面与外圆柱组合，平面与其他表面组合，锥面与锥面的组合等。在多个表面参与定位的情况下，按其限制自由度数的多少来区分，限制自由度数最多的定位面称为第一定位基准面或主基准面，次之称为第二定位基准面或导向基准，限制一个自由度的称为第三定位基准或定程基准。在箱体类零件加工中，如车床床头箱，往往将上顶面以及其上的两个工艺孔作为定位基准，通称一面两销定位。顶平面限制了三个自由度，一个销是圆柱销，限制两个自由度；另一个是菱形销（或削扁销），限制一个自由度，实现了完全定位。在夹具设计时，一面两销定位的设计按下述步骤进行，如图 2-28 所示。

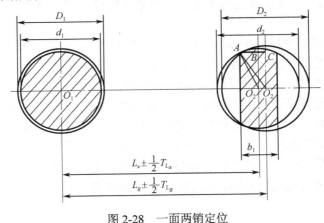

图 2-28　一面两销定位

一般已知条件为工件上两圆柱孔的尺寸及中心距，即 D_1、D_2、L_g 及其公差。

确定夹具中两定位销的中心距 L_x。

把工件上两孔中心距公差化为对称公差，即

$$L_g{}^{+T_{g\max}}_{-T_{g\min}} = L_g \pm \frac{1}{2} T_{Lg}$$

式中　$T_{g\max}$，$T_{g\min}$——工件上孔间距的上、下偏差；

　　　T_{Lg}——工件上两圆柱孔中心距的公差。

销中心距及公差也可以化成对称形式，即

$$L_x \pm \frac{1}{2}T_{Lx}$$

式中，T_{Lx} 为销中心距公差，$T_{Lx} = (1/3 \sim 1/5)T_{Lg}$，$L_x = L_g$。

2.4 定位误差的分析

夹具的作用首先是要保证工序加工精度，在设计夹具和确定工件的定位方案时，除根据工件定位原理选用相应的定位元件外，还必须对选择的工件定位方案能否满足工序加工精度要求做出判断。为此，就需要对可能产生的定位误差进行分析和计算。

2.4.1 定位误差

工件的加工误差是指工件加工后在尺寸、形状和位置三个方面偏离理想工件的大小，它是由以下三部分因素产生的。

① 工件在夹具中的定位和夹紧误差。

② 夹具带着工件安装在机床上，相对机床主轴（或刀具）或运动导轨的位置误差，也称对定误差。

③ 加工过程中误差，如机床几何精度，工艺系统的受力、受热变形、切削振动等原因引起的误差。

其中定位误差是指工序基准在加工方向上的最大位置变动量所引起的加工误差，可见定位误差只是工件加工误差的一部分。设计夹具定位方案时，要充分考虑此定位方案的定位误差的大小是否在允许的范围内。一般定位误差应控制在工件允差的 $1/5 \sim 1/3$。

工件在夹具中的位置是由定位元件确定的，当工件上的定位表面一旦与夹具上的定位元件相接触或相配合，作为一个整体的工件的位置也就确定了。但对于一批工件来说，由于在各个工件的有关表面之间，彼此在尺寸及位置上均存在着在公差范围内的差异，夹具定位元件本身和各定位元件之间也具有一定的尺寸和位置公差。这样一来，工件虽已定位，但每个被定位工件的某些具体表面都会有自己的位置变动量，从而造成在工序尺寸和位置要求方面的加工误差。

2.4.2 定位误差的产生

1. 基准不重合误差

夹具定位基准与设计基准不重合，两基准之间的位置误差会反映到被加工表面的位置上去，所产生的定位误差称为基准不重合误差。

基准不重合误差用 Δ_B 表示。如图 2-29 所示，在一批工件上铣槽，要求保证尺寸 A 和 H。按图 2-29（b）所示方式定位，定位基准与设计基准 I、II 重合，$\Delta_B = 0$。按图 2-29（c）所示方式定位，定位基准Ⅲ与设计基准Ⅱ不重合，它们之间的尺寸为 $L_{-\delta_L}^0$，工序尺寸对于定位基准的相对位置将在尺寸 L 和 $L-\delta_L$ 范围内变动，变动的最大值即为公差 δ_L。因此，基准不重合误差的大小等于定位基准与设计基准之间的尺寸公差，即 $\Delta_B = \delta_L$。

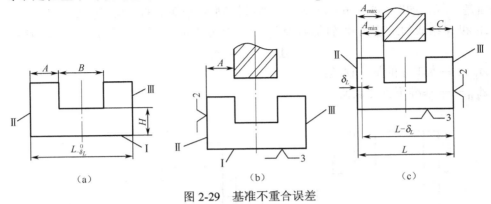

图 2-29　基准不重合误差

2．基准位移误差

由于定位副的制造误差和间隙的影响，引起定位基准在加工尺寸方向上有位置的变动，其最大的变动量称为基准位移误差，用 Δ_Y 表示。图 2-30（a）所示为在一批工件圆柱面上铣槽，保证尺寸 A。工件以内孔在水平轴上定位，其设计基准和定位基准都是内孔轴线，基准重合，没有基准不重合误差。但由于工件内孔和心轴有制造误差和最小配合间隙，使定位孔中心的实际位置发生位移，因此，这样加工出的一批零件的尺寸 A 也将在一定范围内变化，这种误差就是定位基准位移误差，其大小为定位基准的最大变动范围，即

$$\Delta_Y = A_{\max} - A_{\min}$$

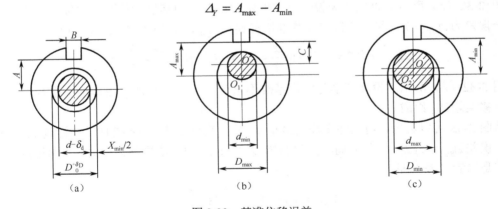

图 2-30　基准位移误差

2.4.3　定位误差的分析

定位误差 Δ_D 为基准不重合误差 Δ_B 与基准位移误差 Δ_Y 的矢量和。

1. 平面定位情形

如图 2-31（a）所示的工件，加工面 C 的设计基准是 A 面，要求尺寸是 N。所设计夹具的定位基面是 B 面，如图 2-31（b）尺寸 N 是通过控制 A_2 来保证的，是间接获得的。因此，N 是由 A_1、A_2 和 N 组成的工艺尺寸链的封闭环（工艺尺寸链的计算见第 3 章），因此可得

$$\Delta_N = \Delta_{BA1} + \Delta_{A2}$$

式中　　Δ_{A2}——本工序的加工误差；

Δ_{BA1}——基准不重合误差。

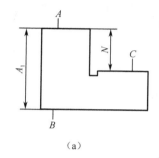 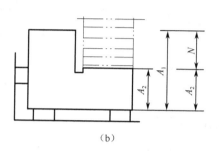

（a）　　　　　　　　　　　　　　　　　　　（b）

图 2-31　平面定位的误差分析

2. V 形块定位

图 2-32 所示为圆柱表面上铣键槽，采用 V 形块定位。键槽深度有三种表示方法，工件轴径最大为 $d+\delta/2$，最小为 $d-\delta/2$（δ 为工件轴径公差），下面对三种情况进行分析。

图 3-32（a）所示为以轴心为设计基准的定位误差，因其设计基准与定位基准重合，基准不重合误差为 $\Delta_{BH}=0$，其定位误差为基准位移误差 Δ_{YH}，如图 2-33 所示，可得

$$\Delta_{YH} = O'O'' = O'T/\sin\frac{\alpha}{2} = (O'B - O''A)/\sin\frac{\alpha}{2} = \frac{\delta}{2}/\sin\frac{\alpha}{2}$$

图 3-32（b）所示的设计基准与定位基准不重合，定位误差 Δ_{DH1} 由基准不重合误差 Δ_{BH1} 和基准位移误差 Δ_{YH} 组成。

从图 2-33 可以看出，当工件直径由最小 $d-\delta/2$ 变到最大 $d+\delta/2$ 时，设计基准 H_1 的基准不重合误差 $\Delta_{BH1}=\delta/2$，但其方向与定位基准 O'' 变到 O' 的基准位移误差 Δ_{YH} 方向相反，故其定位误差是二者之差，即

$$\Delta_{DH1} = \Delta_{YH} - \Delta_{BH1} = \frac{\delta}{2}/\sin\frac{\alpha}{2} - \frac{\delta}{2}$$

图 3-32（c）所示的设计基准与定位基准不重合，定位误差 Δ_{DH2} 由基准不重合误差 Δ_{BH2} 和基准位移误差 Δ_{YH} 组成。由图 2-33 可知，当工件直径由最小 $d-\delta/2$ 变到最大 $d+\delta/2$ 时，设计基准 H_2 的基准不重合误差 $\Delta_{BH2}=\delta/2$，其方向与定位基准 O'' 变到 O' 的基准位移误差 Δ_{YH} 方向相同，故其定位误差是二者之和，即

$$\Delta_{DH2} = \Delta_{YH} + \Delta_{BH2} = \frac{\delta}{2}/\sin\frac{\alpha}{2} + \frac{\delta}{2}$$

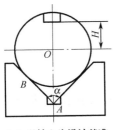
（a）以轴心为设计基准

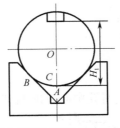
（b）以轴外表面为设计基准

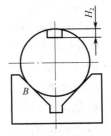
（c）以槽底面为设计基准

图 2-32　铣键槽的定位及尺寸标注

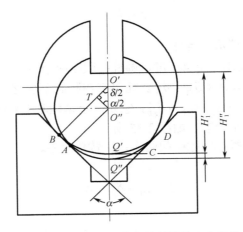

图 2-33　以轴外表面为设计基准的定位误差

3．工件以圆孔在心轴上定位时的定位误差

（1）使用心轴、销、定位套定位

在使用心轴、销、定位套定位时，定位面与定位元件间的间隙可使工件定心不准产生定位误差。如图 2-34（a）所示单圆柱销与孔的定位情况，最大间隙为

$$\delta = D_{\max} - d_{\min} = \Delta + \delta_X + \delta_g$$

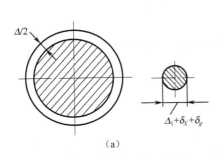
（a）

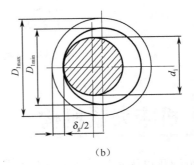
（b）

图 2-34　单圆柱销与孔的定位

式中　D_{max}——定位孔最大直径（mm）；

　　　d_{min}——定位销最小直径（mm）；

　　　$\varDelta$——销与孔的最小间隙（mm）；

　　　δ_X——销的公差（mm）；

　　　δ_g——孔的公差（mm）。

　　由于销与孔之间有间隙，工件安装时孔中心可能偏离销中心，其偏离的最大范围是以δ为直径、以销中心为圆心的圆，如图 2-34（a）所示。

　　若定位时让工件始终靠紧销的一侧，d_1大小对定位误差无影响，如图 2-34（b）所示，即定位以销的一条母线为基准，工件的定位误差仅为

$$\delta = \frac{1}{2}\delta_g$$

（2）一面一圆柱销和一菱形销定位

　　如图 2-34 所示，平面限制三个自由度，圆柱销限制两个自由度。X、Y 方向的定位误差如同单圆柱销定位，均为，$\delta_1 = \varDelta + \delta_{X1} + \delta_{g1}$。而菱形销限制了绕 Z 方向的转动自由度，孔与菱形销在 Y 方向定位误差为$\delta_2 = \varDelta_2 + \delta_{X2} + \delta_{g2}$，它实际上是限制工件绕 Z 轴的转动，由于存在间隙，因而使工件产生一个转角误差，如图 2-35 所示。

　　工件的定位误差包括两类：间隙引起的误差和转角误差。

　　间隙误差为

$$\delta_1 = \varDelta_1 + \delta_{X1} + \delta_{g1}$$

转角误差为

$$\frac{\delta_\alpha}{2} = \tan\frac{\delta_\alpha}{2} = \frac{\delta_1 + \delta_2}{2L_{min}} = \frac{\varDelta_1 + \varDelta_2 + \delta_{X1} + \delta_{X2} + \delta_{g1} + \delta_{g2}}{2L_{min}}$$

$$\frac{\delta_\alpha}{2} = \frac{D_{1max} - d_{1min} + D_{2max} - d_{2min}}{2L_{min}}$$

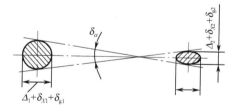

图 2-35　采用一面两销定位时的转角误差

2.5　机床夹紧机构

　　夹紧机构在机床夹具设计中占有很重要的地位。一个夹具在性能上的优劣，除了从定位性能上加以评定外，还必须从夹紧机构的性能上来考核，如夹紧机构的可靠性、操作方便性。夹紧机构的复杂程度也基本上决定了夹具的复杂程度。

2.5.1　夹紧机构应满足的要求

设计夹紧机构一般应遵循以下主要原则。

① 夹紧必须保证定位准确可靠，而不能破坏定位。

② 工件和夹具的变形必须在允许的范围内。

③ 夹紧机构必须可靠，夹紧机构各元件要有足够的强度和刚度，手动夹紧机构必须保证自锁，机动夹紧应有连锁保护装置，夹紧行程必须足够。

④ 夹紧机构操作必须安全、省力、方便、迅速、符合工人操作习惯。

⑤ 夹紧机构的复杂程度、自动化程度必须与生产纲领和工厂的条件相适应。

2.5.2　夹紧力的确定

夹紧力包括方向、作用点和大小三个要素，这是夹紧机构设计中首先要解决的问题。

1. 夹紧力方向的确定

（1）夹紧力的方向应朝向主要定位基准

夹紧力的方向应有利于工件的准确定位，而不能破坏定位，一般要求主夹紧力应垂直于第一定位基准面。如图 2-36 所示的夹具，用于对直角支座零件进行镗孔，要求孔与端面 A 垂直。因此应选 A 面为第一定位基准，夹紧力 F_{j1} 应垂直压向 A 面。若采用夹紧力 F_{j2}，由于工件 A 面与 B 面的垂直度误差，则镗孔只能保证孔与 B 面的平行度，而不能保证孔与 A 面的垂直度。

（2）夹紧力的方向应与工件刚度高的方向一致，以利于减少工件的变形

图 2-37 所示为薄壁套的夹紧，图 2-37（a）采用三爪自定心卡盘夹紧，易引起工件的夹紧变形。若镗孔，内孔加工后将有三棱圆形圆度误差。图 2-37（b）所示为改进后的夹紧方式，采用端面夹紧，可避免上述圆度误差。如果工件定心外圆和夹具定心孔之间有间隙，会产生定心误差。

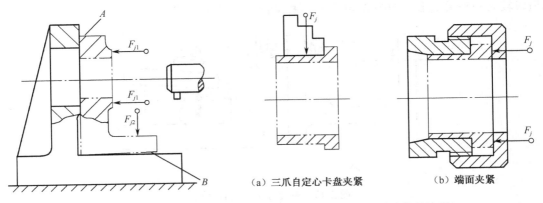

图 2-36　夹紧力的方向选择　　　　　图 2-37　薄壁套筒的夹紧

（a）三爪自定心卡盘夹紧　　　（b）端面夹紧

（3）夹紧力的方向尽可能与切削力、重力方向一致

夹紧力的方向尽可能与切削力、重力方向一致，有利于减小夹紧力，如图 2-38（a）所示

的情况是合理的，而图 2-38（b）所示的情况不尽合理。

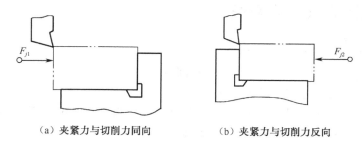

（a）夹紧力与切削力同向   （b）夹紧力与切削力反向

图 2-38 夹紧力与切削力的方向

如图 2-39 所示，在钻削 A 孔时，夹紧力 F_j 与轴向切削力 F_H、工件重力 G 的方向相同。

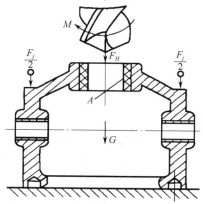

图 2-39 夹紧力与切削力、重力的方向

2．夹紧力作用点的选择

（1）夹紧力的作用点应与支撑点"点对点"对应

夹紧力的作用点应与支撑点"点对点"对应，或在支撑点确定的区域内，以避免破坏定位或造成较大的夹紧变形。如图 2-40 所示两种情况均破坏了定位。

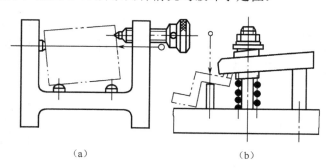

（a）   （b）

图 2-40 夹紧力作用点的位置

（2）夹紧力的作用点应选择在工件刚度高的部位

如图 2-41（a）所示，这处情况可造成工件薄壁底部较大的变形，改进后的结构如图 2-41（b）所示。

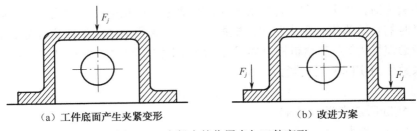

（a）工件底面产生夹紧变形　　　　（b）改进方案

图 2-41　夹紧力的作用点与工件变形

（3）夹紧力的作用点和支撑点尽可能靠近切削部位

夹紧力的作用点和支撑点尽可能靠近切削部位，以提高工件切削部位的刚度和抗振性。如图 2-42 所示的夹具，在切削部位增加了辅助支撑和辅助夹紧。

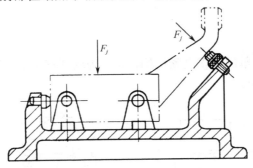

图 2-42　辅助支撑和辅助夹紧

（4）夹紧力的反作用力不应使夹具产生影响加工精度的变形

如图 2-43（a）所示，工件对夹紧螺杆 3 的反作用力使导向支架 2 变形，从而产生镗套 4 的导向误差。改进后的结构如图 2-43（b）所示，夹紧力的反作用力不再作用在导向支架 2 上。

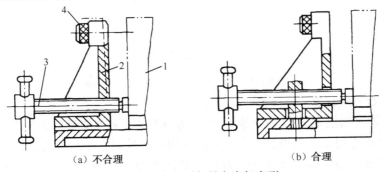

（a）不合理　　　　　　　　（b）合理

图 2-43　夹紧引起导向支架变形

1—工件；2—导向支架；3—螺杆；4—镗套

3．夹紧力大小的确定

采用手动夹紧时，可凭人力来控制夹紧力的大小，一般不需要算出夹紧力的确切数值，只是必要时进行估算。当设计机动夹紧时，则需要计算出夹紧力的大小，以便解决动力部件的尺寸。

通常，由于切削力本身是估算的，工件与支撑件间的摩擦系数也是近似的，因此，夹紧力也是粗略估算的。

在计算夹紧力时，将夹具和工件看做一个刚性系统，以切削力的作用点、方向和大小处于最不利于夹紧时的状况为工件受力状况。根据切削力、夹紧力（大工件还应考虑重力，运动速度较大时应考虑惯性力）及夹紧机构具体尺寸，列出工件的静力平衡方程式，求出理论夹紧力，再乘以安全系数作为实际所需夹紧力，即

$$W_G = kW \qquad (2\text{-}1)$$

式中　W_G——实际所需夹紧力（N）；

　　　W——理论夹紧力（N）；

　　　k——安全系数，一般粗加工可取 $k=2.5\sim3$；精加工可取 $k=1.5\sim2$。

2.5.3　常用夹紧机构

1. 斜楔夹紧机构

图 2-44 所示为一种简单的斜楔夹紧机构，向右推动斜楔 1，使滑柱 2 下降，滑柱上的摆动压板 3 同时压紧两个工件 4。

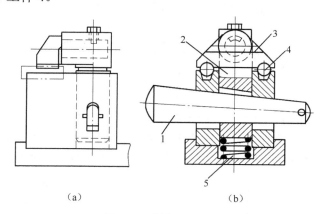

图 2-44　斜楔夹紧机构

1—斜楔；2—滑柱；3—压板；4—工件；5—弹簧

（1）斜楔夹紧力的计算

下面分析斜楔夹紧的动力 Q 与夹紧力 W 之间的关系。斜楔的受力如图 2-45 所示。

在原动力 Q 的作用下，斜楔受以下各力的作用：工件对它的反作用力 W 和由此产生的摩擦力 F_2，夹具体对它的反作用力 R 和由此产生的摩擦力 F_1'，φ_1、φ_2 为各自摩擦角，α 为斜楔楔角，则有

$$F_1 + F_2 = Q，\quad W = R_Y$$

而

$$F_2 = W\tan\varphi_2，\quad F_1 = R_Y\tan(\alpha+\varphi_1)，\quad F_1 = W\tan(\alpha+\varphi_1)$$

则

$$W\tan\varphi_2 + W\tan(\alpha+\varphi_1) = Q$$

$$W = \frac{Q}{\tan\varphi_2 + \tan(\alpha+\varphi_1)} \qquad (2\text{-}2)$$

（2）斜楔的自锁条件

斜楔夹紧后应能自锁。如图 2-46 所示，斜楔在卸去原始力 Q 后，如果摩擦力 F_2 大于水平分力 F_1，即能阻止楔松开，而实现自锁。所以自锁条件为 $F_2 \geqslant F_1$，即

$$W \tan \varphi_2 \geqslant R_Y \tan(\alpha - \varphi_1)$$

因 $W = R_Y$，故

$$W \tan \varphi_2 \geqslant W \tan(\alpha - \varphi_1)$$

$$\varphi_2 \geqslant \alpha - \varphi_1, \quad \alpha \leqslant \varphi_1 + \varphi_2$$

楔夹紧自锁条件是楔升角 α 必须小于两摩擦角之和 $\varphi_1 + \varphi_2$，即 $\alpha < (\varphi_1 + \varphi_2)$。

一般钢铁件接触面的摩擦系数 $\mu = 0.1 \sim 0.15$，故摩擦角 $\varphi = \arctan(0.10 \sim 0.15) = 5°43' \sim 8°30'$，其相应的升角 $\alpha = 11° \sim 17°$。为确保夹紧的自锁性能，手动可取升角 $\alpha = 6° \sim 8°$，气动或液压夹紧及自锁要求不高时，α 可大一些，一般取 $\varphi_1 = \varphi_2 = 6°$。

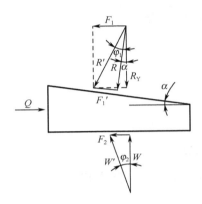

图 2-45　斜楔夹紧受力分析

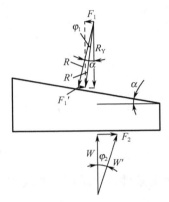

图 2-46　斜楔自锁条件

2. 螺旋夹紧机构

螺旋夹紧是手动夹紧机构中应用最广泛的一种，是斜楔夹紧的一种变形，实际上螺旋就是绕在圆柱表面上的斜楔。以方牙螺旋副为例，图 2-47 所示为夹紧状态下螺杆的受力示意图。

由图 2-47 可知，原始作用力为 Q，则施加在手柄上的力矩为 $T = QL$。

工件对螺杆的反作用力有垂直于螺杆端部的反作用力 W（夹紧力）及摩擦力 F_2（与接触形式有关，$F_2 = W \tan \varphi_2$）。此两力分布于整个接触面（螺杆断面上的一圆环面内）上，摩擦力 F_2 可视为作用于当量半径为 r' 的圆周上。摩擦力矩为

$$T_1 = F_2 r' = r' W \tan \varphi_2$$

夹具体（螺母）对螺杆的作用力有垂直于螺纹面的力 R 及螺纹面上摩擦力 F_1，其合力为 R_1。如图 2-47 所示。力 R 分布于整个螺纹面，计算时，可视为集中在螺纹中径 d_0 处。该合力可分解成螺杆轴向分力 W 和圆周分力 F_1'（可视为作用在螺纹中径 d_0 上），$F_1' = W \tan(\alpha + \varphi_1)$。圆周分力 F_1' 对螺杆产生的力矩为

$$T_2 = \frac{d_0}{2} W \tan(\alpha + \varphi_1)$$

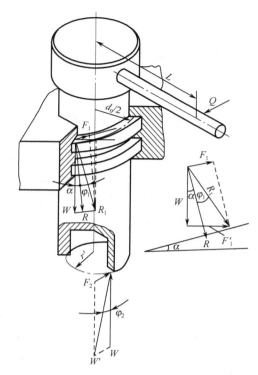

图 2-47　螺杆受力分析

根据平衡条件，对螺杆中心线的力矩为零。合力矩为两个力矩之和，即

$$T=T_1+T_2$$

$$QL = r'W \tan\varphi_2 + \frac{d_0}{2}W \tan(\alpha+\varphi_1)$$

$$W = \frac{QL}{\dfrac{d_0}{2}\tan(\alpha+\varphi_1) + r'\tan\varphi_2} \tag{2-3}$$

螺旋夹紧机构的优点：扩力比可达 80 以上，自锁性好，夹紧行程调节范围大，结构简单，制造方便，适应性强。其缺点是动作慢，操作强度大。

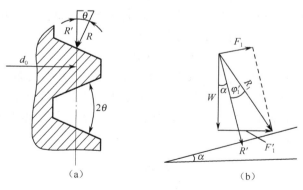

图 2-48　当量摩擦角及受力分析

式（2-3）是按方牙螺纹来计算的，生产实际中经常使用三角螺纹或梯形螺纹。因此，螺旋夹紧力的计算公式为

$$W = \frac{QL}{\frac{d_0}{2}\tan(\alpha + \varphi_1') + r'\tan\varphi_2} \qquad (2\text{-}4)$$

式中　φ_1'——螺杆与螺母间的当量摩擦角。

当量摩擦角的含义如图 2-48 所示。若螺纹牙型不是 90°的方牙螺纹，作用于螺纹面的 R 力的作用方向一定垂直于螺纹面。但式（2-3）和相应的图 2-48 都是在螺纹中径截面内进行分析计算的，即用 R' 与 F_1 的合力 R_1 来计算的。R' 与 F_1 的关系为

$$F_1 = R'\tan\varphi_1'$$

式中：φ_1' 为 F_1 和 R' 合力 R_1 与 R' 间的夹角，$\tan\varphi_1'$ 并不是实际的摩擦系数，但可把 R' 与 F_1 的关系作为正压力与摩擦力的关系来对待；$\tan\varphi_1'$ 为当量摩擦系数，φ_1' 为当量摩擦角。

摩擦力 F_1 的正压力应 R，因此得

$$F_1 = R'\tan\varphi_1' = R\tan\varphi_1, \quad R\cos\theta = R'$$

$$R\cos\theta\tan\varphi_1' = R\tan\varphi_1, \quad \tan\varphi_1' = \frac{\tan\varphi_1}{\cos\theta}$$

$$\varphi_1' = \arctan(\frac{\tan\varphi_1}{\cos\theta})$$

常见螺纹的当量摩擦角见表 2-3。

表 2-3　当量摩擦角

螺纹牙型	方牙螺纹	三角螺纹	梯形螺纹
2θ	0°	60°	30°
φ_1'	$\varphi_1' = \varphi_1$	$\varphi_1' = \arctan(1.15\tan\varphi_1)$	$\varphi_1' = \arctan(1.03\tan\varphi_1)$

螺旋夹紧机构都采用标准紧固螺纹。螺纹升角小于 3.5°。此数值小于螺纹面间的摩擦角 φ_1（一般钢铁件接触面的摩擦系数 $\mu=0.10\sim0.15$，故摩擦角 $\varphi=\arctan(0.10\sim0.15)=5°43'\sim8°30'$），而且升角又恒定不变，因此具有良好的自锁性能，一般就不必进行自锁条件的核算。

3. 偏心夹紧机构

偏心夹紧机构是靠偏心轮回转时其半径逐渐增大而产生夹紧力来夹紧工件，图 2-49 所示为三种偏心夹紧机构。

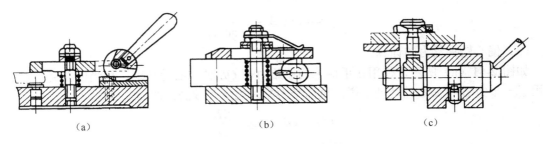

（a）　　　　　　　　　　（b）　　　　　　　　　　（c）

图 2-49　三种偏心夹紧机构

（1）偏心轮的楔角

偏心夹紧原理与斜楔夹紧机构靠斜面高度增高而产生夹紧相似，只是斜楔夹紧的楔角不变，而偏心夹紧的楔角是变化的。图 2-50（a）所示的偏心轮展开后如图 2-50（b）所示，不同位置的楔角的计算式为

$$\tan \alpha = \frac{O_2M}{h}, \quad O_2M = e\sin\gamma, \quad O_1M = e\cos\gamma, \quad h = R - O_1M = R - e\cos\gamma$$

$$\tan \alpha = \frac{e\sin\gamma}{R - e\cos\gamma} \tag{2-5}$$

$$\alpha = \arctan\left(\frac{e\sin\gamma}{R - e\cos\gamma}\right) \tag{2-6}$$

式中　　α——偏心轮的楔角（°）；

e——偏心轮的偏心距（mm）；

R——偏心轮的半径（mm）；

γ——偏心轮作用点 X 与起始点 O 之间圆心角（°）。

如图 2-50（b）所示，当 O_1O_2 与 O_2P 垂直，即 $\gamma=90°$ 时，α 接近最大值，$\alpha_{max} \approx \arctan\left(\dfrac{e}{R}\right)$。

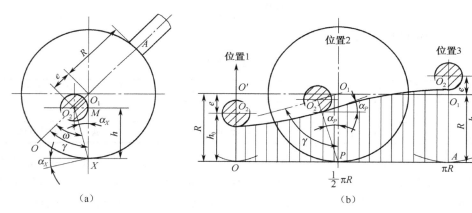

（a）　　　　　　　　　　　　　　　　（b）

图 2-50　偏心轮夹紧原理

（2）偏心轮的自锁条件

偏心轮的自锁条件如下：

$$\alpha_P \leqslant \varphi_1 + \varphi_2, \quad \alpha_P \leqslant \varphi_1$$

$$\frac{e}{R} \leqslant \sin\varphi_1 \text{ 或 } \frac{R}{e} \geqslant \frac{1}{\sin\varphi_1}$$

（3）偏心轮夹紧力的计算

如图 2-51（a）所示，作用在手柄上的原始力矩 QL 使偏心轮转动，相当于在夹压点 P 处作用了一个力 Q' 使偏心轮转动一样，这两个力矩是完全等效的，即

$$Q'\rho = QL, \quad Q' = \frac{QL}{\rho}$$

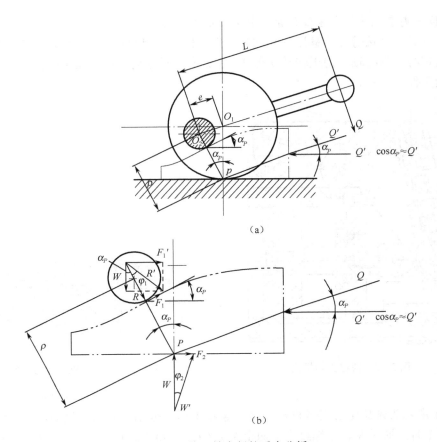

图 2-51　偏心轮夹紧的受力分析

根据平衡条件，如图 2-51（b）所示，$F_1' + F_2 = Q'$，$F_2 = W\tan\varphi_2$，$F_1' = W\tan(\alpha_P + \varphi_1)$，则

$$W\tan\varphi_2 + W\tan(\alpha_P + \varphi_1) = Q'$$

$$W = \frac{Q'}{\tan\varphi_2 + \tan(\alpha_P + \varphi_1)} \tag{2-7}$$

将 $Q' = \dfrac{QL}{\rho}$ 代入式（2-7），得

$$W = \frac{QL}{\rho\left[\tan\varphi_2 + \tan(\alpha_P + \varphi_1)\right]} \tag{2-8}$$

4．其他夹紧机构

（1）铰链夹紧机构

图 2-52 所示为铰链夹紧机构的应用。铰链夹紧机构的特点是动作迅速，增力比大，易于改变力的作用方向。缺点是自锁性能差，一般常用于气动、液动夹紧。

（2）定心夹紧机构

定心夹紧机构的设计一般按照以下两种原理来进行。

1）定位－夹紧元件按等速位移原理来实现定心夹紧

定位—夹紧元件按等速位移原理来均分工件定位面的尺寸误差，实现定心或对中。图 2-53 所示为锥面定心夹紧心轴，向里转动螺母 2，左锥套向里移动，右锥面由螺杆拉出，同时顶出滑块 1 压紧工件。

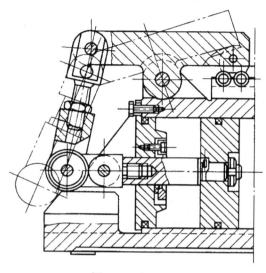

图 2-52 铰链夹紧机构

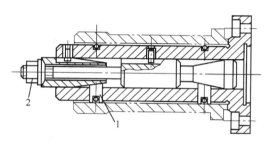

图 2-53 所示为锥面定心夹紧心轴

1—滑块；2—螺母

图 2-54 所示为螺旋定心夹紧机构，夹紧螺杆 1 两端分别有旋向相反的左、右螺纹，当旋转夹紧螺杆 1 时；通过左、右螺纹带动两个 V 形钳口 2 和 3 同时移向中心而起定心夹紧作用。夹紧螺杆 1 的中间有沟槽，卡在钳口定心叉 4 上，钳口定心叉的位置可以通过对中调节螺钉 5 进行调整，以保证所需的工件中心位置，调整完毕后用锁紧螺钉 6 固定。

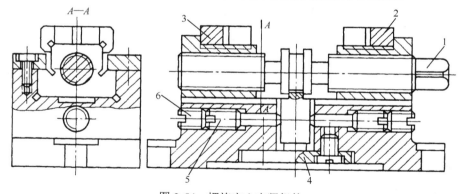

图 2-54 螺旋定心夹紧机构

1—夹紧螺杆；2、3—钳口；4—钳口定心叉；5—钳口对中调节螺钉；6—锁紧螺钉

2）定位—夹紧元件按均匀弹性变形原理来实现定心夹紧

定位—夹紧元件有各种弹性心轴，弹性筒夹，液性塑料夹头等。

（3）联动夹紧机构

在夹紧机构设计中，常常遇到工件需要多点同时夹紧，或多个工件同时夹紧，有时需要使工件先可靠定位再夹紧，或者先锁定辅助支撑再夹紧等。为了操作方便、迅速、提高生产率，减轻劳动强度，可采用联动夹紧机构。图 2-55 所示为一种多点联动夹紧机构。

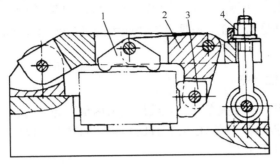

图 2-55 多点联动夹紧机构

1、3—浮动压块；2—摇臂；4—螺母

2.6 数控机床夹具

2.6.1 数控机床夹具的特点

作为机床夹具，首先要满足机械加工时对工件的装夹要求，同时，数控加工的夹具还有它本身的特点。

1．标准化

机床夹具的标准化与通用化是相互联系的两个方面。目前，我国已有夹具零件及部件的国家标准及各类通用夹具、组合夹具标准等。机床夹具的标准化，有利于夹具的商品化生产，有利于缩短生产准备周期，降低生产总成本。

2．高精度

数控机床精度很高，一般用于高精度加工。对数控机床夹具也提出较高的定位安装精度要求和转位、定位精度要求。定位元件应具有较高的定位精度，定位部位应便于清屑，无切屑积留。若工件的定位面偏小，可考虑增设工艺凸台或辅助基准。

3．快速装夹工件

为适应高效、自动化加工的需要，数控车床夹具结构应适应快速装夹的需要，以尽量减少工件装夹辅助时间，提高机床切削运转利用率。

为适应数控加工的高效率，数控加工夹具应尽可能使用气动、液压、电动等自动夹紧装置快速夹紧，以缩短辅助时间。若对自锁性要求较严格，则多采用快速螺旋夹紧机构。

4．夹具应具有良好的敞开性

为适应数控多方面加工，要避免夹具结构包括夹具上的组件对刀具运动轨迹的干涉，夹具结构不要妨碍刀具对工件各部位的多面加工。尤其对于需多次进出工件的多刀、多工序加工，夹具的结构更应尽量简单、开敞，使刀具容易进入，以防刀具运动中与夹具工件系统相碰撞。数控车床加工为刀具自动进给加工，夹具及工件应为刀具的快速移动和换刀等快速动作提供较宽敞的运行空间。

5．夹具本身的机动性要好

在数控车床加工追求一次装夹条件下，数控机床尽量干完所有机加工内容。对于机动性能稍差些的二坐标联动数控机床，可以借助夹具的转位、翻转等功能弥补机床性能的不足，保证在一次装夹条件下完成多面加工。

6．夹具本身应有足够的刚度，以适应大切削用量切削

数控加工具有工序集中的特点，在工件的一次装夹中既要进行切削力很大的粗加工，又要进行达到工件最终精度要求的精加工，因此，夹具的刚度和夹紧力都要满足大切削力的要求。

7．部分数控机床夹具应为刀具的对刀提供明确的对刀点

数控机床加工中，数控机床每把刀具进入程序均应有一个明确的起点，称为这一刀具的起刀点（刀具进入程序的起点）。若一个程序中要调用多把刀具对工件进行加工，需要使每把刀具都由同一个起点进入程序。因此，各刀具在装刀时，应把各刀的刀位点都安装或校正到同一个空间点上，这个点称为对刀点。

对于镗、铣、钻类数控机床，多在夹具上或夹具中的工件上专门指定一个特殊点作为对刀点，为各刀具的安装和校正提供统一的依据。这个点一般应与工件的定位基准，即夹具定位系统保持很明确的关系，数控机床便于刀具与工件坐标系关系的确立和测量，以使不同刀具都能精确地由同一点进入同一个程序。

当刀具经磨损、重装而偏离这一依据点，多通过改变刀具相对这个点的坐标偏移补偿值自动校正各刀的进给路线参数值，而不需要改动已经编制好的程序。

8．高适应性

一般情况下，数控机床夹具多采用各种组合夹具。在专业化大规模生产中多采用拼装类夹具，以适应生产多变化、生产准备周期短的需要。在批量生产中，也常采用结构较简单的专用夹具，数控机床以此提高定位精度。在品种多变的行业性生产中多使用可调夹具和成组夹具，以适应加工的多变化性。总之，数控机床夹具可根据生产的具体情况灵活选用合适的夹具。批量较大的自动化生产中，夹具的自动化程度可以较高，结构相应也较复杂。而单件、小批生产，也可以直接采用通用夹具，生产准备周期很短，数控机床不必再单独制造夹具。

9．柔性化

数控加工适用于多品种、中小批生产，为能装夹不同尺寸、不同形状的多品种工件，数控加工的夹具应具有柔性，经过适当调整即可夹持多种形状和尺寸的工件。机床夹具的柔性化与机床的柔性化相似，它是指机床夹具通过调整、组合等方式，以适应工艺可变因素的能力。工艺的可变因素主要有工序特征、生产批量、工件的形状和尺寸等。具有柔性化特征的新型夹具种类主要有组合夹具、通用可调夹具、成组夹具、模块化夹具、数控夹具等。为适应现代机械

工业多品种、中小批生产的需要，扩大夹具的柔性化程度，改变专用夹具的不可拆结构为可拆结构，发展可调夹具结构，将是当前夹具发展的主要方向。

10．数控加工中的夹具一般不需要导向和对刀功能

传统的专用夹具具有定位、夹紧、导向和对刀四种功能，而数控机床上一般都配备有接触试测头、刀具预调仪及对刀部件等设备，可以由机床解决对刀问题。数控机床上由程序控制的准确的定位精度，可实现夹具中的刀具导向功能。因此，数控加工中的夹具一般不需要导向和对刀功能，只要求具有定位和夹紧功能，就能满足使用要求，这样可简化夹具的结构。

2.6.2　数控车床的通用和专用夹具

车床夹具的特点是夹具装在机床主轴上并带动工件旋转，加工回转面、端面等。以外圆定位的车床夹具如卡盘、卡头，以内孔定位的车床夹具如各类心轴，以中心孔定位的车床夹具如各类顶尖、拨盘，这些夹具比较简单，有些已经标准化、通用化。数控车床夹具主要有三爪自定心卡盘、四爪单动卡盘、花盘等。

1．通用车床夹具

（1）卡盘

三爪自定心卡盘如图 2-56 所示，可自动定心，装夹方便，应用较广，但它夹紧力较小，不便于夹持外形不规则的工件。

四爪单动卡盘如图 2-57 所示，其四个爪都可单独移动，安装工件时需要找正，夹紧力大，适用于装夹毛坯及截面形状不规则和不对称的较重、较大的工件。

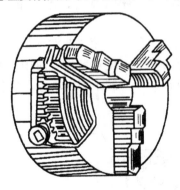　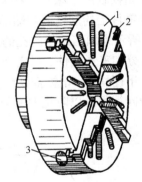

图 2-56　三爪自定心卡盘　　　　图 2-57　四爪单动卡盘

1—卡盘体；2—卡爪；3—丝杆

（2）花盘式车床夹具

通常用花盘装夹不对称和形状复杂的工件，装夹工件时需要反复校正和平衡。花盘式车床夹具的夹具体为圆盘形。多数情况下，工件的定位基准为圆柱面和其垂直的端面。夹具上的平面定位元件的工作面与机床主轴的轴线相垂直。

花盘是安装在车床主轴上的一个大圆盘，盘面上的许多长槽用于穿放螺栓，以紧固工件。如图 2-58（a）所示，工件可用螺栓直接安装在花盘上。花盘的平面必须与主轴轴线垂直，盘面要求平整光滑。图 2-58（b）所示为加工一轴承座端面和内孔时，在花盘上装夹的情况。为了防止转动时因重心偏向一边而产生振动，在工件的另一边要加平衡铁。工件在花盘上的位置需经仔细找正。如图 2-58（c）所示，也可以把辅助支撑角铁（弯板）用螺钉牢固夹持在花盘上，工件则安装在弯板上。

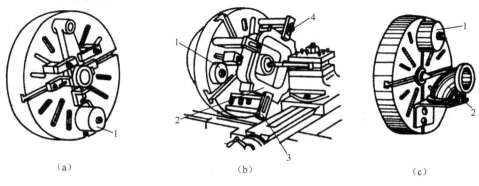

（a）　　　　　　　　　　（b）　　　　　　　　　　（c）

图 2-58　花盘式夹具

1—平衡块；2—工件；3—压板；4—螺栓

2. 专用车床夹具

人们常用专用夹具来完成异形零件的加工，专用车床夹具的优点：重复定位精度高，能满足造型各异零件的装夹。专用车床夹具的缺点：设计、制造周期长，对单件或小批生产而言，使用成本较高。

（1）角铁式车床夹具

夹具体呈角铁状的车床夹具称为角铁式车床夹具，其结构不对称，用于加工壳体、支座、杠杆、接头等零件上的回转面和端面。

图 2-59 所示为加工螺母座孔的角铁式车床夹具。工件以一面二孔在夹具的一面二销上定位，两压板 8 分别夹紧工件。导向套 6 作为单支撑前导向，以便在精加工时用铰削或镗削来校正孔的精度。平衡块 7，根据需要配重，以消除夹具在回转时的不平衡现象。定程基面 5 用于确定刀具的轴向行程，以防止刀具与导向套相碰撞。

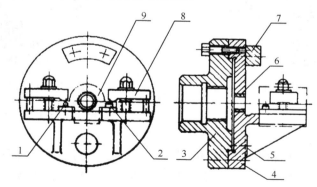

图 2-59　加工螺母座孔的角铁式车床夹具

1—圆柱销；2—削边销；3—过渡盘；4—夹具体；5—定程基面；6—导向套；7—平衡块；8—压板；9—工件

（2）卡盘式车床夹具

卡盘式车床夹具一般用一个以上的卡爪来夹紧工件，多采用定心夹紧机构，常用于以外圆（或内圆）及端面定位的回转体的加工。具有定心夹紧机构的卡盘，结构是对称的。

图 2-60 所示为斜楔—滑块式定心夹紧三爪卡盘，用于加工带轮ϕ20H9 小孔，要求同轴度为ϕ0.05mm。装夹工件时，将ϕ105mm 孔套在三个滑块卡爪 3 上，并以端面紧靠定位套 1。当拉杆向左（通过气压或液压）移动时，斜楔 2 上的斜槽使三个滑块卡爪 3 同时等速径向移动，从而使工件定心并夹紧。与此同时，压块 4 压缩弹簧销 5。当拉杆反向运动时，在弹簧销 5 作用下，三个滑块卡爪同时收缩，从而松开工件。

斜楔—滑块式定心夹紧机构主要用于工件以未加工或粗加工过的、直径较大的孔定位时的定心夹紧。

此例的三个滑动卡爪既是定位元件，又是夹紧元件，故称为定位—夹紧元件。它们能同时趋近或退离工件，使工件的定位基准总能与限位基准重合，这种有定心和夹紧双重功能的机构称为定心夹紧机构。采用这种机构的车床夹具，其结构是对称的。

定心夹紧机构不仅用在车床夹具上，也广泛用于其他夹具。

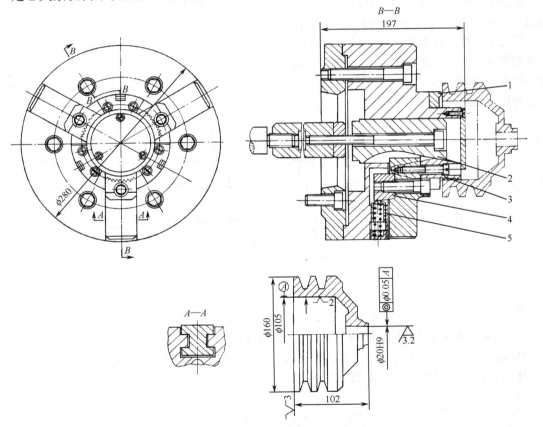

图 2-60 斜楔—滑块式定心夹紧三爪卡盘

1—定位套；2—斜楔；3—滑块卡爪；4—压块；5—弹簧销

角铁式车床夹具和卡盘式车床夹具因径向尺寸较大，通过过渡盘与车床主轴头端连接。过渡盘的使用，使夹具省去了与特定机床的连接部分，从而增加了通用性，即通过同规格的过渡盘可用于别的机床。同时也便于用百分表在夹具校正环或定位面上找正的办法来减少其安装误差，因此，在设计圆盘式车床夹具时，就应对定位面与校正面间的同轴度及定位面对安装平面的垂直度误差提出严格要求，如图 2-61 所示。

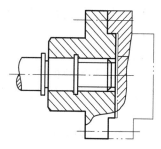

图 2-61　角铁式和卡盘式车床夹具安装

（3）心轴式车床夹具

心轴式车床夹具的主要限位元件为轴，常用于以孔作为主要定位基准的回转体零件的加工，如套类、盘类零件，常用的有圆柱心轴和弹性心轴。

夹头式车床夹具的主要限位元件为孔，常用于以外圆作为主要定位基准的小型回转体零件的加工，如小轴零件,常用的有弹性夹头等。

图 2-62 所示为手动弹簧心轴，工件以精加工过的内孔在弹性筒夹 5 和心轴端面上定位。旋紧螺母 4，通过锥体 1 和锥套 3 使弹性筒夹 5 向外变形，将工件胀紧。这种夹紧机构称为均匀变形定心夹紧机构。由于弹性变形量较小，要求工件定位孔的精度高于 IT8，所以定心精度一般可达 0.02～0.05mm。

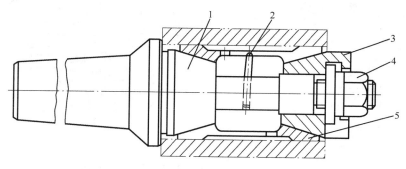

图 2-62　手动弹簧心轴

1—锥体；2—防转销；3—锥套；4—螺母；5—弹性筒夹

心轴类车床夹具以莫氏锥柄与机床主轴锥孔配合连接，用螺杆拉紧。对于径向尺寸 $D<140$mm 或 $D<(2\sim3)d$ 的小型夹具，一般用锥柄安装在车床主轴的锥孔中，并用螺杆拉紧。这种连接方式定心精度较高，如图 2-63 所示。

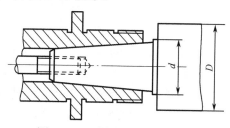

图 2-63　心轴式车床夹具安装

（4）安装在拖板上车床夹具

通过机床改装（拆去刀架，小拖板）使其固定在大拖板上，工件直运动刀具则转动。这种方式扩大车床用途，以车代镗，解决大尺寸工件无法安装在主轴上或转速难以提高的问题，如图 2-2 所示。

3．车床夹具设计要点

（1）定位装置的设计要求

在车床上加工回转面时，要求工件被加工面的轴线与车床主轴的旋转轴线重合，夹具上定位装置的结构和布置必须保证这一点。因此，对于轴套类和盘类工件，要求夹具定位元件工作表面的对称中心线与夹具的回转轴线重合。对于壳体、接头或支座等工件，被加工的回转面轴线与工序基准之间有尺寸联系或相互位置精度要求时，应以夹具轴线为基准确定定位元件工作表面的位置。

（2）夹紧装置的设计要求

在车削过程中，由于工件和夹具随主轴旋转，除工件受切削扭矩的作用外，整个夹具还受到离心力的作用。此外，工件定位基准的位置相对于切削力和重力的方向是变化的。因此，夹紧机构必须产生足够的夹紧力，自锁性能要可靠。对于角铁式夹具，还应注意施力方式，防止引起夹具变形。

（3）总体结构设计要求

① 为了保证加工表面的形状、位置精度，夹具与主轴连接的定心精度要高，定心方式要与选用机床主轴端部结构相符，定心后再加以压紧或拉紧，保证可靠和安全。

② 车床夹具带动工件高速回转，既受切削力又受惯性力作用，因而夹紧力必须考虑充分，大小足够，夹紧力必须有可靠的自锁。

③ 车床夹具是在高速回转和悬臂状况下工作，因而外形尽可能呈圆柱状，夹具的结构应力求紧凑、轻便，悬伸长度要短，使重心尽可能靠近主轴。

④ 若工件外形为非对称或机构布置为非对称，则必须注意动平衡，否则会破坏主轴的回转精度，从而降低回转表面的加工精度。一般措施是设置必要的配重，要仔细考虑配重的位置和大小，以及位置和大小的调整措施。平衡的方法有两种：设置配重块或加工减重孔。

⑤ 车床夹具在高速下回转，为保证安全，夹具上的各种元件一般不允许凸出夹具体圆形轮廓之外。此外，还应注意切屑缠绕和切削液飞溅等问题，必要时应设置防护罩。

2.6.3　数控铣床和加工中心的通用和专用夹具

1．数控铣床和加工中心通用夹具

（1）平口钳

数控铣床和加工中心常用夹具是平口钳，先把平口钳固定在工作台上，找正钳口，再把工件装夹在平口钳上，这种方式装夹方便，应用广泛，适宜装夹形状规则的小型工件，如图 2-64 所示。

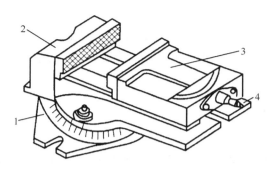

图 2-64　平口钳

1—底座；2—固定钳口；3—活动钳口；4—螺杆

（2）分度头

分度头是用卡盘或用顶尖和拨盘夹持工件并使之回转和分度定位的机床附件，如图 2-65 所示。

分度头是数控铣床和加工中心的重要附件。各种齿轮、正多边形、花键以及刀具开齿等有分度要求的工件，都可以使用分度头来进行加工。

使用分度头和分度头尾座顶尖安装轴类工件时，应使得前后顶尖的中心线重合，如图 2-66 所示。

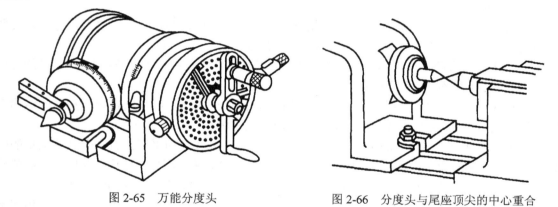

图 2-65　万能分度头　　　　　　　　图 2-66　分度头与尾座顶尖的中心重合

（3）数控铣床和加工中心用卡盘

在数控铣床和加工中心加工中，对于结构尺寸不大且零件外表面不需要进行加工的圆形表面，可以利用三爪卡盘装夹，也是加工中心的通用夹具，如图 2-67 所示。

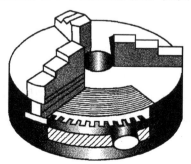

图 2-67　数控铣床和加工中心用卡盘

（4）数控回转工作台

数控回转工作台是各类数控铣床和加工中心的理想配套附件，有立式工作台、卧式工作台和立卧两用回转工作台等不同类型产品。立卧回转工作台在使用过程中可分别以立式和水平两种方式安装于主机工作台上。工作台工作时，利用主机的控制系统或专门配套的控制系统，完成与主机相协调的各种必需的分度回转运动。

为了扩大加工范围，提高生产率，加工中心除了沿 X、Y、Z 三个坐标轴的直线进给运动之外，往往还带有 A、B、C 三个回转坐标轴的圆周进给运动。数控回转工作台作为机床的一个旋转坐标轴由数控装置控制，并且可以与其他坐标联动，使主轴上的刀具能加工到工件除安装面及顶面以外的周边。回转工作台除了用来进行各种圆弧加工或与直线坐标进给联动进行曲面加工以外，还可以实现精确的自动分度。因此，回转工作台已成为加工中心一个不可缺少的部件。

2．数控铣床和加工中心专用夹具

在铣削加工时，往往把夹具安装在铣床工作台上，工件连同夹具随工作台作进给运动。根据工件的进给方式，一般可将铣床夹具分为下列两种类型。

（1）直线进给式铣夹具

这类夹具在铣削加工中随机床工作台作直线进给运动，见图 2-3。

（2）圆周进给铣床夹具

这类夹具常用于具有回转工作台的铣床上，工件连同夹具随工作台作连续、缓慢的回转进给运动，不需停车就可装卸工件。图 2-68 所示为一圆周进给的铣床夹具，工件 4 依次装夹在沿回转工件台 2 圆周位置安装的夹具上，铣刀 3 不停地铣削，回转工作台 2 作连续的回转运动，将工件依次送入切削。此例是用一个铣刀头加工的。根据加工要求，也可用两个铣刀头同时进行粗、精加工。

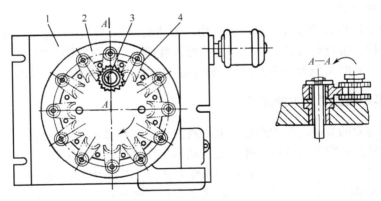

图 2-68　圆周进给的铣床夹具

1—夹具体；2—回转工作台；3—铣刀；4—工件

除以上通用和专用夹具外，数控机床夹具主要采用拼装夹具、组合夹具、可调夹具。

2.6.4 组合夹具

组合夹具是一种标准化、系列化、通用化程度很高的工艺装备，我国目前已基本普及。组合夹具由一套预先制造好的不同形状、不同规格、不同尺寸的标准元件及部件组装而成，具有互换性、高耐磨性和高精度，其结构灵活多变，适应性广，元件可长期循环使用，目前已为众多制造行业所采用。

1. 组合夹具的特点

组合夹具一般是为某一工件的某一工序组装的专用夹具，也可以组装成通用可调夹具或成组夹具，组合夹具适用于各类机床。

组合夹具分为槽系和孔系两个系列：槽系夹具是组合夹具元件主要靠槽来定位和夹紧；孔系夹具是指组合夹具元件主要靠孔来定位和夹紧。组合夹具具有以下几方面的特点。

（1）通用性强，可重复利用

组合夹具是在机床夹具元件高度标准化的前提下发展起来的，组合夹具的元件具有较高的尺寸精度和几何精度，较高的硬度和耐磨性，而且具有完全互换性。组合夹具的组装如同搭积木一样，由于它拼装起来变化多，夹具结构形式变化无穷，它能满足各种零部件的加工要求。

（2）组合夹具的元件精度高、耐磨，并且实现了完全互换

组合夹具的元件精度一般为IT6～IT7级。用组合夹具加工的工件，位置精度一般可达IT8～IT9级，若精心调整，可以达到 IT7 级。

（3）适用范围广

组合夹具可适用于机械制造业中的车、铣、刨、磨、镗、钻等工种，在画线、检验、装配、焊接等工种也可应用。

（4）可降低生产成本，提高劳动效率

组合夹具把专用夹具的设计、制造、使用、报废的单向过程变为组装、拆散、清洗入库、再组装的循环过程。组合夹具用后拆散，元件可以继续使用，这样既能减少夹具库存和因夹具报废造成的浪费，同时又能节省夹具制造的时间和费用，从而降低生产成本，提高生产率。

2. 组合夹具在数控机床中的应用

随着机械制造业的发展，对于组合夹具，数控机床有许多不同于普通机床的特殊要求，如粗加工时要求夹具具有很好的刚度，能承受大功率、高速切削；精加工时要求工件在夹具中产生的定位及夹紧误差最小，为提高工效，要求组合夹具元件能大、中融合一体，安装在同一块基础板上，以适应单件或多件同时加工等。孔系夹具靠销孔定位，故坐标孔系一定，组装程度简单，不需要测量调整就能确定工件在机床坐标中的位置。当使用多夹具基础板时，既可组装单个大零件夹具，又可组装多个中小零件夹具，工效高，柔性好。孔系夹具的特点：适用于数控机床和柔性制造系统的配套工装或随行夹具，在数控中的应用覆盖面超过槽系夹具，占据主导地位。

由于组合夹具有很多优点，又特别适用于新产品试制和多品种小批生产，所以近年来发展迅速，应用较广。组合夹具的主要缺点是体积较大，刚度较差，一次投资多，成本高，这使组合夹具的推广应用受到一定限制。

3．槽系组合夹具

槽系组合夹具就是指元件上制作有标准间距的相互平行及垂直的 T 形槽或键槽，通过键在槽中的定位，就能准确决定各元件在夹具中的准确位置，元件之间再通过螺栓连接和紧固。图 2-69 所示为在轴上钻孔的钻模，系由基础体、支撑件、钻模板和夹紧件等元件所组成，元件间相互位置都由可沿槽中滑动的键在槽中定位来决定，所以，槽系组合夹具有很好的可调整性。21 世纪以来，曾有过多种槽系组合夹具系统，世界上已生产了数以千万计的槽系组合夹具元件，其中著名的有英国的 Wharton、俄罗斯的 YCJI、中国的 CATIC、德国的 Halder 系统等。

槽系夹具的特点是平移调整方便，它广泛地应用于普通机床上进行一般精度零件的机械加工，其主要元件有基础件、定位件、支撑件、导向件、压紧件、紧固件和合件。常见的基本结构有基座加宽结构、定向定位结构、压紧结构、角度结构、移动结构、转动结构、分度结构等。若干个基本结构组成一套组合夹具。

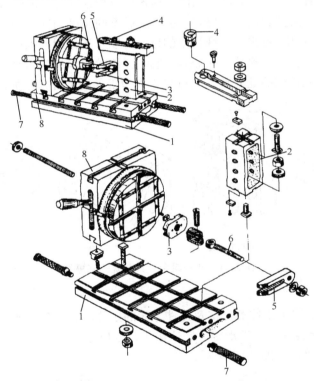

图 2-69　钻盘类零件径向孔的组合夹具

1—基础件；2—支撑件；3—定位件；4—导向件；5—夹紧件；6—紧固件；7—其他件；8—合件

（1）槽系组合夹具元件及其分类

槽系组合夹具系统的元件最初是仿照专用夹具元件计的。虽然在各种商品化系统之间存在一些差别，但是元件的分类、结构和形状之间仍存在很多相似，通常，槽系组合夹具元件分为 8 类：即基础件、支撑件、定位件、导向件、压紧件、紧固件、其他件和合件。

1）基础件

基础件用做夹具的底板，其余各类元件均可装配在底板上，包括方形、长方形、圆形的基础板及基础角铁等，用做夹具体，如图 2-70 所示。

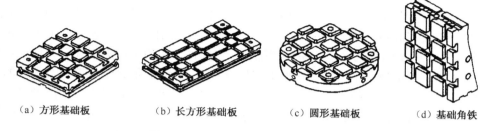

（a）方形基础板　　　（b）长方形基础板　　　（c）圆形基础板　　　（d）基础角铁

图 2-70　槽系组合夹具系统的基础件

2）支撑件

支撑件从功能看也可称结构件，与基础件一起共同构成夹具体，除基础件和合件外，其他各类元件都可以装配在支撑件上，这类元件包括各种方形或长方形的垫板、支撑件，角度支撑、小型角铁等，这类元件类型和尺寸规格多、主要用做不同高度的支撑和各种定位支撑需要的平面。支撑件上开有 T 形槽、键槽，穿螺栓用的过孔，以及连接用的螺栓孔，用紧固件将其他元件和支撑件固定在基础件上连接成一个整体。它们是组合夹具中的骨架元件，数量最多，应用最广。它既可作为各元件间的连接件，又可作为大型工件的定位件，如图 2-71 所示。

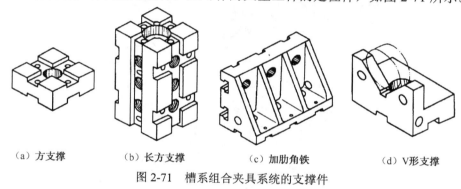

（a）方支撑　　　（b）长方支撑　　　（c）加肋角铁　　　（d）V形支撑

图 2-71　槽系组合夹具系统的支撑件

3）定位件

定位件主要功能是用于工件的定位及元件之间的定位。主要有平键、圆形定位销、镗孔支撑、菱形定位销、圆形定位盘、T 形键、定位接头、方形定位支撑、六菱定位支撑座、用于工件外圆定位的 V 形铁等，如图 2-72 所示。

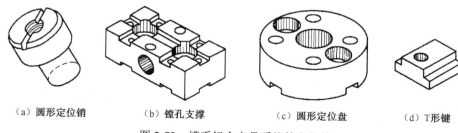

（a）圆形定位销　　　（b）镗孔支撑　　　（c）圆形定位盘　　　（d）T形键

图 2-72　槽系组合夹具系统的定位件

4）导向件

导向件主要功能是用做孔加工工具的导向，用于确定刀具与工件的相对位置，如各种镗套和钻套等，如图 2-73 所示。

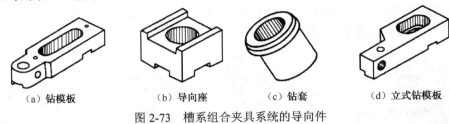

(a) 钻模板　　　　(b) 导向座　　　　(c) 钻套　　　　(d) 立式钻模板

图 2-73　槽系组合夹具系统的导向件

5）压紧件

压紧件主要功能是将工件压紧在夹具上，如各种类型的压板，如图 2-74 所示。

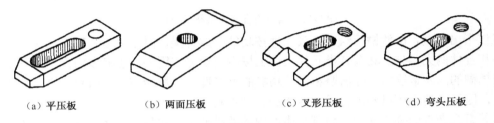

(a) 平压板　　　　(b) 两面压板　　　　(c) 叉形压板　　　　(d) 弯头压板

图 2-74　槽系组合夹具系统的压紧件

6）紧固件

紧固件包括各种螺栓、螺钉、螺母和垫圈等，用于紧固各元件。由于紧固件在一定程度上影响整个夹具的刚性，所以螺纹件均采用细牙螺纹，可增加各元件之间的连接强度。同时所选用的材料、制造精度及热处理等要求均高于一般标准紧固件，如图 2-75 所示。

(a) 长方头螺栓　　　　(b) 内六方螺钉　　　　(c) 凹球面垫圈　　　　(d) 带肩螺母

图 2-75　槽系组合夹具系统的紧固件

7）其他件

其他件不属于上述 6 类的杂项元件，如连接板、手柄和平衡块等，如图 2-76 所示。

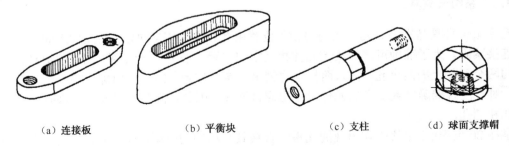

(a) 连接板　　　　(b) 平衡块　　　　(c) 支柱　　　　(d) 球面支撑帽

图 2-76　槽系组合夹具系统的其他件

8）合件

合件是指夹具使用后不用拆散，成套使用的独立部件，按用途可分为定位合件（如顶尖座等）；分度合件（如分度盘等）、夹紧合件等，如图2-77所示。

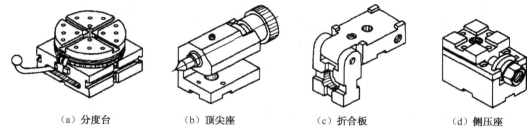

（a）分度台　　　　　　（b）顶尖座　　　　　　（c）折合板　　　　　　（d）侧压座

图 2-77　槽系组合夹具系统的合件

应该指出的是，虽然槽系组合夹具元件按功能分成各类，但在实际装配夹具的工作中，除基础件和合件两大类外，其余各类元件大体上按主要功能应用外，在很多场合，各类元件的功能都是模糊的，只是根据实际需要和元件功能的可能性加以灵活使用。因此，同一工件的同一套夹具，因不同的人可以装配出千姿百态的各种夹具。

随着组合夹具的推广应用，为满足生产中的各种要求，出现了很多新元件和合件。

槽系组合夹具的优点：螺栓在十字网状 T 形槽里行走自如，调整方便，很容易满足异形零件的装夹要求。槽系组合夹具的缺点：定位螺栓在 X/Y 坐标轴上线性调整，被加工零件靠摩擦力定位，受力大或多次使用时定位点会产生位移。

（2）槽系组合夹具的规格

为了适应不同工厂、不同产品的需要，槽系组合夹具分大、中、小型三种规格，其主要参数见表2-4。

表 2-4　槽系组合夹具的主要参数

规格	槽宽/mm	槽距/mm	连接螺栓/ （mm×mm）	键用螺钉/mm	支撑件截面/mm²	最大载荷/N	工件最大尺寸/ （mm×mm×mm）
大型	$16_0^{+0.08}$	75±0.01	M16×1.5	M5	75×75 90×90	200000	2500×2500×1000
中型	$16_0^{+0.08}$	60±0.01	M12×1.5	M5	60×60	100000	1500×1000×500
小型	$8_0^{+0.015}$ $6_0^{+0.015}$	30±0.01	M8 M6	M3 M3、M2.5	30×30 22.5×22.5	50000	500×250×250

4. 孔系组合夹具

孔系组合夹具是指夹具元件之间的相互位置由孔和定位销来决定，而元件之间的连接仍由螺纹连接紧固。为了准确可靠地决定元件相互空间位置，采用了一面两销的定位原理，即利用相连的两个元件上的两个孔，插入两根定位销来决定其位置，同时再用螺钉将两个元件连接在一起。对于没有准确位置要求的元件可仅用螺钉连接，因此，部分孔系元件上都有网状分布的定位孔和螺孔。

早在 20 世纪 50 年代中期出现的孔系组合夹具是早期的原型，很不完善，因此在相当长的时期内，组合夹具的应用还是槽系组合夹具占优势。随着数控机床和加工中心的普及，切削速度和进给量的普遍提高，而且孔系组合夹具的改进，减少元件的品种和数量，降低了成本，从而使孔系组合夹具得到很大的发展。从 20 世纪 80 年代中后期开始，孔系组合夹具在生产中的使用超过了槽系组合夹具。

目前，许多发达国家都有自己的孔系组合夹具。图 2-78 所示为德国 BIUCO 公司的孔系组合夹具组装示意图。元件与元件间用两个销钉定位，一个螺钉紧固。定位孔孔径有 10mm、12mm、16mm、24mm 四个规格；相应的孔距为 30mm、40mm、50mm、80mm；孔径公差为 H7，孔距公差为±0.01mm。

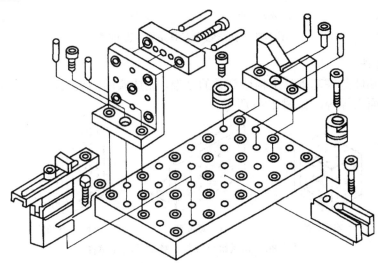

图 2-78　德国 BIUCO 公司的孔系组合夹具组装示意图

孔系夹具的特点是旋转调整方便，精度和刚度都高于槽系夹具。孔系夹具的主要元件和结构与槽系夹具基本相同，随着孔系夹具元件设计的不断改进完善，吸取槽系结构的特点，应用范围更加广泛。

孔系组合夹具的元件用一面两圆柱销定位，属于允许使用的过定位，其定位精度高；孔系组合夹具的基础件，虽然其厚度较同系列槽系为薄，上面又加工了众多的孔，但仍为整体的板结构，而槽系组合夹具的基础件和支撑件表面布满了纵横交错的 T 形槽，造成截面上的断层，严重削弱了结构的刚度，故孔系组合夹具的刚性比槽系组合夹具好。孔系组合夹具的组装可靠，体积小，元件的工艺性好，成本低，可用做数控机床夹具。但组装时元件的位置不能随意调节，常用偏心销钉或部分开槽元件进行弥补。

（1）孔系组合夹具元件及其分类

每一生产厂家对自己生产的孔系组合夹具元件都有自己的分类，但也有类似之处，因此元件大体上可分成 5 类，即基础件、结构支撑件、定位件、夹紧件和附件。现以较早生产孔系组合夹具的 BIUCO 为例，对各类元件作一简要说明。

1）基础件

基础件用做夹具的底板或夹具体，除传统的方形、长方形、圆形基础板和角铁外，增加了 T 形板和方箱，后者主要是适应数控机床的需要，特别是在加工中心上有着广泛的用途，如图 2-79 所示。

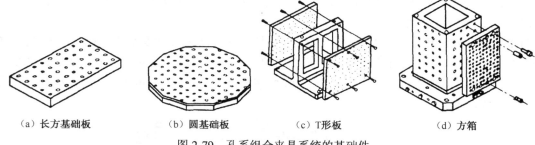

(a) 长方基础板　　　（b）圆基础板　　　（c）T形板　　　（d）方箱

图 2-79　孔系组合夹具系统的基础件

2）结构支撑件

这类元件的功能是在基础件上构造夹具的骨架，组成实际的夹具体，如小尺寸的长形或宽形角铁，各种多面支撑等，如图 2-80 所示。

（a）四面支撑　　　（b）宽角铁　　　（c）支撑角铁

图 2-80　孔系组合夹具系统的结构支撑件

3）定位件

定位件主要用做定位，有条形板、定位板、角铁、台阶支撑、塔形柱、V 形块等，如图 2-81 所示。

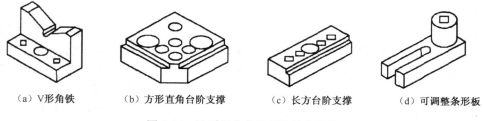

（a）V形角铁　　　（b）方形直角台阶支撑　　　（c）长方台阶支撑　　　（d）可调整条形板

图 2-81　孔系组合夹具系统的定位件

4）夹紧件

夹紧件作压紧工件用，有各种压板和夹紧合件，既有垂直方向压紧的，也有水平方向压紧的，品种繁多，如图 2-82 所示。

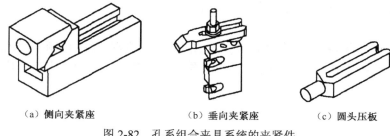

（a）侧向夹紧座　　　（b）垂向夹紧座　　　（c）圆头压板

图 2-82　孔系组合夹具系统的夹紧件

5）附件

附件包含螺钉、螺母、垫圈等各种紧固件及扳手，保护孔免遭切屑、灰尘落入的螺塞等，如图 2-83 所示。

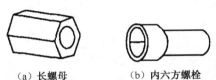

（a）长螺母　　　　　　（b）内六方螺栓　　　　　（c）带肩螺母

图 2-83　孔系组合夹具系统的附件

与槽系组合夹具相同，孔系组合夹具中多数元件的功能也是模糊的，结构件和夹紧件可以用做定位件，定位件也可用做结构支撑件等，根据实际需要灵活运用。

（2）孔系组合夹具的规格

为了达到孔系元件之间的互换性装配，必须对孔的尺寸、公差、孔距加以标准化才能达到目的，这就是孔系组合夹具的规格。现在虽然生产孔系组合夹具的各公司都有自己的规格，但在一些主要参数上都是相同或接近的。与槽系组合夹具一样，为了适应不同尺寸大小工件的加工，定位孔孔径有 10mm、12mm、16mm、24mm 四个规格；相应的孔距为 30mm、40mm、50mm、80mm；孔径公差为 H7，孔距公差为±0.01mm。

孔系组合夹具的优点：销和孔的定位结构准确可靠，彻底解决了槽系组合夹具的位移现象。孔系组合夹具的缺点：只能是在预先设定好的坐标点上定位，不能灵活调整。

2.6.5　拼装夹具

拼装夹具是在成组工艺基础上，用标准化、系列化的夹具零部件拼装而成的夹具。它有组合夹具的优点，比组合夹具有更好的精度和刚性，更小的体积和更高的效率，因而较适合柔性加工的要求，常用做数控机床夹具。

图 2-84 所示为镗箱体孔的数控机床拼装夹具，需在工件 6 上镗削 A、B、C 三孔。工件在液压基础平台 5 及三个定位销钉 3 上定位；通过基础平台内两个液压缸 8、活塞 9、拉杆 12、压板 13 将工件夹紧；夹具通过安装在基础平台底部的两个连接孔中的定位键 10 在机床 T 形槽中定位，并通过两个螺旋压板 11 固定在机床工作台上。可选基础平台上的定位孔 2 作为夹具的坐标原点，与数控机床工作台上的定位孔 1 的距离分别为 X_0、Y_0。三个加工孔的坐标尺寸可用机床定位孔 1 作为零点进行计算编程，称为固定零点编程；也可选夹具上方便的某一定位孔作为零点进行计算编程，称为浮动零点编程。

拼装夹具主要由以下各种元件和合件组成。

1．基础元件和合件

图 2-85 所示为普通矩形平台，只有一个方向的 T 形槽 1，使平台有较好的刚性。平台上布置了定位销孔 2，如 B-B 剖视图所示，可用于工件或夹具元件定位，也可作为数控编程的起始孔。D-D 剖面为中央定位孔。基础平台侧面设置紧固螺纹孔系 3，用于拼装元件和合件。两个孔 4（C-C 剖面）为连接孔，用于基础平台和机床工作台的连接定位。

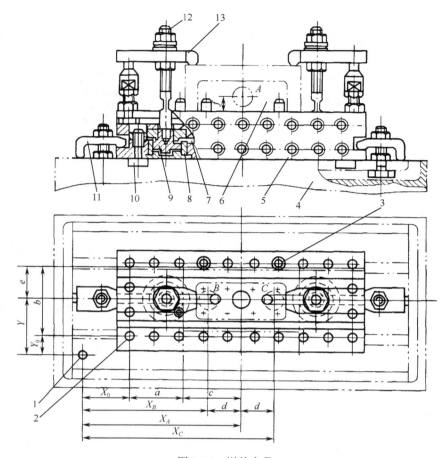

图 2-84　拼装夹具

1、2—定位孔；3—定位销钉；4—数控机床工作台；5—液压基础平台；

6—工件；7—通油孔；8—液压缸；9—活塞；10—定位键；11、13—压板；12—拉杆

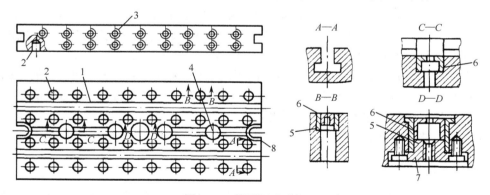

图 2-85　普通矩形平台

1—T形槽；2—定位销孔；3—紧固螺纹孔；4—连接孔；5—高强度耐磨衬套；6—防尘罩；7—可卸法兰盘；8—耳座

2. 定位元件和合件

图 2-86（a）所示为平面安装可调支撑钉；图 2-86（b）所示为T形槽安装可调支撑钉；

图 2-86（c）所示为侧面安装可调支撑钉。

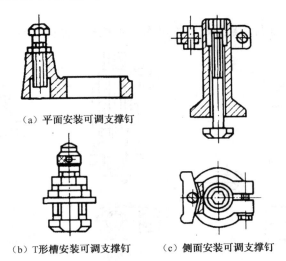

（a）平面安装可调支撑钉

（b）T 形槽安装可调支撑钉　　（c）侧面安装可调支撑钉

图 2-86　可调定位支撑钉

图 2-87 所示为定位支撑板，可用做定位板或过渡板。

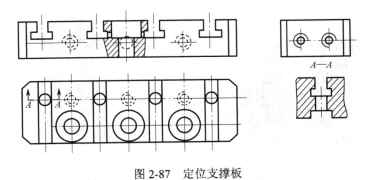

$A—A$

图 2-87　定位支撑板

图 2-88 所示为可调 V 形块，以一面两销在基础平台上定位、紧固，两个活动 V 形块 4、5 可通过左、右螺纹螺杆 3 调节，以实现不同直径工件 6 的定位。

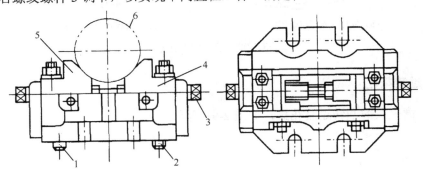

图 2-88　可调 V 形块合件

1—圆柱销；2—菱形销；3—左、右螺纹螺杆；4、5—左、右活动 V 形块；6—工件

3．夹紧元件和合件

图 2-89 所示为手动可调夹紧压板，均可用 T 形螺栓在基础平台的 T 形槽内连接。

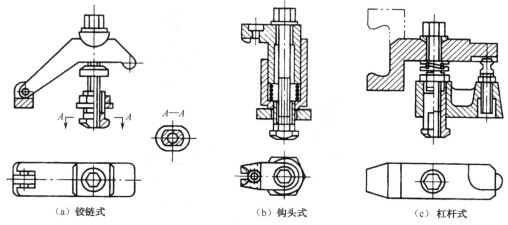

（a）铰链式　　　　　　（b）钩头式　　　　　　（c）杠杆式

图 2-89　手动可调夹紧压板

图 2-90 所示为液压组合压板，夹紧装置中带有液压缸。

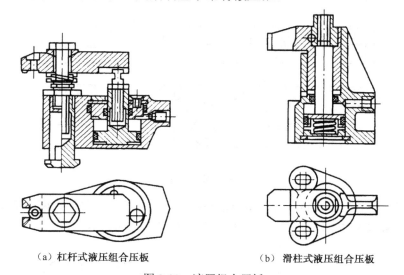

（a）杠杆式液压组合压板　　　　　　（b）滑柱式液压组合压板

图 2-90　液压组合压板

4．回转过渡花盘

用于车、磨夹具的回转过渡花盘，如图 2-91 所示。

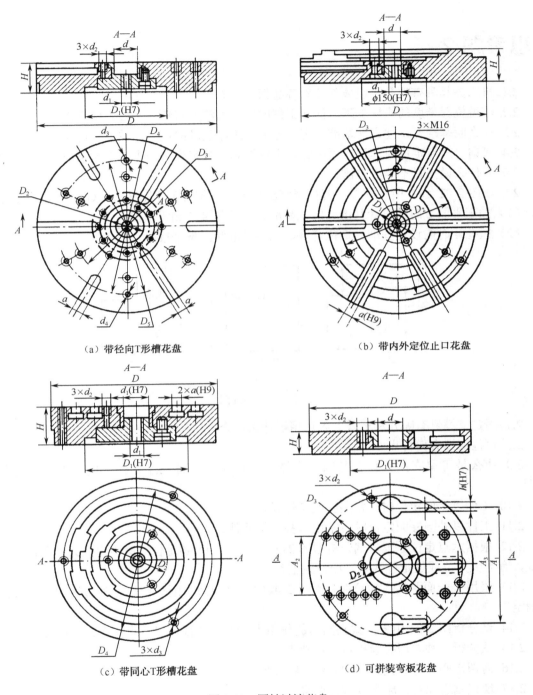

（a）带径向T形槽花盘

（b）带内外定位止口花盘

（c）带同心T形槽花盘

（d）可拼装弯板花盘

图 2-91　回转过渡花盘

思考题 2

2.1 机床夹具具有哪几个组成部分？各起何作用？

2.2 获得位置精度的机械加工方法（工件的安装方法）有哪些？各有何特点？

2.3 什么叫基准？试述设计基准、定位基准、工序基准的概念，并举例说明。

2.4 何谓"六点定位原理"？"不完全定位"和"欠定位"是否均不能采用？为什么？

2.5 为什么说夹紧不等于定位？

2.6 如图 2-92（a）所示零件，若按调整法加工，试结合工序图（b）、（c）分析下列问题：

（1）加工平面 2 时的设计基准、定位基准、工序基准和测量基准；

（2）镗孔 4 时的设计基准、定位基准、工序基准和测量基准。

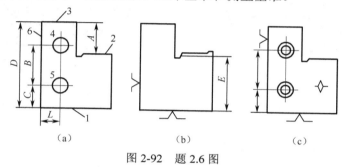

（a）　　　　　　（b）　　　　　　（c）

图 2-92　题 2.6 图

2.7 固定支撑钉有哪几种形式？各适用于什么场合？

2.8 自位支撑有何特点？

2.9 什么是可调支撑？什么是辅助支撑？它们在使用时应注意什么问题？二者有什么区别？

2.10 工件以平面定位时，常用哪些定位元件？

2.11 工件以外圆柱面定位时，常用哪些定位元件？

2.12 根据六点定位原理，试分析题图 2-93（a）～（i）各定位方案中定位元件所消除的自由度，有无欠定位或过定位现象？如何改正？

2.13 采用"一面两销"定位时，为什么其中一个应为"削边销"？削边销的安装方向如何确定？

2.14 试分析图 2-94 中各方案夹紧力的作用点与方向是否合理？为什么？如何改进？

2.15 试分析三种典型夹紧机构的优缺点。

2.16 何谓定心？定心夹紧机构有什么特点？

2.17 现代制造业对机床夹具有何要求？

2.18 列举用于数控机床的通用夹具。

2.19 组合夹具有何特点？由哪些元件组成？

2.20 什么叫拼装夹具？有何特点？由哪些元件组成？

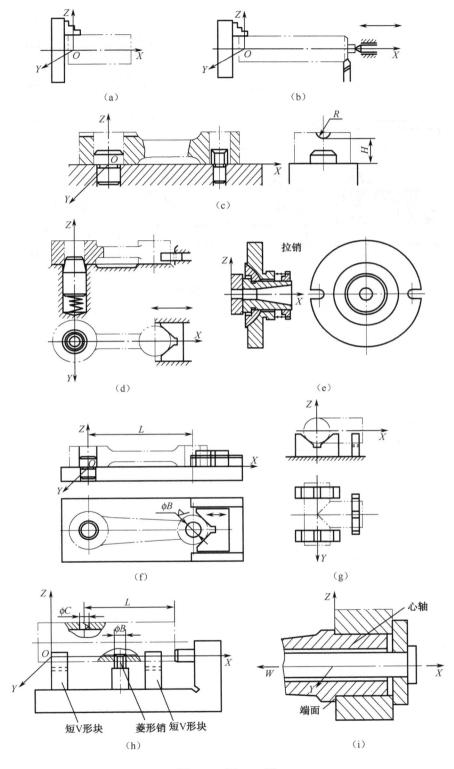

图 2-93 题 2.12 图

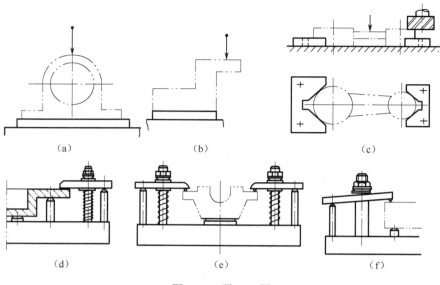

图 2-94　题 2.14 图

第 3 章

数控加工工艺规程

3.1 机械加工工艺过程的基本概念

3.1.1 生产过程与工艺过程

1. 生产过程

生产过程是指将原材料经毛坯制造、机械加工、装配而转变为成品的全部劳动过程。为了降低生产成本和有利于生产技术的发展，目前机械生产趋向于专业化分工，一台机器的生产往往由若干专业工厂共同完成。

2. 工艺过程

在生产过程中，凡是直接改变零件的形状、尺寸、相对位置和性质等，使其成为成品或半成品的过程称为工艺过程。

3.1.2 机械加工工艺过程

工艺就是制造产品的方法，机械制造工艺过程一般是指零件的机械加工工艺过程和机器的装配工艺过程。

机械加工工艺过程是指用机械加工方法，直接改变毛坯的形状、尺寸和各表面之间相互位置及表面质量，使之成为合格零件的全部过程。机械加工工艺过程由一个或若干个顺次排列的工序组成。在一个工序中可能包含一个或几个安装，每一个安装可能包含一个或几个工位，每一个工位可能包含一个或几个工步，每一个工步可能包括一个或几个走刀。

1．工序

工序是指一个（或一组）工人，在一台机床（或一个工作地点），对同一个（或同时对几个）工件所连续完成的那一部分工艺过程。

工序是组成工艺过程的基本单元，一个工艺过程需要包括哪些工序，由被加工零件的技术要求、生产类型和现有工艺条件来决定。

图 3-1 所示的阶梯轴，其不同生产类型的工艺过程见表 3-1 和表 3-2。

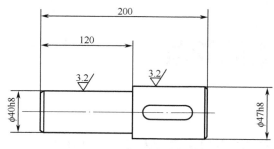

图 3-1　阶梯轴零件

表 3-1　阶梯轴单件生产工艺过程

工序号	工步号	工序内容	设备
1	1	车一端面	车床
	2	钻中心孔	车床
	3	调头车另一端面	车床
	4	钻中心孔	车床
2	1	车大外圆及倒角	车床
	2	调头车小外圆及倒角	
3	1	铣键槽	铣床
	2	去毛刺	

表 3-2　阶梯轴大批大量生产工艺过程

工序号	工步号	工序内容	设备
1	1	铣两端面	专用机床
	2	钻中心孔	专用机床
2		车大外圆及倒角	车床
3		调头车小外圆及倒角	车床
4		铣键槽	铣床
5		去毛刺	钳工台

2．安装

工件经一次装夹后所完成的那一部分工序称为安装。在一道工序中，工件可能被装夹一次或多次，才能完成加工。如表 3-1 中的工序 1，在一次装夹后尚需有一次掉头装夹，才能完成全部工序内容，因此该工序共有两个安装；表 3-2 中工序 4 是在一次装夹下完成全部工序内容，故该工序只有一个安装。

3．工位

为了完成一定的工序，一次装夹工件后，工件与夹具或设备的可动部分一起相对刀具或设备的固定部分所占据的每一个位置称为工位。

在加工中常采用分度（或移位）装置，使工件在一次安装中先后经过若干个位置依次进行加工，工件在机床的每一个工作位置上所完成的那一部分工序就称为工位。图 3-2 所示为在多工位机床上加工孔的实例，在该工序中工件仅装夹一次，但利用四工位的回转台使每个工件依次进行钻孔、扩孔、铰孔加工。采用多工位加工可以减少装夹次数，减少安装误差，提高生产率。

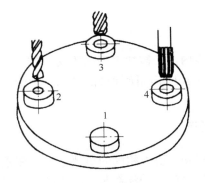

图 3-2　多工位加工

1—装卸工件；2—钻孔；3—扩孔；4—铰孔

4．工步

在加工表面、加工工具、切削速度和进给量不变的情况下，所连续完成的那一部分工艺过程称为工步。一个工序可以包括一个或多个工步，如图 3-3 所示。

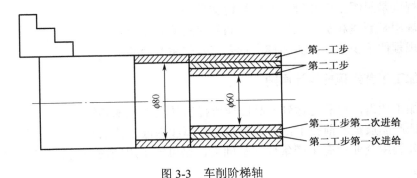

图 3-3　车削阶梯轴

第一工步：车削阶梯轴ϕ80mm 外圆面；

第二工步：车削ϕ60mm 外圆。

有时为了提高生产率，把几个待加工表面用几把刀具同时加工，这也可看成一个工步，称为复合工步，如图 3-4 所示。

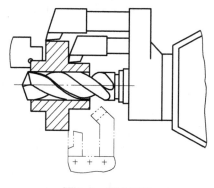

图 3-4　复合工步

5．走刀

走刀也称进给，在一个工步内，若被加工表面需切去的金属层很厚，就可分几次切削，每切削一次为一次走刀。图 3-3 所示的车削阶梯轴的第二工步中，就包含了两次走刀。

3.1.3　机械加工工艺规程

在机械加工中，一台结构相同、要求相同的机器，一个要求相同的机械零件，可以采用几种不同的工艺过程来完成，但其中总有一种在某一特定的具体条件下是最合理的。那么，这种在具体条件下最合理或较合理的工艺过程，把它用文字的形式或按规定的表格形式书写下来，形成工艺文件，这种工艺文件称为机械加工工艺规程，简称工艺规程。它是以规定的表格形式设计成的技术文件，是指导企业生产的重要文件。

1．机械加工工艺规程的作用

① 工艺规程是生产准备工作的依据。

② 工艺规程是组织生产和管理的指导性文件。

③ 工艺规程是新建和扩建工厂（或车间）时的原始资料。

④ 工艺规程便于积累、交流和推广行之有效的生产经验。

2．机械加工工艺规程的设计原则

① 保证加工质量，可靠地达到产品图样所提出的全部技术条件。

② 在保证产品质量的前提下，努力提高生产率和降低工艺成本。

③ 在充分利用企业现有生产条件的基础上，尽可能采用国内外先进生产技术，并保证良好的劳动条件。

④ 工艺规程设计应正确、完整、清晰和统一。

⑤ 所用术语、符号、单位、编号等，都要符合最新的国家标准或相关的国际标准。

3. 制定工艺规程的原始资料

① 产品的全套技术文件，包括产品图样，技术说明书，产品验收的质量标准。

② 产品的生产纲领。

③ 工厂的生产条件，包括毛坯的生产条件或协作关系，工厂的设备和工艺装备情况，专用设备和专用工艺装备的制造能力，工人的技术等级等。

④ 各种技术资料，包括有关手册、标准及国内外先进的工艺技术资料等。

4. 机械加工工艺规程的制定步骤和内容

① 阅读装配图和零件图。了解产品的用途、性能和工作条件，熟悉零件在产品中的地位和作用。

② 工艺审查。审查图纸上的尺寸、视图和技术要求是否完整、正确、统一；找出主要技术要求和分析关键的技术问题；审查零件的结构工艺性。

零件的结构工艺性是指在满足使用要求的前提下，制造该零件的可行性和经济性。功能相同的零件，其结构工艺性可以有很大差异。结构工艺性好是指在现有工艺条件下既能方便制造，又有较低的制造成本。

③ 熟悉或确定毛坯。确定毛坯的主要依据是零件在产品中的作用和生产纲领以及零件本身的结构。常用毛坯的种类有铸件、锻件、型材、焊接件、冲压件等。毛坯的选择通常是由产品设计者来完成的。

④ 拟定机械加工工艺路线。拟定工艺路线是制定机械加工工艺规程的核心。其主要内容有选择定位基准、确定加工方法、安排加工顺序以及安排热处理、检验和其他工序等。

⑤ 确定满足各工序要求的工艺装备。确定满足各工序要求的工艺装备，包括机床、夹具、刀具和量具等。对需要改装重新设计的专用工艺装备应提出具体设计任务书。

⑥ 确定各主要工序的技术要求和检验方法。

⑦ 确定各工序的加工余量、计算工序尺寸和公差。

⑧ 确定切削用量。目前，在单件、小批生产厂，切削用量多由操作者自行决定，机械加工工艺过程卡中一般不作明确规定。在中批、特别是在大批、大量生产厂，为了保证生产的合理性和节奏均衡，则要求必须规定切削用量，并不得随意改动。

⑨ 确定时间定额。

⑩ 填写工艺文件。

3.1.4 生产纲领和生产类型

1. 生产纲领

生产纲领是指企业在计划期内应当生产的产品产量和进度计划。计划期常定为 1 年，所以生产纲领常称年产量。零件的生产钢领要计入备品和废品的数量。零件的年生产纲领为

$$N=Qn（1+a\%+b\%）\tag{3-1}$$

式中　N——零件的年产量（件/年）；

Q——产品的年产量（台/年）；

n——每台产品中该零件的数量（件/台）；

a、b——备品和废品的百分率（%）。

2．生产类型

生产类型是指企业（或车间、工段、班组、工作地）生产专业化程度的分类。一般分为大量生产、成批生产和单件生产三种类型。生产类型的划分主要根据生产纲领确定，同时还与产品的大小和结构复杂程度有关。生产类型的划分见表3-3。

表3-3　生产类型的划分

生产类型		产品类型		
		重型零件 （零件重大于2000kg）	中型零件 （零件重100～2000kg）	轻型零件 （零件重小于100kg）
单件生产		<5	<20	<100
成 批 生 产	小批生产	5～100	20～200	100～500
	中批生产	100～300	200～500	500～5000
	大批生产	300～1000	500～5000	5000～50000
大量生产		>1000	>5000	>50000

生产类型不同，其工艺特点也不同，各种生产类型的工艺特点见表3-4。

表3-4　各种生产类型的工艺特点

工艺特点	单件生产	成批生产	大量生产
工件的互换性	配对制造，无互换性，广泛用钳工修配	大都有互换性，少数用钳工修配	全部有互换性，某些精度较高的配合件用分组选择装配法
毛坯的制造方法及加工余量	铸件用木模手工造型，锻件用自由锻；毛坯精度低，加工余量大	部分铸件用金属模，部分锻件用模锻；毛坯精度中等，加工余量中等	铸件广泛用金属模，锻件广泛用模锻；毛坯精度高，加工余量小
机床设备	通用机床，部分采用数控机床；按机床种类及大小采用"机群式"排列	部分通用机床和部分高生产率机床；按加工零件类别分工段排列	广泛采用专用机床、自动机床及自动线，按流水线形式排列
夹具	通用夹具或组合夹具，极少采用专用夹具	广泛采用专用夹具	广泛采用高效率专用夹具
刀具与量具	通用刀具和万能量具	较多采用专用刀具和专用量具	广泛采用高效率专用刀具和量具
对工人的要求	需要技术熟练的工人	需要一定熟练程度的工人	对操作工人的技术要求较低，对调整工人的技术要求较高
工艺规程	有简单的工艺过程卡	有较详细的工艺规程，对关键零件有详细的工序卡	有详细的工艺规程

工艺特点	单件生产	成批生产	大量生产
生产率	低	中	高
成本	高	中	低
发展趋势	复杂零件采用数控机床加工	采用成组工艺，数控机床或柔性制造系统加工	用计算机控制的自动化制造系统中加工

3.2　机械加工工艺规程制定的方法与步骤

3.2.1　阅读装配图和零件图

在制定某零件的工艺规程之前必须要熟悉产品的性能、用途和工作条件，对装配图进行工艺审查，了解该零件在产品中所起的作用，以及和其他零件的互相装配位置，理解其主要技术要求和关键技术问题。

3.2.2　分析零件图

零件图是工艺是过程设计的依据，必须仔细分析研究。

1．检查零件图的完整性和正确性

通过了解零件的形状和结构后，应检查零件图样的是否正确、完整，表达是否清楚。

2．零件的精度及技术要求分析

对被加工零件的精度及技术要求进行分析，并审查其合理性是零件工艺性分析的重要内容，只有在分析精度（尺寸精度、形状精度、加工表面之间的位置精度）、表面粗糙度和其他要求的基础上，才能对加工方法、装夹方法、进给路线、刀具及切削用量进行正确而合理的选择。

3．零件的材料和热处理分析

通过审查零件的材料和热处理选用，了解其加工的难易程度，以便选择刀具材料、切削用量和考虑热处理工序的安排。

4．零件尺寸标注合理性分析

（1）零件尺寸规格尽量标准化

零件上的轴径、孔径、螺纹、退刀槽、齿轮模数、键槽、过渡圆角等的尺寸应尽量标准化，便于采用标准刀具和通用量具等。例如，M10.5 的螺纹标注尺寸不符合标准化，应改为 M10。

（2）尺寸标注要合理

① 可尽量使设计基准与工艺基准重合，并符合尺寸链最短原则，使零件在被加工过程中，能直接保证各尺寸精度要求，并保证装配时累计误差最小。

② 零件的尺寸标注不应封闭。

③ 应避免从一个加工面确定几个非加工表面的位置，不要从轴线、锐边、假想平面或中心线等难以测量的基准标注尺寸，如图 3-5 所示。

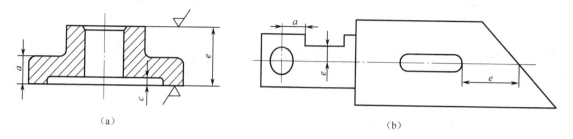

（a） （b）

图 3-5 尺寸标注不正确

3.2.3 分析零件的结构工艺

零件的结构工艺性是指在满足使用性能的前提下，制造的可行性和经济性。良好的结构工艺性可以使零件加工容易，节省工时和材料。差的结构工艺性可以使零件加工困难，浪费工时和材料，甚至无法加工。因此，在保证零件的使用要求的前提下，其结构要能满足机械加工工艺过程的要求。为了多快好省地把所设计的零件加工出来，就必须对零件的结构工艺性进行详细的分析。

1. 零件结构要合理

（1）零件结构应便于加工

1）刀具和量具顺利地接近待加工表面

零件结构应使刀具和量具能够接近加工面，避免使用特殊刀具和量具。如图 3-6（a）所示孔的位置，改进后的结构如图 3-6（b）所示，可用标准钻头，不需要用特殊的加长钻头。

2）零件结构应考虑加工方法和刀具，设退刀槽和越程槽

图 3-7（a）所示为无退刀槽，难以加工，改进后的结构如图 3-7（b）所示留有退刀槽，保证了加工的可能性。

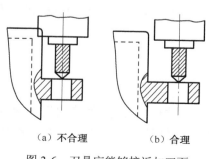

（a）不合理 （b）合理

图 3-6 刀具应能够接近加工面

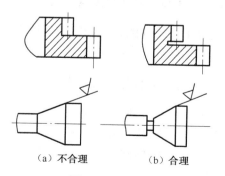

（a）不合理 （b）合理

图 3-7 应有退刀槽

3）钻孔表面应与孔的轴线垂直

如图 3-8（a）、（c）所示，在圆弧或斜面上钻孔，由于钻头单刃切削，钻头两边切削力不等，容易使孔的轴线倾斜或钻头折断，所以，应避免在在斜面或圆弧上钻孔，如图 3-8（b）、（d）所示，将钻孔表面改进成与孔的轴线垂直。

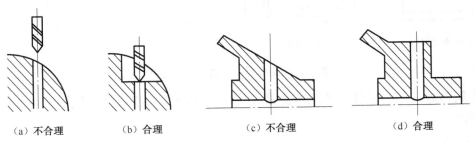

　（a）不合理　　　　（b）合理　　　　　　　（c）不合理　　　　　　　　（d）合理

图 3-8　钻孔表面应与孔的轴线垂直

4）尽量将加工表面放在零件外部

因为外表面的加工比内表面加工方便，将图 3-9（a）所示的箱体内表面凸台改进成图 3-9（b）所示的外表面凸台，既利于加工又利于装配。将图 3-9（c）所示的套的内沟槽加工改进成图 3-9（d）所示的轴的外沟槽加工，既利于加工又利于测量。

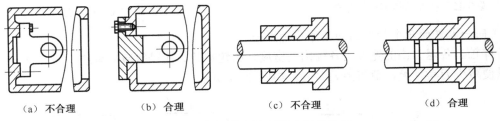

　（a）不合理　　　　（b）合理　　　　　　（c）不合理　　　　　　　（d）合理

图 3-9　尽量将加工表面放在零件外部

5）配合面的数目要尽量少

如图 3-10 所示，要尽量减少零件的配合面的数目，以免产生干涉。

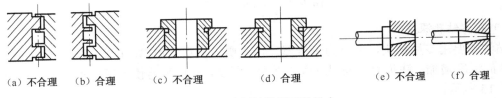

　（a）不合理　（b）合理　　　（c）不合理　　　　（d）合理　　　　（e）不合理　　（f）合理

图 3-10　配合面的数目要尽量少

6）减少零件的加工表面面积

如图 3-11 所示，减少零件的加工表面面积，不仅可以减少加工的劳动量，减少刀具和材料的消耗，还能减少装配接触面积，提高装配精度。

7）减少加工的安装次数

加工零件孔时，零件加工表面应尽量分布在相互平行或相互垂直的表面上，改进前，钻孔要多次安装；改进后，使各孔在一次安装中完成，如图 3-12 所示。

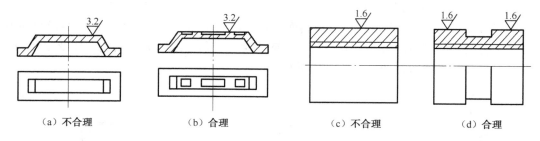

（a）不合理　　　　（b）合理　　　　（c）不合理　　　　（d）合理

图 3-11　减少零件的加工表面面积

加工箱体时，同一轴线上的孔径应沿孔的轴线递减，以便使镗杆从一端穿入加工，如图 3-13 所示。

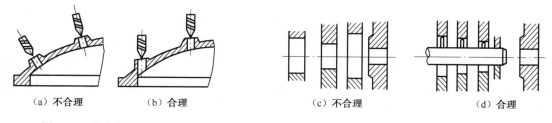

（a）不合理　　　（b）合理　　　　　　（c）不合理　　　　（d）合理

图 3-12　孔在箱体零件的分布　　　　　图 3-13　箱体孔径尺寸分

8）同一零件的几个加工面的尺寸应力求一致

阶梯轴上各退刀槽的宽度、各键槽的宽度、齿轮模数、孔径等应尽量统一，并符合有关标准，以便减少刀具种类，节省换刀时间，如图 3-14 所示。

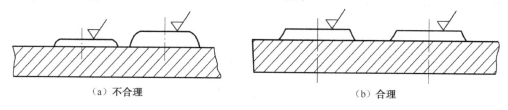

（a）不合理　　　　　　　　　　　　（b）合理

图 3-14　凸台高度尺寸一致

9）减少钻孔深度

钻深孔要用专用钻头，并且为了排屑，钻头要多次重复退出，因而增加了辅助时间。此外，孔的深度增加，钻头的引偏程度也会增大，所以，应尽可能使孔深度不大于孔径的 5 倍，如图 3-15 所示。

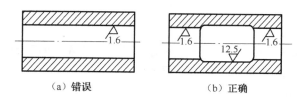

（a）错误　　　　　　　　（b）正确

图 3-15　减少钻孔深度的办法

（2）合理确定零件的加工精度与表面质量

加工精度若定得过高会增加工序，增加制造成本；若定得过低会影响机器的使用性能，故必须根据零件在整个机器中的作用和工作条件合理地确定，尽可能使零件加工方便，降低制造成本。

（3）保证位置精度的可能性

为保证零件的位置精度，最好使零件能在一次安装中加工出所有相关表面，这样就能依靠机床本身的精度达到所要求的位置精度。如图 3-16（a）所示的结构，不能保证 $\phi80\text{mm}$ 与内孔 $\phi60\text{mm}$ 的同轴度。若改成如图 3-16（b）所示的结构，就能在一次安装中加工出外圆与内孔，保证二者的同轴度。

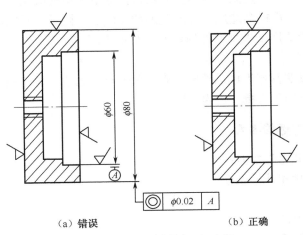

（a）错误　　　　　　　（b）正确

图 3-16　保证位置精度的结构

（4）零件应有足够的刚度

零件结构在加工时应具有良好的刚性，能够承受夹紧力和切削力，以便提高切削用量。

3.2.4　毛坯的确定

在制定机械加工工艺规程时，能否正确选择合适的毛坯，对零件的加工质量、材料消耗和加工工时都有很大的影响。毛坯的尺寸和形状越接近成品零件，机械加工的劳动量就越少，材料消耗越少，因而机械加工的生产效率提高了，成本降低，但是毛坯的制造成本就越高，所以应根据生产纲领，综合考虑毛坯的制造费用和机械加工的费用来确定毛坯，以求得最好的经济效益。

1. 毛坯的种类

（1）铸件

形状较复杂的零件采用铸造毛坯。铸件材料有铸铁（常用的有灰口铸铁、可锻铸铁、球墨铸铁）、铸钢及铜、铝等，其中以灰口铸铁和铸钢最常用。其铸造方法有砂型铸造、精密铸造、金属型铸造、压力铸造等，较常用的是砂型铸造。当毛坯精度要求低、生产批量较小时，采用木模手工造型法；当毛坯精度要求高、生产批量很大时，采用金属型造型法和压力造型法。

（2）锻件

强度要求高、形状比较简单的零件采用锻造毛坯。锻件材料一般为碳钢和合金钢。其锻造方法有自由锻和模锻两种。自由锻毛坯精度低，加工余量大，生产率低，适用于单件、小批生产及大型零件毛坯。模锻毛坯精度高，加工余量小，生产率高，但成本也高，适用于产量较大的中小型零件毛坯。

（3）型材

型材有热轧和冷拉两种：热轧型材适用于尺寸较大、精度较低的毛坯；冷拉型材适用于尺寸较小、精度较高的毛坯。

（4）焊接件

焊接件是用电焊、气焊、氩弧焊等焊接方式根据需要将型材或钢板等焊接成的毛坯件，它简单方便，生产周期短，焊接会造成零件的变形和切削加工困难，所以，需要经时效处理后才能进行机械加工。一般适用于大型零件的单件、小批生产。

（5）冷冲压件

冷冲压件毛坯可以非常接近成品要求，在小型机械、仪表、轻工电子产品方面应用广泛，但因冲压模具昂贵而仅用于大批、大量生产。

2. 毛坯选择时应考虑的因素

① 零件的材料及其力学性能；
② 零件的结构形状和外形尺寸；
③ 生产类型；
④ 车间的生产能力；
⑤ 充分注意应用新工艺、新技术、新材料。

3.2.5 工艺路线的设计

拟定工艺路线是工艺规程设计中最关键的一步，一般应设计几种工艺路线方案，最后选取最合理的方案。拟定工艺路线包括选择定位基准，确定加工方法，划分加工阶段，决定工序的集中与分散，加工顺序的安排，以及安排热处理、检验及其他辅助工序。

1. 定位基准的选择

定位是指确定工件在机床或夹具中占有正确位置的过程。夹紧是指工件定位后将其固定，使其在加工过程中保持定位位置不变的操作。

在机械加工过程中，用毛坯上未加工过的表面作为定位基准的称为粗基准，用加工过的表面做定位基准的称为精基准。

（1）粗基准的选择原则

在选择粗基准时，考虑的重点是如何保证各加工表面有足够的余量，以及保证不加工表面与加工表面间的尺寸、位置符合零件图样设计要求。

1）重要表面余量均匀原则

必须首先保证工件重要表面具有较小而均匀的加工余量，应选择该重要表面作为粗基准。

① 选择重要加工表面为粗基准，如图 3-17（a）所示，加工车床导轨面，因车床导轨面是车床床身的主要表面，精度要求较高，所以，应先选择导轨面作为粗基准加工床腿底面，再以床腿底面作为精基准加工导轨面，使加工余量均匀，并保证导轨面的组织均匀和耐磨性一致；当加工多个重要表面时，应选择余量要求最严格的面作为粗基准。

②　选择加工面积大、形状复杂的表面为粗基准，以减少工件表面金属的总切削量。如图 3-17（b）所示，以床腿底面作为粗基准。

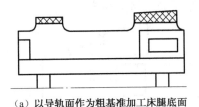 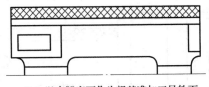

（a）以导轨面作为粗基准加工床腿底面　　　　（b）以床腿底面作为粗基准加工导轨面

图 3-17　车床导轨面加工粗基准的选择

2）工件加工表面与不加工表面间相互位置要求原则

为保证工件加工表面与不加工表面之间的相互位置要求，应以不加工表面作为粗基准。当在工件上有很多不加工表面，则应以其中与加工表面相互位置要求较高的不加工表面作为粗基准。

如图 3-18 所示的毛坯，铸造时孔 B 和外圆 A 有偏心，若采用不加工表面外圆 A 为粗基准加工孔 B，虽然孔 B 的加工余量不均匀，但内外圆是同轴的，即壁厚均匀，能保证孔 B 和外圆 A 的位置精度。若选择需要加工的孔 B 作为粗基准，孔 B 的加工余量均匀，但壁厚不均匀，不能保证孔 B 和外圆 A 的位置精度。当工件上有多个不加工表面和加工表面间有一定的位置要求时，则应以其中要求较高的不加工表面为粗基准。

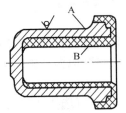 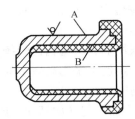

（a）以外圆A作为粗基准加工孔B　　　　（b）以孔B作为粗基准加工孔B

图 3-18　选择不同加工表面作为粗基准

3）余量足够原则

如果零件上各个表面均需加工，则以加工余量最小的表面作为粗基准。

选择余量最小的表面为粗基准，如图 3-19 所示的阶梯轴直径 ϕ50mm 余量为 8mm，直径 ϕ105mm 的余量为 5mm，当两毛坯外圆柱面毛坯制造偏心量为 3mm 时，若选 ϕ50mm 为粗基准加工外圆 ϕ105mm 时，有可能因 ϕ105mm 的余量不足而使零件报废。

4）便于工件装夹的原则

为保证定位准确、夹紧可靠，作为粗基准的表面，应选用比较可靠、平整光洁的表面，其尺寸应足够大，并要避免铸造浇冒口、锻造飞边、铸造分型面或其他缺陷等。如果工件上没有合适的表面作为粗基准，可以先铸造出工艺凸台，用完以后再去掉。

5）不重复使用原则

粗基准的定位精度低，表面粗糙度数值大，重复使用会造成较大的定位误差，从而引起相应的加工表面间的位置误差较大，因此，在同一尺寸方向上的粗基准只允许使用一次，不能重复使用。如图 3-20 所示，如果重复使用毛坯面 *B* 定位，加工 *A* 面和 *C* 面，则 *A* 面与 *C* 面的轴线必然会出现较大的同轴度误差。

（2）精基准的选择原则

在选择精基准时，考虑的重点是如何减少误差，保证加工精度和安装方便。

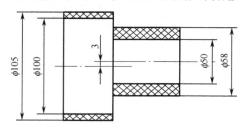

图 3-19　各个表面均需加工时粗基准的选择

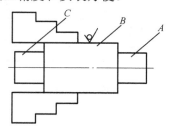

图 3-20　重复使用粗基准

1）基准重合原则

应尽可能选用零件设计基准作为定位基准，以避免产生基准不重合误差。

2）统一基准原则

应尽可能选用统一的精基准定位加工各表面，以保证各表面之间的相互位置精度。例如，加工轴类零件上各外圆柱表面，常采用中心孔作为基准（一次安装中）加工大多数表面，能保证各外圆柱表面的同轴度要求、端面与轴心线的垂直度要求。在柴油机机体加工流水线上，通常以一面两孔作为统一基准加工平面和孔系。

采用统一基准的好处如下：

① 可以在一次安装中加工几个表面，减少安装次数和安装误差，有利于保证各加工表面之间的相互位置精度。

② 有关工序所采用的夹具结构比较统一，简化夹具设计和制造，缩短生产准备时间。

③ 当产量较大时，便于采用高效率的专用设备，大幅度地提高生产率。

3）自为基准原则

当要求加工余量小而均匀（如精加工或光整加工）时，可选择加工表面本身作定位基准。

无心磨、珩磨、铰孔及浮动镗、抛光等都是自为基准的例子。例如，图 3-21 所示为磨削叶片泵外圆柱表面，因其定子内腔是特形曲面而不宜作为定位基面，当磨削定子外圆柱面时，将工件 4 套在心轴上，以待加工的外圆柱面作为定位基准，夹具上的定位套 2 定心，定位销 3 作为周向定位，然后用开口压板 5 及螺母 6 夹紧工件，再取下定位套，工件即可连同心轴一起装在磨床上完成外圆磨削。

4）互为基准反复加工原则

有些相互位置精度要求比较高的表面，可以采用互为基准反复加工的方法来保证。例如，加工如图 3-22 所示的精密齿轮，因齿面高频淬火后必须进行磨齿，为消除淬火后的变形和提高齿面、支撑孔的位置精度，应以齿面为基准磨内孔，再以内孔为基准磨齿面，其齿面磨削余量均匀。

5）定位可靠性原则

精基准应平整光洁，具有相应的精度，确保定位简单准确、便于安装、夹紧可靠。

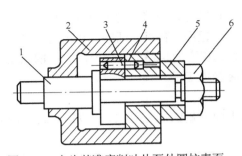

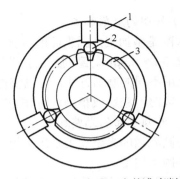

图 3-21　自为基准磨削叶片泵外圆柱表面　　　　图 3-22　齿面与内孔互为基准磨削

1—心轴；2—套；3—定位销；4—工件；5—开口压板；6—螺母　　　　1—卡盘；2—滚柱；3—齿轮

2．确定加工表面的加工方法

根据尺寸精度和表面粗糙度确定各加工表面的加工方法。

（1）轴类零件的外圆的加工方法

轴类零件在各种机器中应用广泛，主要用来支撑传动零件和传递扭矩。轴类零件按其结构形状，可分光轴、阶梯轴、空心轴和曲轴。

轴类零件是同轴线的旋转体零件，在机械加工中经常遇到的有外圆柱面、圆锥面、内孔和螺纹等加工。轴类零件的主要技术要求：尺寸精度和几何形状精度，相互位置精度，表面粗糙度。

根据不同的用途和结构，轴类零件规定有不同的技术要求，因此，轴类零件的外圆应采取各种相适应的加工方法来加工。

1）外圆的车削加工

外圆车削是机械加工中最常见的加工方法，其工艺范围很广，可以分为荒车、粗车、半精车、精车和细车等阶段。各个加工阶段主要根据毛坯制造精度和工件最终的精度要求来选择，对于每个具体工件来说，不一定都要经过那些全部的加工阶段。

① 荒车　毛坯为自由锻件或大型铸件，因余量很大，因此，需要进行荒车加工切去大部分余量，以减少毛坯的偏差和表面形状误差，荒车后尺寸精度可达 IT15～IT17 级。

② 粗车　对于中小型的锻件和铸件，可以直接进行粗车。粗车后工件的精度可达 IT11 级以下，表面粗糙度 Ra 为 12.5～50μm。粗车可以作为低精度表面的最终工序。

③ 半精车　半精车后的工件精度可达 IT8～IT10 级，表面粗糙度 Ra 为 3.2～6.3μm。半精车可作为中等精度表面的最终工序，又可作为磨削和其他精加工工序以前的预加工。

④ 精车　精车既可作为光整加工的预加工，又可作为最终加工工序。精车后的工件精度可达 IT7～IT8 级，表面粗糙度 Ra 为 0.8～1.6μm。对于较高精度的毛坯，可以不经过粗车，而直接进行半精车或精车。

⑤ 细车　细车后的工件精度可达 IT6～IT7 级，表面粗糙度 Ra 为 0.2～0.8μm。细车能获得精确的外圆表面，因此，往往可作为最终加工工序。采用高速细车是加工小型有色金属工件的主要方法，其表面粗糙度 Ra 为 0.1～0.4μm。在加工大型精确的外圆表面时，细车能代替磨削加工。

2）外圆的磨削加工

磨削是精加工外圆表面的主要方法。磨削加工可以比较经济地达到 IT6～IT7 级和表面粗糙度 $Ra0.1～0.8\mu m$。磨削的工艺范围很广，一般可分粗磨、精磨、细磨、超精密磨削和镜面磨削。采用不同的磨削方法，可以获得相应的精度等级和表面粗糙度。当外圆表面的精度和质量要求不高时，粗磨或精磨就可作为轴类零件的最终加工工序。

3）外圆表面的光整加工

外圆表面的光整加工是用来提高尺寸精度和表面质量的加工方法。它包括研磨、超精加工、滚压和抛光加工。

① 研磨　研磨是一种简便的光整加工方法。研磨后工件的直径尺寸公差可达 0.001～0.003mm。表面粗糙度 Ra 为 0.006～0.1μm。因此，往往采用研磨作为加工最精密和最光洁零件的最终加工方法。研磨方法可分为手工研磨和机械研磨两种。

研磨时，研具与工件的相对运动比较复杂，每一磨粒不会在工件表面上重复自己的运动轨迹，这就有可能均匀地切去工作表面上的凸峰。

研磨加工还能提高工件表面的几何形状精度，圆柱体圆度精度可达 0.1μm，但不能提高工件表面间的同轴度等相互位置精度。

② 超精加工　超精加工是用细粒度的磨具对工件施加很小的压力，并作往复振动和慢速纵向进给运动，以实现微量磨削的一种光整加工方法，经超精研加工后的表面耐磨性比较好。

③ 滚压加工　滚压加工是用滚压工具对金属坯料或工件施加压力，使其产生塑性变形，从而将坯料成型或滚光工件表面的加工方法。塑性变形可使表面层金属晶体结构歪曲，晶粒度为细长紧密，晶界增多，故金属表面得以强化，也就是表面层产生残余压应力和冷作硬化现象，使表面粗糙度降低，强度和硬度有所提高，从而提高了耐磨性和疲劳强度，同时也提高了表面质量。适用于承受高应力、交变载荷的零件。滚压加工是一种无切屑的光整加工方法，它可以加工外圆、内孔和平面等不同表面，常在精车或粗磨后进行。滚压的效果与工件材料、滚压前的表面状态，滚压工具等有关。滚压加工后的外圆表面精度为 IT7～IT8 级，内孔表面为 IT7～IT9 级，表面粗糙度 Ra 为 0.1～1.6μm。滚压是一种生产率比较高的加工方法。

④ 抛光　抛光是利用机械、化学或电化学的作用，使工件获得光亮、平整表面的加工方法。抛光材料可用氧化铬、氧化铁等，涂在弹性轮上，靠抛光膏的机械刮擦和化学作用去掉表面粗糙度的轮廓峰高，使表面获得光泽镜面。抛光一般去不掉余量，所以不能提高工件的尺寸精度。为使工件得到光亮的表面及提高疲劳强度，或为镀铬作准备，多常采用抛光工序。

外圆表面加工方案见表 3-5。

表 3-5　外圆表面加工方案

序号	加工方案	经济精度等级	表面粗糙度 $Ra/\mu m$	适用范围
1	粗车	IT11 以下	12.5～50	
2	粗车—半精车	IT8～IT10	3.2～6.3	
3	粗车—半精车—精车	IT7～IT8	0.8～1.6	适用于淬火钢以外的各种金属
4	粗车—半精车—精车—滚压（或抛光）	IT7～IT8	0.025～0.2	
5	粗车—半精车—磨削	IT7～IT8	0.4～0.8	主要用于淬火钢，也可用于未淬火钢，但不宜加工有色金属
6	粗车—半精车—粗磨—精磨	IT6～IT7	0.1～0.4	

序号	加工方案	经济精度等级	表面粗糙度 Ra/μm	适用范围
7	粗车—半精车—粗磨—精磨—超精加工	IT5	0.012~0.2	
8	粗车—半精车—精车—金刚石车	IT6~IT7	0.025~0.4	主要用于要求较高的有色金属
9	粗车—半精车—粗磨—精磨—超精或镜面磨削	IT5 以上	0.006~0.025	极高精度的外圆加工
10	粗车—半精车—粗磨—精磨—研磨	IT5 以上	0.006~0.1	

（2）内孔的加工方法

常用的孔加工方法有钻孔、扩孔、铰孔、镗孔、拉孔、磨孔及各种孔的光整加工。

1）钻孔

钻孔是用钻头在实体材料上加工孔的方法。通常采用麻花钻钻孔，但由于钻头强度和刚性比较差，排屑较困难，切削液不易注入，因此，加工出的孔的精度和表面质量比较低。一般精度为 IT11~IT13 级，表面粗糙度 Ra 为 12.5~50μm。在钻孔时钻头往往容易产生偏移，其主要原因是切削刃的刃磨角度不对称，钻削时工件端面钻头没有定位好，工件端面与机床主轴线不垂直等。

为了防止和减少钻孔时钻头偏移，钻孔前先加工工件端面，保证端面与钻头中心线垂直，先用中心钻在端面上预钻一个凹坑，以引导钻头钻削。钻小孔或深孔时选用较小的进给量，可减小钻削轴向力，钻头不易产生弯曲而引起偏移。

钻头直径一般不超过 ϕ75mm。钻较大的孔（孔径大于 ϕ30mm）时，常采用两次钻削，即先钻较小（被加工孔径的 0.5~0.7）的孔，第二次再用大直径钻头进行扩钻，以减小进给抗力。

2）扩孔

扩孔是用扩孔钻扩大工件孔径的加工方法。扩孔钻与麻花钻相比，没有横刃、工作平稳，容屑槽小，刀体刚性好，工作中导向性好，故对于孔的位置误差有一定的校正能力。扩孔通常作为铰孔前的预加工，也可作为孔的最终加工。扩孔后的精度可达 IT10~IT11 级，表面粗糙度 Ra 为 3.2~6.3μm。

扩孔余量一般为孔径的 1/8 左右。使用高速钢扩孔钻加工钢料时，切削速度可选为 15~40m/min，进给量可选为 0.4~2mm/r，故扩孔生产率比较高。当孔径大于 ϕ100mm 时，切削力矩很大，故很少应用扩孔，应采用镗孔。

3）铰孔

铰孔是对未淬火孔进行精加工的一种方法。铰孔时，因切削速度低，加工余量少，使用的铰刀刀齿多、结构特殊（有切削和校整部分）、刚性好、精度高等因素，故铰孔后的质量比较高。孔径尺寸精度一般为 IT7~IT10 级，手铰可达 IT6 级，表面粗糙度 Ra 为 0.2~0.4μm。

铰孔主要用于加工中小尺寸的孔，孔径一般为 ϕ3~ϕ100mm。铰孔时以本身孔作为导向，故不能纠正位置误差，因此，孔的有关位置精度应由铰孔前的预加工工序保证。

为了保证铰孔时的加工质量，应注意合理选择铰削余量和切削规范，铰孔的余量视孔径和工件材料及精度要求等而异。对于 ϕ5~ϕ80mm、IT7~IT10 级精度的孔，一般分粗铰和精铰。余量太小时，往往不能全部切去上工序的加工痕迹，同时由于刀齿不能连续切削而以很大的压力沿孔壁打滑，使孔壁的质量下降。余量太大时，会因切削力大和发热而引起铰刀直径增大及颤动，致使孔径扩大。

4）镗孔

镗孔是最常用的孔加工方法，可以作为粗加工，也可以作为精加工，并且加工范围很广，可以加工各种零件上不同尺寸的孔。镗孔一般在镗床上进行，但也可以在车床、铣床和数控机床、加工中心机床上进行。镗孔的加工精度为 IT8～IT10 级，表面粗糙度 Ra 为 0.8～6.3μm。由于镗孔时刀具（镗杆和镗刀）尺寸受到被加工孔径的限制，因此，一般刚性较差，会影响孔的精度，并容易引起弯曲和扭转振动，特别是小直径离支撑较远的孔，振动情况更为突出，与扩孔和铰孔相比镗孔生产率比较低。但在单件、小批生产中采用镗孔是较经济的，因刀具成本较低，而且镗孔能保证孔中心线的准确位置，并能修正毛坯或上道工序加工后所造成的孔的轴心线歪曲和偏斜。由于镗孔工艺范围广，故为孔加工的主要方法之一。直径大于φ100mm 的孔和大型零件的孔，镗孔是唯一的加工方法。

在单件、小批生产中，中小型回转体零件的孔，通常是在普通车床或转塔车床上，在一次安装中，与外圆表面、端面同时进行加工，以保证其相互位置精度。箱体零件的孔大多在镗床上或数控铣床、加工中心上加工。

5）拉孔

拉孔大多是在拉床上用拉刀通过已有的孔来完成孔的半精加工或精加工的。拉刀是一种多齿的切削刀具。拉削过程只有主运动，没有进给运动。在拉削时由于切削刀齿的齿高逐渐增大，因此，每个刀齿只切下一层较薄的切屑，最后由几个刀齿用来对孔进行校准。拉刀切削时不仅参加切削的刀刃长度长，而且同时参加切削的刀齿也多，因此，孔径能在一次拉削中完成，它是一种高效率的加工方法。一般拉削孔径为 10～100mm，拉孔深度一般不宜超过孔径的 3～4 倍。拉刀能拉削各种形状的孔，如圆孔、多边孔等。

由于拉削速度较低，一般为 2～8m/min，因此，不易产生积屑瘤，拉削过程平稳，切削层的厚度很薄，故一般能达到 IT7～IT8 级精度和表面粗糙度 Ra 为 0.4～1.6μm。内孔经过拉刀校准部分校准后，甚至可达 IT6 级精度和表面粗糙度 Ra 为 0.2μm。当表面质量要求较高时，切削速度宜采用 3m/min 以下。在加工硬度较高（280～320HBS）或较低（143～170HBS）的钢材时，应选较低的速度，加工中等硬度的材料，速度可以较高。加工有色金属时，速度也宜选用高些。

拉孔的生产率很高，故大多用于大批、大量生产中。至于单件和小批生产，因拉刀结构复杂，并采用高速钢材料制造，造价昂贵及拉床的利用率不高等原因，拉孔的应用受到一定的限制。

拉削前，工件一般须经过钻孔、扩孔或镗孔。铸、锻出来的孔表面有硬皮，会损伤刀齿，因此，拉削前一般需要进行预加工。

拉削过程和铰孔相似，都是以被加工孔本身作为定位基准，因此，它不能纠正孔的位置误差。

6）磨孔

内圆磨削原理与外圆磨削一样，但内圆磨削的工作条件比外圆磨削差。内圆磨削有如下特点：

磨孔用的砂轮直径受到工件孔径的限制，约为孔径的 0.5～0.9，砂轮直径小则磨耗快，因此，经常需要整修和更换，增加了辅助时间。

7）珩磨

珩磨是磨削加工的一种特种形式，珩磨所用的工具是由若干砂条组成的珩磨头，四周砂条能作径向张缩，以一定的压力与孔表面接触。

　　珩磨时砂条与工件孔壁的接触面积很大,磨粒的垂直载荷仅为磨削的 1/100～1/50。珩磨的切削速度较低,一般为 100m/min 以下,仅为普通磨削的 1/100～1/30。在珩磨时,注入的大量切削液,可使脱落的磨粒及时冲走,还可使加工表面得到充分冷却,所以工件发热少,不易烧伤,而且变形层很薄,从而可获得较高的表面质量。

　　珩磨头与机床主轴采用浮动连接,珩磨头工作时,由工件孔壁作导向,沿预加工孔的中心线作往复运动,所以,珩磨加工不能修正孔的相对位置误差。因此,珩磨前在孔的精加工工序中必须保证其位置精度。一般镗孔后的珩磨余量为 0.05～0.08mm,铰孔后的珩磨余量为 0.02～0.04mm,磨孔后的珩磨余量为 0.01～0.02mm。余量较大时可分粗、精两次珩磨。

　　珩磨能获得的孔的精度为 IT6～IT7 级,表面粗糙度 Ra 0.025～0.2μm。珩磨加工范围比较广,能加工直径为 15～500mm 的孔。特别是大批、大量生产中采用珩磨更为经济合理。对于某些零件,珩磨已成为典型的光整加工方法,如发动机的汽缸套、连杆孔和液压筒等。

　　孔加工方案见表 3-6。

表 3-6　孔加工方案

序号	加工方案	经济精度等级	表面粗糙度 Ra/μm	适用范围
1	钻	IT11～IT12	12.5	加工未淬火钢及铸铁的实心毛坯,也可用于加工有色金属(但表面粗糙度稍大,孔径小于 15～20mm)
2	钻—铰	IT9	1.6～3.2	
3	钻—粗铰—精铰	IT7～IT8	0.8～1.6	
4	钻—扩	IT10～IT11	6.3～12.5	适用加工材料同上,但孔径大于 15～20mm
5	钻—扩—铰	IT8～IT9	1.6～3.2	
6	钻—扩—粗铰—精铰	IT7	0.8～1.6	
7	钻—扩—机铰—手铰	IT6～IT7	0.1～0.4	
8	钻—扩—拉	IT7～IT9	0.1～1.6	大批大量生产(精度由拉刀的精度而定)
9	粗镗(或扩孔)	IT11～IT12	6.3～12.5	除淬火钢外各种材料,毛坯有铸出孔或锻出孔
10	粗镗(粗扩)—半精镗(精扩)	IT8～IT9	1.6～3.2	
11	粗镗(粗扩)—半精镗(精扩)—精镗	IT7～IT8	0.8～1.6	
12	粗镗(粗扩)—半精镗(精扩)—精镗—浮动镗刀精镗	IT6～IT7	0.4～0.8	
13	粗镗(扩)—半精镗—磨孔	IT7～IT8	0.2～0.8	主要用于淬火钢,也可用于未淬火钢,但不宜用于有色金属
14	粗镗(扩)—半精镗—粗磨—精磨	IT6～IT7	0.1～0.2	
15	粗镗—半精镗—精镗—金刚镗	IT6～IT7	0.05～0.4	主要用于精度要求高的有色金属
16	钻—(扩)—粗铰—精铰—珩磨;钻—(扩)—拉—珩磨;粗镗—半精镗—精镗—珩磨	IT6～IT7	0.025～0.2	精度要求很高的孔
17	以研磨代替上述方案中的珩磨	IT6 以上	0.006～0.1	

　　(3)平面的加工方法

　　平面是零件的基本表面之一,特别是在基础零件上,平面所占的比重较大。下面将首先简要介绍平面的技术要求与它的主要加工方法。

平面的技术要求包括平面本身的形状精度（直线度、平面度），表面粗糙度，平面与零件上其他表面的尺寸精度和相互位置精度（平行度、垂直度、倾斜度和对称度）。

平面的主要加工方法有刨、铣、磨削、拉削及光整加工等。具体加工某一零件上的某一平面，应根据零件的结构、平面的位置和技术要求合理地进行选择。

1）平面的刨削与插削加工

刨削与插削加工常用于单件、小批生产，主要加工零件上的平直表面和各种形状的直槽，如燕尾槽、T形槽、V形槽和键槽等。在牛头刨床上进行刨削加工时，刀具的运动是主运动，工件的间歇运动是进给运动。在龙门刨床上进行刨削时，刀具的间歇运动是进给运动，工件的运动是切削过程中的主运动。

插削可认为是立式刨削加工，所不同的是，它的主运动是在与水平面垂直的平面内进行的。切削时刀杆所受的弯曲力矩比刨削小得多。

由于刨削与插削加工的主运动是往复直线运动，因此，切削过程中有冲击现象，并且这种冲击力将随切削速度、切削层面积和被加工材料硬度的增加而增大。另外，在往复运动时产生的惯性力也限制了切削速度 v 的提高（牛头刨 $v<80\text{m/min}$，龙门刨 $v<100\text{m/min}$），而且回程时不进行切削有空程损失。因此，刨削与插削加工虽然通用性好，机床调整方便，但生产率比较低。然而，它所用的刀具比较简单、加工时机床的调整和工件的装夹比较容易，特别是在加工大型零件上的窄而长的平面时，生产率还是较高的；加工不通孔或有障碍台肩的孔的内键槽时，插削几乎是唯一的方法。因此，在机械加工中，尤其是单件生产和修配工作中，刨削与插削加工仍占有一定的比重。一般加工精度为 IT8～IT14 级，表面粗粗糙度 $Ra1.6～12.5\mu\text{m}$。

2）平面的铣削加工

铣平面是机械加工中用得最普遍的一种加工平面的方法。由于刀具是做圆周运动，没有空行程，故可实现高速铣削，而且参与切削的刀齿数目多，铣削生产率比刨削高。但铣床调整和刀具结构较复杂。

铣削平面主要有如下两种方法。

① 圆柱铣刀铣削。铣削平面的圆柱铣刀有直齿和螺旋齿之分。采用直齿圆柱铣刀铣削平面时，由于刀齿在工件表面上不断切入和切出，切削力很不均匀，从而会引起冲击振动，影响加工表面的质量，目前已很少应用。采用螺旋齿圆柱铣刀铣削平面时，刀齿是在工件表面上逐渐切入和切出的，因此切削力比较均匀，加工较平稳。圆柱铣刀是标准化刀具，它有粗齿细齿之分，粗加工时选用粗齿铣刀，半精加工时选用细齿铣刀。

这种铣削方法一般适用于加工中小型工件，大型或组合表面的工件则多用组合圆柱铣刀铣削。在加工中为获得较高精度的表面，通常分粗铣、精铣两个工序进行。

② 端铣刀铣削。采用端铣刀铣平面时，由于铣刀盘直径大（$\phi65～\phi600\text{mm}$），安装的刀片多，同时参与切削的刀齿多，因此，加工较平稳，而且端铣刀刚性好，能以较大的进给量进行切削。铣刀盘的刀齿镶有硬质合金，可进行高速切削。此外，铣刀上还有修光刃，可刮削和修光表面。

这种加工方法不仅生产率高，而且能获得较细的表面粗糙度。因此在大批、大量生产中，端铣刀铣平面的方法得到了广泛的应用。在机床功率和工艺系统刚性允许的条件下，如对工件的加工质量要求不高、加工余量较大（2～6m），在普通铣床上可一次铣去全部加工余量。当零件的加工精度要求较高或要求加工表面粗糙度 Ra 为 $3.2\mu\text{m}$ 以下时，铣削应分粗铣和精铣进行。

铣削平面一般能达到的加工质量：粗铣平面的直线度为 0.15～0.3mm/m，表面粗糙度 Ra

为 6.3～25μm；半精铣平面的直线度为 0.1～0.2mm/m，表面粗糙度 Ra 为 3.2～12.5μm；精铣平面的直线度为 0.04～0.08mm/m，表面粗糙度 Ra 为 1.6～6.3μm。

3）平面的磨削加工

磨削通常用来精加工铣削或刨削后的平面，淬硬零件的平面，也常作为有硬皮工件的粗加工。当毛坯表面带有硬皮时，如果用刨削和铣削的方法来加工，则刀具在硬皮层中会很快地被磨损或崩裂，因而不得不增大加工余量，而且一次粗加工也往往不能达到高的平面度和较细的表面粗糙度要求。但采用粗磨的方法就不受此限制，可以按最小的余量来加工，而且能保证一定的精度和表面粗糙度要求。随着现代毛坯制造精度的提高以及刚性好、功率大的平面磨床的出现，粗磨平面的方法正在日益推广应用。

磨削平面的加工方式基本上分为两种。

① 圆周磨削。圆周磨削的特点是砂轮与工件的接触面积小，切削过程发热量小，散热快，排屑和冷却情况良好，加工时工件不易产生热变形，因此，能获得较高的精度和较细的表面粗糙度。但由于磨削时接触面小，生产率低，故只用于在成批生产中加工平面精度要求较高的工件。

② 端面磨削。它的特点是砂轮轴伸出长度较短，刚性好，机床功率大；砂轮轴主要受轴向力，弯曲变形小，因此，可以采用较大的磨削用量；磨削时砂轮与工件接触面大，故生产率高。但磨削时接触面大，易发热，散热及冷却条件比较差，工件热变形大，故加工精度较低。因此，此方法常用于加工大平面或大批、大量生产的精度要求不高的工件，或者用此法代替刨削和铣削进行粗加工。

磨削平面的质量，除了受机床精度和磨削方式的影响外，还与砂轮选择和磨削用量大小及零件的刚性等因素有关。通常，精磨后平面的可达到直线度 0.02～0.03mm/m，表面粗糙度 Ra 为 0.2～0.8μm。细磨后则可获得更高的精度和更细的表面粗糙度。

4）平面的拉削加工

拉平面是一种高效率、高精度的加工方法。它的主要特点是生产率比铣削高，加工精度高，刀具使用寿命长。故适用于大批、大量生产。但拉平面在应用上也受到条件的限制，主要原因是拉刀材料常采用高速钢且拉刀制造复杂，成本高，加工时切削力很大，因此，刚性差的工件不宜采用拉削。

拉削平面的切除余量可达 2～6mm，并且能在一次切削行程中完成粗、精加工。拉削的速度比较低，一般为 8～12m/min。拉削加工质量比较高，一般可达 IT6～IT7 级精度，表面粗糙度 Ra 为 0.2～0.8μm。在精拉平面时，常先用铣刀进行粗加工，留下少量余量进行拉削，这样可使拉刀长度缩短，同时又能获得较细的表面粗糙度。另外，拉削时应用切削液充分冷却刀齿和工件，以提高拉刀的寿命。

采用拉削方法可以加工单独的大平面，也可加工几个组合起来的平面，如可拉削汽车发动机汽缸体的上、侧两大平面。拉平面是一种先进的精加工方法，目前在大量生产中的应用正日益增多。

5）平面的光整加工

光整加工是继精加工之后的工序，可使零件获得较高的精度和较细的表面粗糙度。

① 刮削。刮削平面可使两个平面之间达到良好接触和紧密吻合，并可获得较高的直线度和相对位置精度，成为具有润滑油膜的滑动面，又可减少相对运动表面间的磨损、增加零件接合面的刚度、可靠地提高设备或机床的精度。

刮削的余量应根据被加工表面的尺寸和精度要求来确定。

刮削是平面经过预先精刨或精锐加工后，用刮刀刮除工件表面薄层的加工方法。刮削表面质量是用单位面积上接触点的数目来评定的。刮削表面接触点的吻合度，通常用红油粉涂色作为显示，以标准平板、研具或配研的零件来检验。

刮削一般又分为粗刮、精刮、精细刮及刮花。需要粗刮的平面是指经过预加工或时效处理后的工件，表面上有显著的加工痕迹，或刮削余量大于 0.04mm 的平面。

精刮是粗刮后，表面的波度相差仍很大，用涂色显示后，吻合的斑点少而疏，分布也不均匀，这时需要进行精刮。如 300mm×500mm 的平板经精刮后，直线度可达 0.005mm/m。

精刮后进行精细刮，可以提高表面质量，但对尺寸精度的影响却很小。重要的工件精细刮时要保持一定的温度。

刮削的最大优点是不需要特殊设备和复杂的工具，却能达到很高的精度和很细的表面粗糙度，且能加工很大的平面。但生产率很低，劳动强度大，对操作工人的技术要求高。目前，趋向用机动刮削方法来代替繁重的手工操作。

② 研磨。研磨平面的工艺特点和研磨外圆相似，并可分为手工研磨和机械研磨，研磨后尺寸精度可达 IT5 级，表面粗糙度 Ra 为 0.006～0.1μm。

手工研磨平面必须备有准确的研磨板，合适的研磨剂，并需要有正确的操作技术。为了提高工件的研磨质量，研磨运动方向应不断地改变，以保证砂粒经常从新的方向上起刮削作用。这样，研磨纹路纵横交错不会重复，粗细深浅相互抵消。研磨时工件应按"8"字形轨迹运动，运动应平稳一致。研磨一定时间后，将工件调转 90°再研磨，以防止研磨时用力不均匀而使工件产生倾斜，但手工研磨生产率较低，而且要求有较高的操作技术。

机械研磨适用于加工中小型工件的平行平面，其加工精度和表面粗糙度由研磨设备来控制。机械研磨的加工质量和生产率比较高，常用于大批、大量生产。

6）平面加工方案

平面的各种加工方案能达到的经济精度和表面粗糙度可参考表 3-7，同时，还应考虑毛坯种类、余量、加工表面形状及产量等情况。由此可大致归纳出平面加工工艺方案的选择方法如下。

① 粗加工。大批、大量生产的粗加工大多采用粗铣，提高效率。单件、小批生产或狭长平面的加工，常用粗刨，因为这样操作简单，调整方便。毛坯精度较高，余量较小（如冲压件、精密铸件、平整的钢板），则可直接采用粗磨。与圆柱面相垂直的平面，一般和圆柱面在同一工序中加工。

② 精加工。粗加工后接下去的精加工往往和粗加工采用同一加工方法，但要减少切削用量，以达到"渐精"的目的。

③ 光整加工。主要根据精度要求，材料性质和淬火与否而定。淬火后一般用磨削，不淬火的导轨面则用细刨或磨削，也可用刮研。加工内平面时，若批量小则用插削；批量大则用拉削；精度要求很高时则用研磨；只要求表面粗糙度不要求精度时用抛光加工。

表 3-7　平面加工方案

序号	加工方案	经济精度等级	表面粗糙度 Ra/μm	适用范围
1	粗车—半精车	IT9	3.2～6.3	端面
2	粗车—半精车—精车	IT6～IT8	0.8～1.6	
3	粗车—半精车—磨削	IT7～IT9	0.2～0.8	

续表

序号	加工方案	经济精度等级	表面粗糙度 Ra /μm	适用范围
4	粗铣（或粗刨）—精铣（或精刨）	IT7～IT9	1.6～6.3	一般不淬硬平面（端铣表面粗糙度较小）
5	粗铣（或粗刨）—精铣（或精刨）—刮研	IT5～IT6	0.1～0.8	精度要求较高的不淬硬平面，批量较大时宜采用宽刃精刨方案
6	粗铣（或粗刨）—精铣（或精刨）—宽刃精刨	IT6	0.2～0.8	
7	粗铣（或粗刨）—精铣（或精刨）—磨削	IT6	0.2～0.8	精度要求高的淬硬平面或不淬硬平面
8	粗铣（或粗刨）—精铣（或精刨）—粗磨—精磨	IT5～IT6	0.025～0.4	
9	粗刨—拉	IT6～IT9	0.2～0.8	大量生产，较小的平面（精度视拉刀的精度而定）
10	粗铣—精铣—磨削—研磨	IT5 以上	0.006～0.1	高精度平面

（4）平面轮廓和曲面轮廓加工方法的选择

① 平面轮廓常用的加工方法有数控铣、线切割及磨削等。对图 3-23（a）所示的内平面轮廓，当曲率半径较小时，可采用数控线切割方法加工。若选择铣削的方法，因铣刀直径受最小曲率半径的限制，直径太小，刚性不足，会产生较大的加工误差。对图 3-23（b）所示的外平面轮廓，可采用数控铣削方法加工，常用粗铣—精铣方案，也可采用数控线切割的方法加工。对精度及表面粗糙要求较高的轮廓表面，在数控铣削加工之后，再进行数控磨削加工。数控铣削加工适用于除淬火钢以外的各种金属，数控线切割加工可用于各种金属，数控磨削加工适用于除有色金属以外的各种金属。

（a）内平面轮廓　　　　　　（b）外平面轮廓

图 3-23　平面轮廓

② 立体曲面加工方法主要是数控铣削，多用球头铣刀，以"行切法"加工，如图 3-24 所示。根据曲面形状、刀具形状以及精度要求等通常采用两轴半坐标联动或三轴半坐标联动。对精度和表面粗糙度要求高的曲面，当用三坐标联动的"行切法"加工不能满足要求时，可用模具铣刀，选择四坐标或五坐标联动加工。

任何一种加工方法获得的精度只在一定范围内才是经济的，这种一定范围内的加工精度即为该加工方法的经济精度。它是指在正常加工条件下（采用符合质量标准的设备、工艺装备和标准等级的工人，不延长加工时间）所能达到的加工精度，相应的表面粗糙度称为经济表面粗糙度。在选择加工方法时，应根据工件的精度要求选择与经济精度相适应的加工方法。常用加工方法的经济度及表面粗糙度，可查阅有关工艺手册。

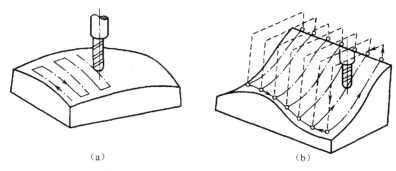

（a）   （b）

图 3-24　立体曲面的行切法加工示意图

3．划分加工阶段

当零件的精度要求比较高时，若将加工面从毛坯面开始到最终的精加工或精密加工都集中在一个工序中连续完成，则难以保证零件的精度要求或浪费人力、物力资源，其主要原因如下。

① 粗加工时，切削层厚，切削热量大，无法消除因热变形带来的加工误差，也无法消除因粗加工留在工件表层的残余应力产生的加工误差。

② 后续加工容易把已加工好的加工面划伤。

③ 不利于及时发现毛坯的缺陷，若在加工最后一个表面时才发现毛坯有缺陷，则前面的加工就白白浪费了。

④ 不利于合理地使用设备，把精密机床用于粗加工，会使精密机床会过早地丧失精度。

通常可将高精零件的工艺过程划分为几个加工阶段。根据精度要求的不同，可以划分为如下四个阶段。

（1）粗加工阶段

在粗加工阶段，主要是去除各加工表面的余量，并做出精基准，因此，这一阶段关键问题是提高生产率。

（2）半精加工阶段

在半精加工阶段减小粗加工中留下的误差，使加工面达到一定的精度，为精加工做好准备。

（3）精加工阶段

在精加工阶段，应确保尺寸、形状和位置精度达到或基本达到图样规定的精度要求及表面粗糙度要求。

（4）精密、超精密加工、光整加工阶段

对那些精度要求很高的零件，在工艺过程的最后安排珩磨或研磨、镜面磨、超精加工、金刚石车、金刚石镗或其他特种加工方法加工，以达到零件最终的精度要求。

零件在上述各加工阶段中加工，可以保证有充足的时间消除热变形和消除加工产生的残余应力，使后续加工精度提高。另外，在粗加工阶段发现毛坯有缺陷时，就不必进行下一加工阶段的加工，避免浪费。此外还可以合理地使用设备，合理地安排人力资源，这对保证产品质量、提高工艺水平都是十分重要的。

4．划分加工工序

（1）工序划分的原则

工序的划分可以采用两种不同原则，即工序集中原则和工序分散原则。

1）工序集中原则

工序集中原则是指每道工序包括尽可能多的加工内容，从而使工序的总数减少。就是将零件的加工集中在少数几道工序中完成，每道工序加工内容多，工艺路线短，其主要特点如下。

① 可以采用高效机床和工艺装备，生产率高；

② 减少了设备数量以及操作工人人数和占地面积，节省人力、物力；

③ 减少了工件安装次数，利于保证表面间的位置精度；

④ 采用的工装设备结构复杂，调整维修较困难，生产准备工作量大。

采用工序集中原则的优点：有利于采用高效的专用设备和数控机床，提高生产率；减少工序数目，缩短工艺路线，简化生产计划和生产组织工作；减少机床数量、操作工人数和占地面积；减少工件装夹次数，不仅保证了各加工表面间的相互位置精度，而且减少了夹具数量和装夹工件的辅助时间。但专用设备和工艺装备投资大、调整维修比较麻烦、生产准备周期较长，不利于转产。

2）工序分散原则

工序分散就是将工件的加工分散在较多的工序内进行，每道工序的加工内容很少，工艺路线很长，其主要特点如下：

① 设备和工艺装备比较简单，便于调整，容易适应产品的变换；

② 对工人的技术要求较低；

③ 可以采用最合理的切削用量，减少机动时间；

④ 所需设备和工艺装备的数目多，操作工人多，占地面积大。

采用工序分散原则的优点：加工设备和工艺装备结构简单，调整和维修方便，操作简单，转产容易；有利于选择合理的切削用量，减少机动时间。但工艺路线较长，所需设备及工人人数多，占地面积大。

（2）工序划分方法

在拟定工艺路线时，工序划分主要考虑生产纲领、所用设备及零件本身的结构和技术要求等。大批生产时，若使用多轴、多刀的高效加工中心，可按工序集中原则组织生产；若在由组合机床组成的自动线上加工，工序一般按分散原则划分。随着现代数控技术的发展，特别是加工中心的应用，工艺路线的安排更多地趋向于工序集中。单件、小批生产时，通常采用工序集中原则。成批生产时，可按工序集中原则划分，也可按工序分散原则划分，应视具体情况而定。对于结构尺寸和重量都很大的重型零件，应采用工序集中原则，以减少装夹次数和运输量。对于刚性差、精度高的零件，应按工序分散原则划分工序。

在我国的机械行业中，属于中、小批生产性质的企业已超过了企业总数的90%，单件、中、小批生产方式占绝对优势。随着数控技术的普及，多品种中、小批生产中越来越多地使用加工中心机床，从发展趋势来看，倾向于采用工序集中的方法来组织生产。

5．确定加工顺序

（1）切削加工顺序的安排

1）先粗后精

先安排粗加工，中间安排半精加工，最后安排精加工和光整加工。

2）先主后次

先安排零件的装配基面和工作表面等主要表面的加工，后安排如键槽、紧固用的光孔和螺纹孔等次要表面的加工。由于次要表面加工工作量小，又常与主要表面有位置精度要求，所以，一般放在主要表面的半精加工之后、精加工之前进行。

3）先面后孔

对于箱体、支架、连杆、底座等零件，先加工用做定位的平面和孔的端面，然后再加工孔。这样可使工件定位夹紧稳定可靠，利于保证孔与平面的位置精度，减少刀具的磨损，同时也给孔加工带来方便。

4）基面先行

用做精基准的表面，要首先加工出来。所以，第一道工序一般是进行定位面的粗加工和半精加工（有时包括精加工），然后再以精基准面定位加工其他表面，保证相互位置精度。

（2）热处理工序的安排

热处理可以提高材料的力学性能，改善金属的切削性能以及消除残余应力。在制定工艺路线时，应根据零件的技术要求和材料的性质，合理地安排热处理工序。

1）退火与正火

退火或正火的目的是为了消除组织的不均匀，细化晶粒，改善金属的加工性能。对高碳钢零件用退火降低其硬度，对低碳钢零件用正火提高其硬度，以获得适中的较好的可切削性，同时能消除毛坯制造中的应力。退火与正火一般安排在机械加工之前进行。

2）时效处理

时效处理以消除内应力、减少工件变形为目的。为了消除残余应力，在工艺过程中需安排时效处理。对于一般铸件，常在精加工前或粗加工后安排一次时效处理；对于要求较高的零件，在半精加工后尚需再安排一次时效处理；对于一些刚性较差、精度要求特别高的重要零件（如精密丝杠、主轴等），常常在每个加工阶段之间都安排一次时效处理。

3）调质

调质是零件淬火后再高温回火，能消除内应力、改善加工性能并能获得较好的综合力学性能。一般安排在粗加工之后进行。对一些性能要求不高的零件，调质也常作为最终热处理。

4）淬火、渗碳淬火和渗氮

它们的主要目的是提高零件的硬度和耐磨性，常安排在精加工（磨削）之前进行，其中渗氮由于热处理温度较低，零件变形很小，也可以安排在精加工之后。

（3）辅助工序的安排

检验工序是主要的辅助工序，除每道工序由操作者自行验外，在粗加工之后，精加工之前，零件转换车间时，以及重要工序之后和全部加工完毕、进库之前，一般都要安排检验工序。

除检验外，其他辅助工序有表面强化和去毛刺、倒棱、清洗、防锈等。正确地安排辅助工序是十分重要的。如果安排不当或遗漏，将会给后续工序和装配带来困难，甚至影响产品的质量，所以必须给予足够地重视。

6. 机床的选择

在考虑表面的加工方法时，一定会涉及所用的机床，因为脱离开机床的加工方法是不存在的。同样，在选择机床时也一定会联想到零件在机床上如何安装、用什么刀具、工序尺寸如何测量等问题。所以，工艺过程的拟定是一个综合性的问题，加工方法、机床、夹具、刀具、量具等所有这些问题必须平行地加以解决。选择机床时应注意以下几个问题。

①　机床的加工范围应与零件的外廓尺寸相适应，零件应能方便而毫无阻碍地装在机床上。一般来说，大型盘状零件的车削加工应在立式车床上进行；而细长的小型零件则适合在卧式车床上加工。在又大又重的零件上要钻多个孔时，应当选用摇臂钻床；如果零件不大且只钻一个孔时可以选用立式钻床或台式钻床。加工小型板状零件的平面可在卧式铣床或立式铣床上进行；而像箱体等大型零件上的平面则应在龙门铣床或龙门刨床上加工。

②　机床的经济加工精度应与零件要求的加工精度相适应，因为零件的精度主要是靠机床来保证，如果机床的加工精度达不到零件要求的精度，则零件的精度就无法保证。同时，零件要求的精度应当在机床加工的经济精度范围内，否则，虽然零件的精度勉强达到了，但零件的生产成本会增加，企业的经济效益会下降。

③　机床的工艺性能应与工序的性质以及零件的材质相适应。对于粗加工工序其主要任务是切除大部分余量，因此，应选用较大的切削深度和进给量，这就要求必须选用功率大、刚性好的机床，而机床的精度可以低一些。对于精加工工序，其主要任务是保证要求的加工精度和良好的表面质量，此时加工余量较小，切削力不大，但需要较高的切削速度，故应选用高精度、高转速的机床。如有色金属零件在车床上的精加工就是如此。

④　机床的生产率应与零件的生产纲领相适应。很显然，零件的生产纲领较大时，应选用高生产率的机床，如各种自动化机床或专用机床等；零件的生产纲领小时，则宜选用适合于单件、小批生产的机床。

7. 选用工艺装备

正确地选择工艺装备是提高生产率和降低生产成本的重要措施，一定要给予足够地重视。

（1）夹具的选用

单件、小批生产应尽量选用通用夹具；大批生产时为保证产品质量和提高生产率可采用专用夹具。选择夹具也应和选择机床结合起来，借助于专用夹具不仅能提高机床的生产率，还可以扩大机床的技术性能。例如，在装上靠模夹具之后，就可以在卧式车床上加工型面。

（2）刀具的选用

应尽量选用标准刀具，当标准刀具不能满足工艺需要时，应设计、制造专用刀具。在大批生产的条件下，为提高生产率也应设计、制造专用刀具，还要根据被加工零件的材质及工序性质选用合适的刀具材料。

（3）量具的选用

所选用的量具的精度必须与被检验尺寸公差的大小相适应，测量所需的时间应能满足零件生产率的要求。一般情况下，应尽量选用通用量具，如游标卡尺、千分尺等；在大批生产条件下，应选用能大大提高检测速度的专用量具和检验夹具。

3.2.6　工序加工余量的确定

1. 加工余量的基本概念

加工余量是指加工时从加工表面上切除的金属层总厚度，加工余量可分为工序余量和总余量。在由毛坯加工成成品的过程中，毛坯尺寸与成品零件图的设计尺寸之差称为加工总余量（毛坯余量），即某加工表面上切除的金属层总厚度。

工序余量是指某一表面在一道工序中切除的金属层厚度，即相邻两工序的尺寸之差或上工序的工序尺寸与本工序的工序尺寸之差。

加工总余量与工序余量的关系为

$$Z_总 = Z_1 + Z_2 + \cdots + Z_n = \sum Z_i \qquad (3\text{-}2)$$

式中　$Z_总$——总加工余量；

　　　Z_i——第 i 道工序的工序余量；

　　　n——该表面总共加工的工序数。

（1）工序余量与工序尺寸

加工余量有双边与单边之分。平面的加工余量是单边余量，即实际切除金属层的厚度。

对于外表面（图 3-25（a）），有

$$Z_b = a - b \qquad (3\text{-}3)$$

对于内表面（图 3-25（b）），有

$$Z_b = b - a \qquad (3\text{-}4)$$

式中　Z_b——本工序的工序加工余量；

　　　a——前工序的基本尺寸；

　　　b——本工序的基本尺寸。

对于外圆和孔等表面，加工余量反映在直径上，即为双边余量，则实际切除的金属层厚度是加工余量的 1/2。

对于轴（图 3-25（c）），有

$$2Z_b = d_a - d_b \qquad (3\text{-}5)$$

对于孔（图 3-24（d）），有

$$2Z_b = d_b - d_a \qquad (3\text{-}6)$$

式中　Z_b——半径上的加工余量；

　　　d_a——前工序的基本直径；

　　　d_b——本工序的基本直径。

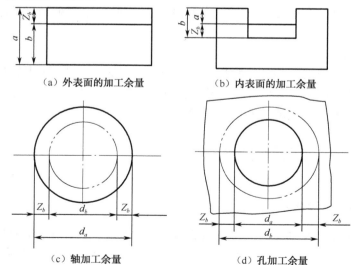

（a）外表面的加工余量　　　　　　　（b）内表面的加工余量

（c）轴加工余量　　　　　　　（d）孔加工余量

图 3-25　加工余量

加工余量也是个变动值，加工余量可分为公称余量、最小余量和最大余量。当工序尺寸用基本尺寸计算时，所得到的加工余量称为基本余量或称公称余量。若以极限尺寸计算时，所得余量会出现最大或最小余量，其差值就是加工余量的变动范围，如图 3-26 所示。

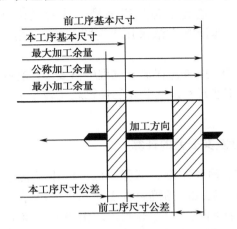

图 3-26　加工余量与工序尺寸及公差的关系

由图 3-26 可知，加工余量与工序尺寸的关系如下：

公称加工余量＝前道工序基本尺寸－本道工序基本尺寸

最小加工余量＝前道最小工序尺寸－本道最大工序尺寸

最大加工余量＝前道最大工序尺寸－本道最小工序尺寸

工序加工余量公差＝前道工序尺寸公差＋本道工序尺寸公差

（2）工序尺寸及其公差的标注

工序尺寸的公差可按各种加工方法的经济精度选定，并规定在零件的"入体"（指向工件材料体内）方向，即对于被包容面（如轴、键宽等），工序尺寸公差带都取上偏差为零，即加工后的基本尺寸与最大极限尺寸相等；对于包容面（如孔、键槽宽等），工序尺寸公差带都取下偏差为零，即加工后的基本尺寸与最小极限尺寸相等。孔距工序尺寸公差，一般按对称偏差标注。毛坯尺寸公差可取对称偏差，也可为非对称偏差。

2．确定加工余量的方法

（1）经验估计法

凭经验来确定加工余量，为防止因余量过小而产生废品，所估余量往往偏大，此方法只可用于单件、小批生产。

（2）查表修正法

根据工艺手册或工厂中的统计经验资料查表，并结合具体情况加以修正来确定加工余量，此方法在实际生产中广泛应用。

（3）分析计算法

根据一定的试验资料和计算公式，通过对影响加工余量的各项因素进行分析和综合计算，来确定所需要的最小工序余量。它是最经济合理的方法，但必须要有齐全而可靠的试验数据资料，且计算较烦琐，在实际生产中应用较少。对于大批、大量生产，应力求采用分析计算法。

3.2.7　工序尺寸及其公差的确定

对于简单的工序尺寸，在决定了各工序余量及其所能达到的经济精度之后，就可以计算各工序尺寸及其公差，其计算方法采用"逆推法"，即由最后一道工序开始逐步往前推算。

对于复杂零件的工艺过程，或零件在加工过程中需要多次转换工艺基准，或工艺尺寸从尚需继续加工的表面标注时，工艺尺寸及其公差的计算就比较复杂，这时需要利用工艺尺寸链进行分析计算。

1. 基准重合时工序尺寸及其公差的计算

当定位基准、工序基准、测量基准、编程原点与设计基准重合，某一表面需要经多道工序加工，才能达到设计要求，为此必须确定各工序的工序尺寸及其公差。其步骤是先确定各工序的工序余量，再从该表面的设计尺寸开始，即由最后一道工序开始逐一向前推算工序基本尺寸，直到毛坯基本尺寸，各工序尺寸公差则按加工经济精度确定，并按"入体原则"确定上、下偏差。

【例 3-1】　某箱体主轴孔的设计尺寸为 $\phi 100^{+0.035}_{0}$ mm，表面粗糙度 Ra 为 0.8μm，毛坯为铸铁件，加工工艺路线：毛坯→粗镗→半精镗→精镗→浮动镗。求各工序尺寸。

由《机械加工工艺手册》查出各工序的基本余量、表面粗糙度和加工经济精度，填入表 3-8 第二、第四、第五列内；对于孔加工，按上一个工序的基本尺寸等于本工序的基本尺寸减去工序基本余量的关系，逐一算出各工序基本尺寸，填入表第三列内；按"入体原则"确定各工序尺寸的上、下偏差，填入表 3-8 中的第六列内。

表 3-8　工序尺寸及公差计算

工序名称	工序加工余量/mm	工序尺寸/mm	表面粗糙度 Ra/μm	工序加工精度/mm	工序尺寸及公差/mm
浮动镗	0.1	100	0.8	H7($^{+0.035}_{0}$)	$\phi 100^{+0.035}_{0}$
精镗	0.5	100−0.1=99.9	1.25	H8($^{+0.054}_{0}$)	$\phi 99.9^{+0.054}_{0}$
半精镗	2.4	99.9−0.5=99.4	2.5	H10($^{+0.14}_{0}$)	$\phi 99.4^{+0.14}_{0}$
粗镗	5	99.4−2.4=97.0	16	H13($^{+0.44}_{0}$)	$\phi 97^{+0.44}_{0}$
毛坯	8	97.0−5=92.0		IT10(±1.60)	$\phi 92 \pm 1.60$

2. 基准不重合时的工序尺寸计算

当工序基准、测量基准、定位基准或编程原点与设计基准不重合时，工序尺寸及其公差的确定需要利用工艺尺寸链原理来进行工序尺寸及其公差的计算。

（1）工艺尺寸链定义与基本术语

机械加工过程中，由相关工艺尺寸所组成的尺寸链称为工艺尺寸链。图 3-27（a）所示为某工件以 1 面定位加工 2 面，工序尺寸为 A_1；然后仍以 1 面定位加工 3 面，工序尺寸为 A_2；间接保证尺寸 A_0，则 A_1、A_2、A_0 这些相互关联的尺寸就形成了一个封闭图形，即为工艺尺寸链，如图 3-27（b）所示。

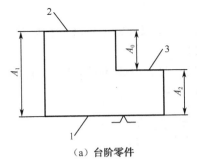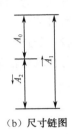

（a）台阶零件　　　　　　　　　（b）尺寸链图

图 3-27　工艺尺寸链示例

（2）尺寸链的内涵和特征

① 封闭性　尺寸链是一组有关尺寸首尾相接构成封闭形式的尺寸，其中应包含一个间接保证的尺寸和若干个对此有影响的直接获得的尺寸。

② 关联性　尺寸链中间接保证的尺寸的大小和变化是受那些直接获得的尺寸的精度所支配的，彼此间具有特定的函数关系，并且间接保证的尺寸的精度必然低于直接获得的尺寸精度。

（3）尺寸链的组成

组成尺寸链的各个尺寸称为尺寸链的"环"，尺寸链的环有以下几种。

① 封闭环。封闭环是最终被间接保证精度的那个环。

② 组成环。除封闭环以外的其他环都称为组成环。

③ 增环。当其余各组成环不变，凡因其增大（或减小）而封闭环也相应增大（或减小）的组成环称为增环。

④ 减环。当其余各组成环不变，凡因其增大（或减小）而封闭环也相应减小（或增大）的组成环称为减环。

（4）尺寸链的计算方法

1）各种尺寸和偏差的关系

如图 3-28 所示，尺寸可用基本尺寸 A 及其上偏差 ES（A）和下偏差 EI（A），以及最大极限尺寸 A_{max} 和最小极限尺寸 A_{min} 或用中间尺寸 AM 和公差 T（A）来表示，有时还用到中间偏差ΔMA。

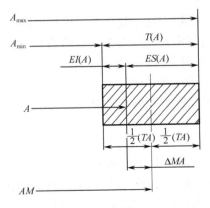

图 3-28　各种尺寸与偏差的关系图

2）极值法计算公式

尺寸链的计算方法有极值法和概率法两种。从尺寸链中各环的极限尺寸出发，进行尺寸链计算的一种方法称为极值法（或极大极小法）。

① 封闭环的基本尺寸。封闭环的基本尺寸等于组成环基本尺寸的代数和，即所有增环的基本尺寸之和减去所有减环的基本尺寸之和，即

$$A_0 = \sum_{z=1}^{m} \overrightarrow{A_z} - \sum_{j=m+1}^{n-1} \overleftarrow{A_j} \tag{3-7}$$

② 封闭环的最大尺寸为

$$A_{0\,\text{max}} = \sum_{z=1}^{m} \overrightarrow{A_{z\,\text{max}}} - \sum_{j=m+1}^{n-1} \overleftarrow{A_{j\,\text{min}}} \tag{3-8}$$

③ 封闭环的最小尺寸为

$$A_{0\,\text{min}} = \sum_{z=1}^{m} \overrightarrow{A_{z\,\text{min}}} - \sum_{j=m+1}^{n-1} \overleftarrow{A_{j\,\text{max}}} \tag{3-9}$$

④ 封闭环的上偏差为

$$ES(A_0) = \sum_{z=1}^{m} ES(\overrightarrow{A_z}) - \sum_{j=m+1}^{n-1} EI(\overleftarrow{A_j}) \tag{3-10}$$

⑤ 封闭环的下偏差为

$$EI(A_0) = \sum_{z=1}^{m} EI(\overrightarrow{A_z}) - \sum_{j=m+1}^{n-1} ES(\overleftarrow{A_j}) \tag{3-11}$$

⑥ 封闭环的公差为

$$T(A_0) = \sum_{z=1}^{m} T(\overrightarrow{A_z}) + \sum_{j=m+1}^{n-1} T(\overleftarrow{A_j}) = \sum_{i=1}^{n-1} T(A_i) \tag{3-12}$$

（5）尺寸链计算的几种情况

① 正计算是已知各组成环的基本尺寸及公差，求封闭环的尺寸及公差。

② 反计算是已知封闭环的基本尺寸及公差，求各组成环的尺寸及公差。最大问题是分配封闭环的公差：按等公差值的原则分配封闭环的公差；按等公差级（等精度）的原则分配封闭环的公差；按具体情况来分配封闭环的公差。

③ 中间计算是已知封闭环和部分组成环的基本尺寸及公差，求某一组成环的基本尺寸及公差。

（6）工艺尺寸链的应用

1）定位基准与设计基准不重合时的工序尺寸计算

【例 3-2】 某零件设计要求如图 3-29（a）所示，设 1 面已加工好，现以 1 面定位加工 2 面、3 面，其工序图如图 3-29（b）所示。试确定工序尺寸 A_1 及 A_3。

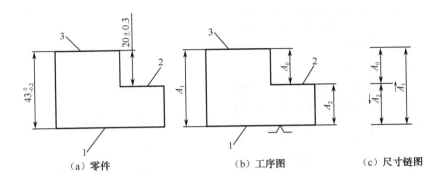

（a）零件　　　　　　　（b）工序图　　　　　　（c）尺寸链图

图 3-29　定位基准与设计基准不重合时的尺寸链

解：工件以 1 面定位加工 2 面时，将按工序尺寸 A_2 进行加工，间接保证设计尺寸 A_0，$\overrightarrow{A_1}$ 是增环，$\overleftarrow{A_2}$ 是减环，A_0 是封闭环，其尺寸链如图 3-29（c）所示。

已知 $\overrightarrow{A_1} = 43^0_{-0.2}$，$A_0 = 20 \pm 0.3$，按图 3-28 计算零件的工序尺寸和偏差如下：

工序尺寸 A_2 的基本尺寸为 $\overleftarrow{A_2} = \overrightarrow{A_1} - A_0 = 43 - 20 = 23\text{mm}$；

工序尺寸 A_2 的上偏差为 $EI(A_0) = EI(\overrightarrow{A_1}) - ES(\overleftarrow{A_2})$，则 $-0.3 = -0.2 - ES(\overleftarrow{A_2})$，$ES(\overleftarrow{A_2}) = 0.1$；

工序尺寸 A_2 的下偏差为 $ES(A_0) = ES(\overrightarrow{A_1}) - EI(\overleftarrow{A_2})$，则 $0.3 = 0.0 - EI(\overleftarrow{A_2})$ $EI(\overleftarrow{A_2}) = -0.3$；

A_2 的工序尺寸及上下偏差为 $A_2 = 23^{+0.1}_{-0.3}\text{mm}$。

当设计基准与工艺基准不重合时，由于基准不重合而进行尺寸换算，将带来两个问题。

① 换算的结果明显提高了对测量尺寸的精度要求。

② 假废品问题，由此可见，当计算的工序尺寸超差量不超过假废品区，则有可能出现假废品，这时，需要重新测量其他组成环的尺寸，再算出封闭环的尺寸，以判断是否是废品。

2）测量基准与设计基准不重合时的工序尺寸计算

在零件加工时，会遇到一些表面加工之后设计尺寸不便直接测量的情况。因此，需要在零件上另选一个易于测量的表面作测量基准进行测量，以间接检验设计尺寸。

【例 3-3】 图 3-30（a）所示的套筒零件的两端面已加工完毕，其设计总长 $63^0_{-0.16}\text{mm}$，加工孔底面时，要保证小孔深度尺寸 $13^0_{-0.28}\text{mm}$，该尺寸不便测量。由于大孔的深度可以用深度游标卡尺测量，在加工时，以 B 面为测量基准直接保证大孔的深度 A_2，试标出测量尺寸。

解：尺寸 A_0（$13^0_{-0.28}\text{mm}$）可以通过尺寸 A_1（$63^0_{-0.16}\text{mm}$）和大孔深尺寸 A_2 间接计算出来，列出尺寸链如图 3-30（b）所示，尺寸 A_0（$13^0_{-0.28}\text{mm}$）显然是封闭环。

$\overrightarrow{A_1}$ 是增环，$\overleftarrow{A_2}$ 是减环，A_0 是封闭环。

已知 $\overrightarrow{A_1} = 63^0_{-0.16}$，$A_0 = 13^0_{-0.28}$，按图 3-30 计算零件的工序尺寸和偏差如下：

工序尺寸 A_2 的基本尺寸为 $\overleftarrow{A_2} = \overrightarrow{A_1} - A_0 = 63 - 13 = 40\text{mm}$；

$EI(A_0) = EI(\overrightarrow{A_1}) - ES(\overleftarrow{A_2})$，则 $-0.28 = -0.16 - ES(\overleftarrow{A_2})$，

工序尺寸 A_2 的上偏差为 $ES(\overleftarrow{A_2}) = 0.12$；

$ES(A_0) = ES(\overrightarrow{A_1}) - EI(\overleftarrow{A_2})$，则 $0 = 0 - EI(\overleftarrow{A_2})$，工序尺寸 A_2 的下偏差为 $EI(\overleftarrow{A_2}) = 0$；

A_2 的工序尺寸及上下偏差为 $A_2 = 40^{+0.12}_0\text{mm}$。

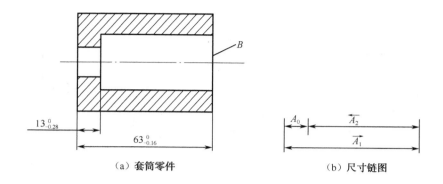

图 3-30　测量基准与设计基准不重合时的尺寸链

3.2.8　切削用量的确定

切削用量是切削速度 v_c、进给量 f，背吃刀量 a_p 三者的总称。切削用量的大小对加工质量、加工成本、切削力、切削功率、刀具磨损有着显著的影响。确定切削用量就是确定最合适的切削速度、进给量及背吃刀量，以便获得良好的表面质量及高的生产率。

1．切削用量的选择原则

（1）粗加工时切削用量的选择原则

根据工件的加工余量，首先选择尽可能大的背吃刀量 a_p；其次根据机床进给系统及刀杆的强度刚度等的限制条件，选择尽可能大的进给量 f；最后根据刀具耐用度确定最佳的切削速度 v_c，并且校核所选切削用量是机床功率允许的。

（2）精加工时切削用量的选择原则

首先根据粗加工后的加工余量确定背吃刀量 a_p；其次根据已加工表面粗糙度的要求，选取较小的进给量 f；最后在保证刀具耐用度的前提下，尽可能选择较高的切削速度 v_c，并校核所选切削用量是机床功率允许的。

2．切削用量的选择方法

（1）背吃刀量 a_p

应根据加工余量确定。粗加工时应尽量用一次走刀切除全部加工余量。当加工余量过大、机床功率不足、工艺系统刚度较低、刀具强度不够、断续切削及切削时冲击振动较大时，可分几次走刀。粗加工表面粗糙度 Ra 为 12.5～25μm，背吃刀量 a_p 取 8mm；半精加工表面粗糙度 Ra 为 3.2～6.3μm，背吃刀量 a_p 取 0.8～2mm；精加工表面粗糙度 Ra 为 0.8～1.6μm，背吃刀量 a_p 取 0.1～0.5mm。

（2）进给量 f

粗加工时，由于对工件表面质量没有太高的要求，这时主要考虑机床进给系统以及刀杆的强度和刚度等限制因素，在工艺系统的强度刚度允许的情况下，可选用较大的进给量，增大进给量可以减少机动时间，因而可以提高生产率。另一方面，增大进给量会使被加工表面的粗糙度变大，使表面质量变坏，并有可能引起振动。因此，只有在粗加工阶段及机床的功率和刚性足够大时，才能选用大的进给量。在精加工时，由于必须保证要求的表面质量，常常不允许选用大的进给量。可根据工件材料、刀杆尺寸、工件直径和已确定的背吃刀量查阅切削用量等相关手册确定。

（3）切削速度 v_c

在 a_p 和 f 选定以后．可在保证刀具合理耐用度的条件下，用计算的方法或用查表的方法确定切削速度 v_c 的值。在具体确定 v_c 值时，一般遵循如下原则。

① 粗加工时，切削深度和进给量均较大，故选择较低的切削速度；精加工时，则选择较高的切削速度。

② 工件材料的加工性较差时，应选较低的切削速度。加工灰铸铁的切削速度应比加工中碳钢低，加工铝合金和铜合金的切削速度则比加工钢高得多。

③ 刀具材料的切削性能越好时，切削速度也可选得越高。因此，硬质合金刀具的切削速度可选得比高速钢高几倍，而涂层硬质合金、陶瓷、金刚石和立方氮化硼刀具的切削速度又可选得比硬质合金刀具高许多。

此外，在确定精加工、半精加工的切削速度时，应注意避开积屑瘤和鳞刺产生的区域；在易发生振动的情况下，切削速度应避开自激振动的临界速度；在加工带硬皮的铸锻件时，加工大件、细长件和薄壁件及断续切削时，应选用较低的切削速度。

3.2.9　填写工艺文件

1. 机械加工工艺卡片

机械加工工艺卡片是以工序为单位，详细地说明整个工艺过程的一种工艺文件。它是用来指导工人生产和帮助车间管理人员和技术人员掌握整个零件加工过程的一种主要技术文件，广泛用于成批生产的零件和重要零件的小批生产中。机械加工工艺卡片内容包括零件的材料、重量、毛坯种类、工序号、工序名称、工序内容、工艺参数、操作要求及采用的设备和工艺装备等。机械加工工艺卡片格式见表 3-9。

机械加工工艺卡片列出了整个零件加工所经过的工艺路线（包括毛坯、机械加工和热处理等），它是制定其他工艺文件的基础，也是生产技术准备、安排计划组织生产的依据。

2. 机械加工工序卡

机械加工工序卡用来具体指导工人加工的工艺文件，卡片上画有工序简图，并注明该工序的加工表面及应达到的尺寸和公差，以及工件装夹方式、刀具、夹具、量具、切削用量、时间定额等。机械加工工序卡片见表 3-10。

表 3-9 机械加工工艺过程卡片

工厂					产品型号		零(部)件型号			共 页
		机械加工工艺卡片			产品名称		零(部)件名称			第 页
材料牌号			毛坯种类	毛坯外形尺寸/mm			每个毛坯件数	每台件数		备注
工序号	装夹	工步号	工序内容	同时加工零件数	切削用量				工艺装备名称及编号		技术等级	工时定额	
					背吃刀量/mm	切削速度/$(m \cdot min^{-1})$	每分钟转速或往复次数	进给量/$(mm \cdot r^{-1})$	设备名称及编号	夹具	刀具	量具		单件	准终
编制(日期)			审核(日期)				会签(日期)			
标记	处记	更改文件号	签字	日期		标记	处记	更改文件号	签字	日期

表 3-10　机械加工工序卡片

单位名称		机械加工工序卡片		产品名称	零件名称	零件图号	
				车间	使用设备		
工序简图				工序号			
				夹具名称	夹具编号		
				备注			
工步	工步内容	刀具	量具及检具	主轴转速/ $(r \cdot min^{-1})$	进给量/ $(mm \cdot r^{-1})$	背吃刀量/mm	备注
编制	审核		批准		年　月　日	共　　页	第　　页

3.3　数控加工工艺内容与特点

　　数控机床是从普通机床发展起来的，数控加工是从普通机床加工发展起来的，数控加工是以普通机床加工为基础，但又有它的特点。所以，数控加工工艺以普通机床加工工艺为基础，又有自身的内容与特点。数控加工仅是几道数控加工工艺过程的概括，而不是指从毛坯到成品的整个工艺过程。

3.3.1　数控加工的基本过程

　　数控加工就是指在数控机床上进行零件加工的工艺过程。数控机床是一种用计算机来控制的机床，用来控制机床的计算机数控系统，不管是专用计算机数控系统、还是通用计算机数控系统统称为 CNC 系统。数控机床的运动和辅助动作均受控于 CNC 系统发出的指令。而 CNC 系统的指令是由程序员根据工件的材质、加工要求、机床的特性和系统所规定的指令格式（CNC 语言或符号）编制的。所谓编程，就是把被加工零件的工艺过程、工艺参数、运动要求用数字指令形式（CNC 语言）记录在介质上，并输入 CNC 系统。CNC 系统根据程序指令向伺服装置和其他功能部件发出运行或终断信息来控制机床的各种运动。当零件的加工程序结束时，机床便会自动停止。任何一种 CNC 机床，在其 CNC 系统中若没有输入程序指令，CNC 机床就不能工作。机床的受控动作大致包括机床的启动、停止；主轴的启停、旋转方向和转速的变换；进给运动的方向、速度、方式；刀具的选择、长度和半径的补偿；刀具的更换，冷却液的开起、关闭等。

合格的编程人员首先应该是一个很好的工艺人员，应熟练地掌握工艺分析、工艺设计和切削用量的选择，能正确地选择刀辅具并提出零件的装夹方案，了解 CNC 机床的性能和特点，熟悉程序编制方法和程序的输入方式。

3.3.2 数控加工工艺的主要内容

1. 数控加工工艺的特点

数控加工工艺与普通机床加工工艺在许多方面都遵循一致的原则，但数控加工的整个过程是自动的，即把全部工艺过程、工艺参数在加工前编写成程序，所以，数控加工工艺设计要考虑数控加工本身的特点和编程的要求。数控加工工艺有以下基本特点。

（1）内容十分明确而具体

数控加工工艺与普通加工工艺相比，在工艺文件的内容和格式上都有较大区别，例如，加工部位的加工顺序、刀具配置与使用顺序、刀具轨迹、切削参数等方面，都要比普通机床加工工艺中的工序内容更详细。数控加工工艺必须详细到每一次走刀路线和每一个操作细节，即普通加工工艺通常留给操作者完成的工艺与操作内容（如工步的安排、刀具几何形状及安装位置等），都必须由编程人员在编程时给予预先确定。也就是说，在普通机床加工时本来由操作工人在加工中灵活掌握并通过适时调整来处理的许多工艺问题，在数控加工时就必须由编程人员事先具体设计和明确安排。

（2）工艺工作要求相当准确而严密

数控机床虽然自动化程度高，但自适应性差，它不能像普通加工时那样可以根据加工过程中出现的问题自由地进行人为的调整。例如，在数控机床上加工内螺纹时，并不知道孔中是否挤满了切屑，何时需要退一次刀待清除切屑后再进行加工。所以，在数控加工的工艺设计中必须注意加工过程中的每一个细节，尤其是对图形进行数学处理、计算和编程时一定要力求准确无误。

（3）采用多坐标联动自动控制加工复杂表面

对于一般简单表面的加工方法，数控加工与普通加工无太大的差别。但是对于一些复杂表面、特殊表面或有特殊要求的表面，数控加工与普通加工有着根本不同的加工方法。例如，对于曲线和曲面的加工，普通加工是用划线、样板、靠模、钳工、成型加工等方法进行，不仅生产效率低，而且还难以保证加工质量。而数控加工则采用多坐标联动自动控制加工方法，其加工质量与生产率是普通加工方法无法比拟的。

（4）采用先进的工艺装备

为了满足数控加工中高质量、高效率和高柔性的要求，数控加工中广泛采用先进的数控刀具、组合夹具等工艺装备。

（5）采用工序集中

由于现代数控机床具有刚性大、精度高、刀库容量大、切削参数范围广及多坐标、多工位等特点。因此，在工件的一次装夹中可以完成多个表面的多种加工，甚至可在工作台上装夹几个相同或相似的工件进行加工，从而缩短了加工工艺路线和生产周期、减少了加工设备、工装和工件的运输工作量。

2．数控加工内容的选择

（1）适合数控加工的零件

1）最适应数控加工的零件

① 形状复杂，加工精度要求高，用普通机床难以加工或难以保证加工质量的零件；

② 具有复杂曲线、曲面轮廓的零件；

③ 具有难测量、难控制进给、难控制尺寸的型腔的壳体或盒形零件；

④ 必须在一次装夹中完成铣、钻、锪、镗、铰或攻丝等多道工序的零件。

2）较适应数控加工的零件

① 零件价值较高，且尺寸一致性要求高，在普通机床上加工时容易受人为因素（如操作者技术水平、情绪波动等）干扰，进而影响加工质量的零件；

② 在普通机床上加工必须使用多套、复杂专用工装的中、小批零件；

③ 需要多次更改设计后才能定型的零件；

④ 在普通机床上加工时需要进行长时间调整的零件；

⑤ 在普通机床上加工生产率很低或劳动强度很大的零件。

3）不适应数控加工的零件

① 生产批量大的零件（个别工序可采用数控机床加工）；

② 装夹困难或完全靠找正定位来保证加工精度的零件；

③ 加工余量波动很大、且在数控机床上无在线检测系统可用于自动调整零件坐标位置的零件；

④ 必须用特定的工艺装备协调加工的零件。

（2）选择数控加工内容的原则

选择某个零件进行数控加工后，一般并不是它所有的加工内容都在数控机床上加工，经常是有一部分内容在数控机床上加工。所以，在进行工艺设计时，一定要结合实际情况，根据数控机床加工工艺的特点，充分发挥数控机床的优势，选择需要进行数控加工的内容，加工内容的原则如下：

① 普通机床无法加工的内容应作为优先选择的内容。

② 普通机床难加工，质量也难以保证的内容应作为重点选择的内容。

③ 普通机床加工效率低、工人手工操作劳动强度大的内容，可在数控机床尚存富余能力的基础上进行选择。

不宜采用数控加工的内容如下：

① 在机床上调整时间较长的加工内容，例如，以粗基准定位加工第一个精基准的工序。

② 以特定的样板、样件作为加工依据的型面、轮廓，编程时数据采集困难、易与检验依据发生矛盾的工序。

③ 不能在一次安装中完成加工的零星加工表面，采用数控加工又很麻烦，可采用通用机

床互补加工；

④ 加工余量大且不均匀的粗加工。

3.4 数控加工工艺设计

在决定了对某个零件进行数控加工并选择其数控加工内容后，应对该零件的数控加工工艺性进行详细的分析，主要包括零件的图样分析、零件的结构工艺性分析和安装方式分析等。

3.4.1 数控加工工艺性分析

1. 零件图样分析

在对零件进行图样分析时，应先熟悉零件在产品中作用、位置、装配关系和工作条件，分析零件主要技术要求和关键的技术问题，搞清各项技术要求制定的依据。除按照 3.2.2 节内容进行分析外，还应按以下内容进行审查。

（1）零件图上尺寸标注方法应适应数控加工的特点

在普通机床上加工零件时，尺寸标注常用局部分散的标注方法，如图 3-31（a）所示。

在数控机床上加工零件，尺寸标注常用同一基准标注法，主要原因如下：

① 编程时以编程原点为统一基准（以编程原点为工艺基准）。

② 数控加工精度和重复定位精度很高，只要在编程时注意走刀路线的合理性，就不会产生较大的积累误差而破坏零件的尺寸精度。所以，数控加工零件图的尺寸标注常用同一基准标注法，即将编程原点作为统一基准，使设计基准、编程原点和工艺基准统一，如图 3-31（b）所示。

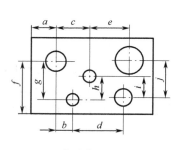
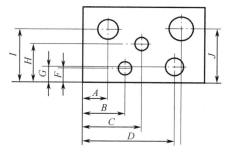

（a）局部分散的尺寸标注法　　　　　　（b）同一基准的尺寸标注法

图 3-31　零件图上尺寸标注方法分析

（2）分析被加工零件的精度和技术要求

分析精度（尺寸精度、形状精度、位置精度、表面粗糙度）及各项技术要求是否齐全、是否合理。对采用数控加工的表面，其精度要求尽量一致，以便最后能连续加工。如果本工序的数控加工精度不能达到图纸要求，需采用其他措施弥补的话，注意给后续工序留有余量。

分析零件图样上给定的材料与热处理要求，根据材料与本工序热处理状态选择刀具、数控机床型号、确定切削用量，并考虑采用一些必要的工艺措施预防加工变形。

（3）分析构成零件轮廓的几何元素给定条件是否充分

手工编程时要根据构成零件轮廓的几何元素（点、线、面）的条件（如相切、相交、垂直和平行等）计算每一个基点坐标，自动编程时要根据这些条件定义图形，然后自动计算基点坐标编程，条件不明确，无法编程，所以，零件轮廓的几何元素的条件是数控编程的重要依据。在进行零件图样分析时，必须要分析构成零件轮廓的几何元素给定条件是否充分。

（4）零件的材料与热处理要求分析

零件图上给定的材料与热处理要求是选择刀具、数控机床型号、确定切削用量的依据。

2．零件的结构工艺性分析

① 数控铣削时，零件平面轮廓的凹圆弧尺寸影响刀具直径大小（加工时当刀具直径大于凹圆弧直径时，产生过切），所以，零件平面轮廓上的凹圆弧应尽量采用统一的尺寸或接近的尺寸，这样以便统一刀具规格和减少换刀次数，方便编程，并可避免因换刀而在加工表面上留下的接刀痕迹，降低表面质量。

② 数控铣削时，刀具直径过小，影响刀具的刚性，并使进给次数增加，所以，平面轮廓的凹圆弧半径不应太小。通常当 $R<0.2H$（R 为内槽半径，H 为被加工零件轮廓面的最大高度）时，可以判定零件该部位的工艺性不好，如图 3-32（a）所示。图 3-32（b）所示的内槽圆弧半径大，刀具直径就可选择较大，这样刚性好，进给次数少，加工质量好，工艺性好。

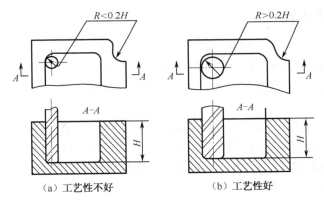

图 3-32　内槽结构工艺性

③ 数控铣削零件平面轮廓的型腔时，如图 3-33 所示，型腔圆角半径 r 过大的话，将使刀具与型腔底平面接触过少，加工能力就低，效率低。

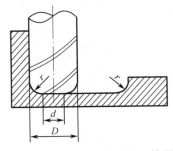

图 3-33　型腔圆角半径对加工的影响

④ 数控车削时，对表面粗糙度要求较高的表面，应确定用恒线速度切削。

⑤ 应尽可能在一次装夹中完成所有能加工表面的加工，为此要选择便于各个表面都能加工的定位方式；若需要二次装夹，应采用统一的基准定位。

3.4.2 数控加工的工艺路线设计

1．数控加工工序与普通加工工序的衔接

数控加工的工艺路线设计与普通机床加工的常规工艺路线拟定的区别主要在于：它仅是几道数控加工工艺过程的概括，而不是指从毛坯到成品的整个工艺过程。

数控工序前后一般都穿插有其他普通工序，如衔接不好就容易产生矛盾，因此，要解决好数控工序与非数控工序之间的衔接问题，最好的办法是建立相互状态要求。如果普通加工工序作为数控加工的粗加工工序，就要了解数控加工对毛坯尺寸、形状的要求；如果数控工序后面还有精加工工序时，就要为后道工序留加工余量；相互之间定位面与孔的精度要求及形位公差要求要相适应。其目的是达到相互能满足加工需要，且质量目标与技术要求明确，交接验收有依据。关于手续问题，如果是在同一个车间，可由编程人员与主管该零件的工艺人员协商确定，在制定工序工艺文件中互审、会签，共同负责；如果不是在同一个车间，则应用交接状态表进行规定，共同会签，然后反映在工艺规程中。

2．数控加工工序的划分

在数控机床上加工的零件，一般按工序集中原则划分工序，划分方法有以下几种。

① 按安装次数划分工序，有的零件的每个被加工表面的定位基准和方式有所不同，零件的装夹就会不同，因此，可根据定位方式的不同来划分工序，以一次安装完成的那部分工艺过程为一道工序。

一般加工外形时，以内形定位，加工内形时以外形定位。图 3-34 所示零件的外形留有余量，按定位方式可分为两道工序：第一道工序可在普通机床上进行，以外形表面和 B 面定位加工 A 面、ϕ32H7 和 ϕ18H7 两孔；第二道工序可在数控铣床上进行，以 A 面、ϕ32H7 和 ϕ18H7 孔定位加工 B 面、外表面轮廓。

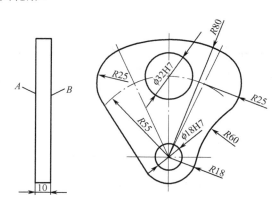

图 3-34 凸轮零件

② 按所用刀具划分工序，为了减少换刀次数、提高效率、减少定位误差，在一次装夹中，尽可能用同一把刀具加工出可能加工的所有部位，然后再换另一把刀加工其他部位，即以同一

把刀具完成的那一部分工艺过程为一道工序。这种方法适用于工件的待加工表面较多，机床连续工作时间过长，加工程序的编制和检查难度较大等情况。在专用数控机床和加工中心上常用这种方法。

③ 按粗、精加工分开的原则来划分工序，即一次装夹所有表面粗加工完成的那部分工艺过程为一道工序，所有表面精加工完成的那部分工艺过程为一道工序。这种方法是考虑零件的加工精度、刚度和变形因素来划分的。

④ 按加工部位划分工序，对于表面形状较复杂的零件，可将不同的表面划分为不同的工序，以完成相同表面的那部分工艺过程为一道工序。

3．数控加工顺序的安排

加工顺序的安排除遵循 3.2.5 节中"5"加工顺序的安排原则外，还应遵循下列原则。

① 尽量使工件的装夹次数、工作台转动次数、刀具更换次数及所有空行程时间减至最少，提高加工精度和生产率。

② 先内后外原则，即先进行内型内腔加工，后进行外形加工。

③ 为了及时发现毛坯的内在缺陷，精度要求较高的主要表面的粗加工一般应安排在次要表面粗加工之前；大表面加工时，因内应力和热变形对工件影响较大，一般也需要先加工。

④ 为了提高机床的使用效率，在保证加工质量的前提下，可将粗加工和半精加工合为一道工序。

3.4.3　数控加工工序的设计

1．机床、夹具、刀具的选择

（1）机床的选择

对于机床而言，每一类机床都有不同的形式，其工艺范围、技术规格、加工精度、生产率及自动化程度都各不相同。为了正确地为每一道工序选择机床，除了充分了解机床的性能外，还需考虑以下几点。

① 机床的类型应与工序划分的原则相适应。数控机床或通用机床适用于工序集中的单件、小批生产；对大批、大量生产，则应选择高效自动化机床和多刀、多轴机床。若工序按分散原则划分，则应选择结构简单的专用机床。

② 机床的主要规格尺寸应与工件的外形尺寸和加工表面的有关尺寸相适应，即小工件用小规格的机床加工，大工件用大规格的机床加工。

③ 机床的精度与工序要求的加工精度相适应。粗加工工序，应选用精度低的机床；精度要求高的精加工工序，应选用精度高的机床。但机床精度不能过低，也不能过高。机床精度过低，不能保证加工精度；机床精度过高，会增加零件制造成本。

（2）夹具的选择

数控加工使用夹具，要求夹具能保证零件在机床坐标系中的正确方向，并能协调零件与机床坐标系的尺寸。除此之外，重点考虑以下要求。

① 单件、小批生产时，尽量选用通用夹具，也可采用组合夹具、可调夹具和拼装夹具，以缩短生产准备时间和节省生产费用。

② 在成批生产时，可采用专用夹具，应力求结构简单，批量较大的零件加工可采用气动或液压夹具、多工位夹具。

③ 使零件的装卸快速、方便、可靠，以提高生产率，减少辅助时间。

④ 为满足数控加工精度，要求夹具定位、夹紧精度高。

⑤ 夹具要敞开，其定位、夹紧元件在加工过程中不能与刀具干涉（如产生碰撞等）。

（3）刀具的选用

刀具的选择是数控加工工艺设计中的重要内容之一。刀具选择合理与否不仅影响机床的加工效率，而且还直接影响加工质量。选择刀具通常要考虑机床的加工能力、工序内容、工件材料等因素。

数控机床主轴转速比普通机床高 1～2 倍，且主轴输出功率大。因此，与传统加工方法相比，数控加工对刀具的要求更高，不仅要求精度高、强度大、刚度好、耐用度高，而且要求尺寸稳定、安装调整方便。这就要求采用新型优质材料制造数控加工刀具，并合理选择刀具结构、几何参数。选择刀具主要考虑如下因素。

① 一次连续加工表面尽可能多。

② 在切削过程中，刀具不能与工件轮廓发生干涉。

③ 有利于提高加工效率和加工表面质量。

④ 有合理的刀具强度和寿命。

⑤ 从刀具的类型方面，应尽量选用标准刀具，当标准刀具不能满足工艺需要时，则应设计、制造专用刀具。在大批生产的条件下，为提高生产率也应设计、制造专用刀具。

⑥ 从刀具的结构应用方面，数控加工应尽可能采用镶块式机夹可转位刀片以减少刀具磨损后的更换和预调时间。

⑦ 从刀具的材料方面，根据数控加工对刀具的要求，选择刀具材料的一般原则是尽可能选用硬质合金刀具。只要加工情况允许选用硬质合金刀具，就不用高速钢刀具。

陶瓷刀具不仅用于加工各种铸铁和不同钢料，也适用于加工有色金属和非金属材料。金刚石和立方氮化硼都属于超硬刀具材料，它们可用于加工任何硬度的工件材料，具有很高的切削性能，加工精度高，表面粗糙度值小。聚晶金刚石刀片一般仅用于加工有色金属和非金属材料。

立方氮化硼刀片一般适用加工硬度大于 450HBS 的冷硬铸铁、合金结构钢、工具钢、高速钢、轴承钢，以及硬度不小于 350HBS 的镍基合金、钴基合金和高钴粉末冶金零件。

（4）量具的选用

所选用的量具的精度必须与被检验尺寸公差的大小相适应，测量所需的时间应能满足零件生产率的要求。一般情况下，应尽量选用通用量具，如游标卡尺、千分尺等；在大批生产条件下，应选用能大大提高检测速度的专用量具和检验夹具。

2. 工件的定位与夹紧方案的确定

工件的定位基准与夹紧方案的确定，应遵循前面所述有关定位基准的选择原则与工件夹紧的基本要求。此外，还应该注意下列问题。

① 力求设计基准、工艺基准与编程原点统一，以减少基准不重合误差和数控编程中的计算工作量。

② 设法减少装夹次数，尽可能做到在一次定位装夹中，能加工出工件上全部或大部分待

加工表面，以减少装夹误差，提高加工表面之间的相互位置精度，充分发挥数控机床的效率；

③ 避免采用占机人工调整方案，以免占机时间太多，影响加工效率。

3．工步划分及顺序安排

工步划分主要从加工精度和效率来考虑，在一个数控工序内往往采用不同的刀具和切削用量，对不同的表面进行加工，在工序内又细分为工步。

（1）按加工表面划分工步

一个加工表面的加工划分工步，分以下两种情况。

① 若零件的尺寸精度要求较高，考虑零件尺寸精度、零件刚性和变形等因素，则采用同一表面粗加工—精加工顺序完成，可把同一表面粗加工和精加工合为一个工步。

② 若零件的加工位置公差要求较高，则全部加工表面按先粗加工，然后精加工分开进行，则每一个表面粗加工和精加工工步就分开了。

（2）按刀具划分工步

有些数控机床的工作台回转时间比换刀时间短，按刀具划分工步可减少换刀次数，提高加工效率。

（3）确定工步顺序

工步顺序是指同一道工序中，各个表面加工的先后次序。它对零件的加工质量、加工效率和数控加工中的走刀路线有直接影响，应根据零件的结构特点和工序的加工要求等合理安排。工步顺序的安排应遵循以下原则。

① 先粗后精原则。

② 先面后孔原则，一般先加工平面，再加工孔，在加工过的平面上加工孔，使加工孔容易，孔的轴线不容易偏斜，从而提高孔的加工精度。

③ 先内后外原则，即先进行内型内腔加工，后进行外形加工。

④ 为了及时发现毛坯的内在缺陷，精度要求较高的主要表面的粗加工一般应安排在次要表面粗加工之前；大表面加工时，因内应力和热变形对工件影响较大，一般也需要先加工。

⑤ 在同一次安装中进行的多个工步，应先安排对工件刚性破坏较小的工步。

⑥ 加工中容易损伤的表面（如螺纹等），应放在加工路线的后面。

图 3-35 所示零件的，材料为 HT200，可以先在普通机床上把底面和四个轮廓面加工好（"基面先行"），其余的顶面、孔及沟槽安排在立式加工中心上完成（工序集中原则），加工中心工序按 "先粗后精"、"先主后次"、"先内后外"、"先面后孔" 等原则可以划分为如下 9 个工步及顺序如下：

粗铣 A 面→粗铣四棱凸台和五棱凸台→钻四角中心孔→粗镗 $\phi40$mm 孔至 $\phi39.7$mm→钻四角孔至 $\phi8$mm→精铣 A 面→精铣四棱凸台和五棱凸台→精镗 $\phi40$mm 孔至尺寸→扩 $\phi10$mm 孔至尺寸。

4．确定走刀（进给）路线

走刀路线是刀具相对于工件的运动轨迹，走刀路线是编写程序的依据之一。因此，在确定走刀路线时最好画一张数控加工走刀路线图，将已经拟定出的走刀路线画上去（包括进、退刀路线），这样可为编程带来不少方便。

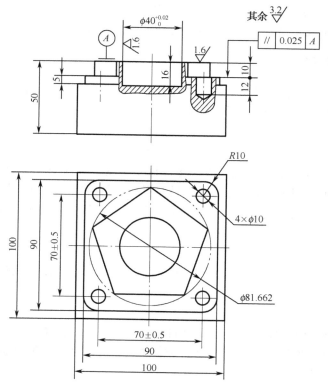

图 3-35　盘类零件加工实例

在确定走刀（进给）路线时，主要遵循以下原则。

（1）保证零件的加工精度和表面质量

例如，在铣床上进行加工时，因刀具的运动轨迹和方向不同，可能是顺铣或逆铣，其不同的加工路线所得到的零件表面的质量就不同。究竟采用哪种铣削方式，应视零件的加工要求、工件材料的特点及机床刀具等具体条件综合考虑，确定原则与普通机械加工相同。数控机床一般采用滚珠丝杠传动，其运动间隙很小，并且顺铣优点多于逆铣，所以应尽可能采用顺铣。在精铣内外轮廓时，为了改善表面粗糙度，应采用顺铣的走刀路线加工方案。

对于铝镁合金、钛合金和耐热合金等材料，建议也采用顺铣加工，这对于降低表面粗糙度值和提高刀具耐用度都有利。但如果零件毛坯为黑色金属锻件或铸件，表皮硬而且余量较大，这时采用逆铣较为有利。

加工位置精度要求较高的孔系时，应特别注意安排孔的加工顺序。若安排不当，就可能将坐标轴的反向间隙带入，直接影响位置精度。图 3-36（a）所示的零件上 6 个尺寸相同的孔，有两种走刀路线。按图 3-36（b）所示的路线加工时，由于 5、6 孔与 1、2、3、4 孔定位方向相反，Y 方向反向间隙会使定位误差增加，从而影响 5、6 孔与其他孔的位置精度。按图 3-36（c）所示的路线加工时，加工完 4 孔后往上多移动一段距离至 P 点，然后折回来在 5、6 孔处进行定位加工，从而使各孔的加工进给方向一致，避免反向间隙的引入，提高了 5、6 孔与其他孔的位置精度。刀具的进退刀路线要尽量避免在轮廓处停刀或垂直切入切出工件，以免留下刀痕。

（2）走刀路线最短原则

走刀路线短可减少刀具空行程时间，提高加工效率。对点位控制的数控机床而言，要求定位精度高，定位过程尽可能快。图 3-37 所示为钻孔加工路线。如图 3-37（a）所示，是先加工均布于同一圆周上的外圈孔后，再加工内圈孔；若改用图 3-37（b）所示的走刀路线加工，可减少空程最短，从而节省定位时间。

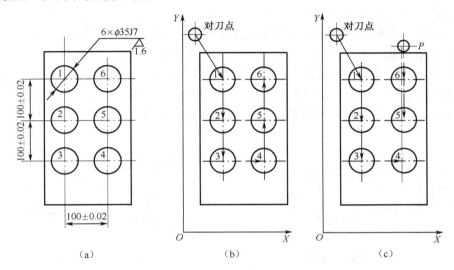

（a）　　　　　　（b）　　　　　　（c）

图 3-36　位置精度要求较高的孔系加工路线

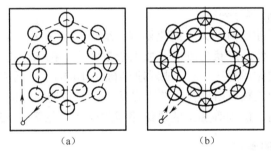

（a）　　　　　　　（b）

图 3-37　最短的走刀路线

（3）最终轮廓一次走刀完成原则

最终轮廓一次走刀完成是为了保证加工表面的质量。图 3-38（a）所示为采用行切法加工内轮廓。在减少每次进给重叠量的情况下，走刀路线较短，不留死角，不伤轮廓，但两次走刀的起点和终点间留有残余高度，影响表面粗糙度。图 3-38（b）所示为采用环切法加工，表面粗糙度较小，但刀位计算略为复杂，走刀路线也较行切法长。采用图 3-38（c）所示的走刀路线，先用行切法加工，最后环切一刀，效果最好。

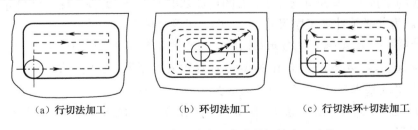

（a）行切法加工　　　　（b）环切法加工　　　　（c）行切法环+切法加工

图 3-38　最终轮廓一次走刀完成最短的走刀路线

（4）编程数值计算简单及程序短原则

为了减少编程工作量，走刀路线的确定应使编程数值计算简单、程序短。

（5）加工旋转体类零件的走刀路线选择

对于数控车床或数控磨床加工旋转体类的零件，由于毛坯多为棒料或锻件，加工余量大且不均匀，因此，合理制定粗加工时的加工路线对于编程至关重要。如图3-39（a）所示的手柄，由于加工余量较大而且不均匀，比较合理的方案是先用直线和斜线程序车去图中虚线所示的加工余量，再用圆弧程序精加工成型。又如图3-39（b）所示的零件表面形状复杂，毛坯为棒料，加工时余量不均匀，其粗加工路线应按图中 1～4 依次分段加工，然后再换精车刀一次成型，最后用螺纹车刀粗、精车螺纹。至于粗加工走刀的具体次数，应视每次的切削深度而定。

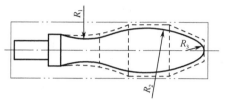
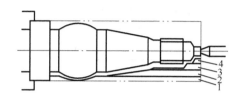

（a）直线、斜线的走刀路线　　　　　　　　　（b）分段的走刀路线

图3-39　加工旋转体类零件的走刀路线

（6）应使用子程序缩短程序长度

当某段进给路线重复使用时，为了简化编程，缩短程序长度，应使用子程序。此外，确定加工路线时，还要考虑工件的形状与刚度、加工余量大小，机床与刀具的刚度等情况，确定是一次进给还是多次进给来完成加工。先完成对刚性破坏小的工步，后完成对刚性破坏大的工步，以免工件刚性不足影响加工精度等，以及设计刀具的切入与切出方向和在铣削加工中是采用顺铣还是逆铣等。有关车削、铣削等加工的进给路线的确定详见第4、5、6章。

5. 工序尺寸及公差的确定

有时为满足零件的使用要求，零件的尺寸标注采用局部分散法。而在数控机床上加工零件，所有点、线、面的尺寸都是以编程原点为基准的，因数控编程原点与设计基准不重合，必须将分散标注的尺寸换算成以编程原点为基准的工序尺寸。 工序尺寸及其公差的确定需要利用工艺尺寸链原理来进行计算。

（1）数控车编程原点与设计基准不重合时的工序尺寸计算

【例 3-4】 如图 3-40（a）所示，轴向尺寸 A_1、A_2、A_3、A_4、A_5 为设计尺寸，编程原点在右端面与轴线的交点上，与尺寸 A_2、A_3、A_4 的设计基准不重合，编程时按工序尺寸 A_1、A_2'、A_3'、A_4'、A_5 编程。为此必须计算工序尺寸 A_2'、A_3'、A_4' 及其偏差。

① $\overrightarrow{A_2'}$ 是增环，$\overleftarrow{A_1}$ 是减环，A_2 是封闭环，尺寸链如图 3-40（b）所示。

已知 $\overrightarrow{A_1} = 20^{0}_{-0.28}$，$A_2 = 23^{0}_{-0.6}$，由图 3-40 计算轴的工序尺寸及偏差如下：

工序尺寸 A_2' 的基本尺寸为 $\overrightarrow{A_2'} = \overrightarrow{A_1} + A_2 = 20 + 23 = 43\text{mm}$；

$ES(A_2) = ES(\overrightarrow{A_2'}) - EI(\overleftarrow{A_1})$，则 $0 = ES(\overrightarrow{A_2'}) - (-0.28)$，工序尺寸 A_2' 的上偏差为 $ES(\overrightarrow{A_2'}) = -0.28$；

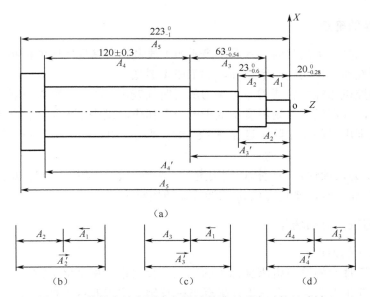

图 3-40　数控车编程原点与设计基准不重合时的尺寸链

EI（A_2）$= EI$（$\overrightarrow{A_2'}$）$-ES$（$\overrightarrow{A_1}$），则$-0.6=$ EI（$\overrightarrow{A_2'}$）-0，工序尺寸 A_2' 的下偏差为 EI（$\overrightarrow{A_2'}$）$=-0.6$。

A_2' 的工序尺寸及上下偏差为 $A_2' = 43_{-0.6}^{-0.28}$ mm。

② $\overrightarrow{A_3'}$ 是增环，$\overleftarrow{A_1}$ 是减环，A_3 是封闭环，尺寸链如图 3-40（c）所示。

已知 $\overleftarrow{A_1} = 20_{-0.28}^{0}$ mm，　$A_3 = 63_{-0.54}^{0}$ mm，由图 3-39 计算轴的工序尺寸及偏差如下：

工序尺寸 A_3' 的基本尺寸为 $\overrightarrow{A_3'} = \overleftarrow{A_1} + A_3 = 20\text{mm} + 63\text{mm} = 83\text{mm}$；

ES（A_3）$=ES$（$\overrightarrow{A_3'}$）$-EI$（$\overleftarrow{A_1}$），则 $0= ES$（$\overrightarrow{A_3'}$）$-(-0.28\text{mm})$，工序尺寸 A_3' 的上偏差为 ES（$\overrightarrow{A_3'}$）$=-0.28$mm；

EI（A_3）$= EI$（$\overrightarrow{A_3'}$）$-ES$（$\overleftarrow{A_1}$），则-0.54mm$=EI$（$\overrightarrow{A_3'}$）-0，工序尺寸 A_3' 的下偏差为 EI（$\overrightarrow{A_3'}$）$=-0.54$mm；

A_3' 的工序尺寸及上下偏差为 $A_3' = 83_{-0.54}^{-0.28}$ mm。

③ $\overrightarrow{A_4'}$ 是增环，$\overleftarrow{A_3'}$ 是减环，A_4 是封闭环，尺寸链如图 3-40（d）所示。

已知 $A_3' = 83_{-0.54}^{-0.28}$ mm，　$A_4 = 120_{-0.3}^{+0.3}$ mm，由图 3-39 计算轴的工序尺寸及偏差如下：

工序尺寸 A_4' 的基本尺寸为 $\overrightarrow{A_4'} = A_4 + \overleftarrow{A_3'} = 120\text{mm} + 83\text{mm} = 203\text{mm}$；

ES（A_4）$=ES$（$\overrightarrow{A_4'}$）$- EI$（$\overleftarrow{A_3'}$），则 0.3mm$=ES$（$\overrightarrow{A_4'}$）$-(-0.54\text{mm})$，工序尺寸 A_4' 的上偏差为 ES（$\overrightarrow{A_4'}$）$=-0.24$mm；

EI（A_4）$= EI$（$\overrightarrow{A_4'}$）$-ES$（$\overleftarrow{A_3'}$），则-0.3mm$= EI$（$\overrightarrow{A_4'}$）$-(-0.28\text{mm})$ 工序尺寸 A_4' 的下偏差为 EI（$\overrightarrow{A_4'}$）$=-0.58$mm；

A_4' 的工序尺寸及上下偏差为 $A_4' = 203_{-0.58}^{-0.24}$ mm。

（2）数控铣与加工中心编程原点与设计基准不重合时的工序尺寸计算

数控铣与加工中心加工零件时，编程原点一般在零件的上表面，当设计基准为零件的下表面时，必须利用工艺尺寸链原理来进行工序尺寸及其公差的计算。

6. 切削用量的确定

数控加工中选择切削用量时，就是在保证加工质量和刀具耐用度的前提下，充分发挥机床性能和刀具切削性能，使切削效率最高，加工成本最低。

自动换刀数控机床往主轴或刀库上装刀所费时间较多，所以，选择切削用量要保证刀具加工完成一个零件，或保证刀具耐用度不低于一个工作班，最少不低于 1/2 个工作班。

数控加工切削用量的确定除了遵循 3.2.8 节中"切削用量的选择"的有关规定外，还应遵循下列原则。

① 保证加工的连续性，在选择切削用量时，要充分保证数控刀具能加工完一个零件。

② 数控机床加工时，背吃刀量 a_p 的选择比通用机床要小一些。

7. 对刀点与换刀点的选择

（1）对刀点（起刀点）

对刀是确定工件坐标系与机床坐标系的相互位置关系。每个坐标方向都要分别进行对刀，它可理解为通过找正刀具与一个在工件坐标系中有确定位置的点（对刀点）来实现。对刀点确定后，即确定了机床坐标系和零件坐标系之间的相互位置关系。

选择对刀点的原则：便于用数学处理和简化编程，便于确定工件坐标系与机床坐标系的相互位置，容易找正，加工过程中便于检查，引起的加工误差小。

对刀点可以设在工件、夹具或机床上，但必须与工件的定位基准（相当于与工件坐标系）有已知的准确关系，这样才能确定工件坐标系与机床坐标系的关系，当对刀精度要求较高时，对刀点应尽量选在零件的设计基准或工艺基准上。

对刀时直接或间接地使对刀点与刀位点重合。刀位点是指编制数控加工程序时用以确定刀具位置的基准点，不同的刀具，刀位点不同。对于平头立铣刀、端面铣刀类刀具，刀位点一般取刀具底端面的中心点；对球头铣刀，刀位点为球心；对于车刀、镗刀类刀具，刀位点为刀尖；钻头则取为钻尖等，如图 3-41 所示。

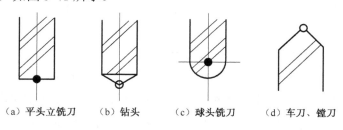

（a）平头立铣刀　（b）钻头　（c）球头铣刀　（d）车刀、镗刀

图 3-41　刀位点

（2）换刀点

换刀点是指刀架转位换刀时的位置。对数控车床、镗铣床、加工中心等多刀加工数控机床，在加工过程中需要进行换刀，为了防止换刀时刀具碰伤工件及其他部件，故编程时应考虑不同工序之间的换刀位置（换刀点）。换刀点有两种。

① 换刀点是某一固定点，如加工中心机床，其换刀机械手的位置是固定的。

② 换刀点可以是任意点，如车床，换刀点应设在工件或夹具的外部，以刀架转位时不碰工件及其他部件为准。换刀点的设定值可用实际测量方法或计算确定，换刀点必须设在零件的外部。

8．零件图形的数学处理及编程尺寸确定

（1）基点坐标计算

构成零件不同几何要素的交点或切点称为基点。对于由直线、圆弧组成的平面轮廓零件，它的数值计算主要是基点的计算。基点坐标的计算一般比较简单，可根据零件图样给定的尺寸，运用代数、几何、三角、解析几何的有关知识，直接计算出数值。

（2）数控编程中非圆曲线的数学处理

非圆曲线包括圆以外的各种可以用方程描述的圆锥二次曲线（如抛物线、椭圆、双曲线）、阿基米德螺旋线、对数螺旋线及各种方程、极坐标方程所描述的平面曲线与列表曲线等。数控在加工上述各种曲线平面轮廓时，一般都不能直接进行编程，而必须经过数学处理以后，以直线—圆弧逼近的方法来实现。但这一工作一般都比较复杂，手工编程用变量编程（FANUC 数控系统用用户宏程序编程，西门子数控系统用 R 参数编程），最好是采用计算机自动编程来实现加工程序的编制。

处理用数学方程描述的平面非圆曲线轮廓图形，常采用互相连接的弦线逼近和圆弧逼近方法。

1）弦线逼近法

一般来说，由于弦线逼近法的插补点均在曲线轮廓上，容易计算，编程也简便一些，所以，常用弦线法逼近非圆曲线，其缺点是插补误差较大，但只要处理得当还是可以满足加工需要的，关键在于插补段长度及插补误差控制。由于各种曲线上各点的曲率不同，如果要使各插补段长度均相等，则各段插补的误差大小不同。反之，如要使各段插补误差相同，则各段插补段长度不等。下面是常用的两种处理方法。

① 等插补段法　等插补段法是使每个插补段长度相等，因而插补误差不等。编程时必须使产生的最大插补误差小于允差的 1/3～1/2，以满足加工精度要求。一般都假设最大误差产生在曲线的曲率半径最小处，并沿曲线的法线方向计算。这一假设虽然不够严格，但数控加工实践表明，对大多数情况是适用的。

② 等插补误差法　等插补误差法是使各插补段的误差相等，并小于或等于允许的插补误差，这种确定插补段长度误差的方法称为等插补误差法。显然，按此法确定的各插补段长度是不等的，因此又称变步长法。这种方法的优点是插补段数目比上述的等插补段法少，这对于一些大型和形状复杂的非圆曲线零件有较大意义。对于曲率变化较大的曲线，用此法求得的节点数最少，但计算稍繁。

2）圆弧逼近法

曲线的圆弧逼近有曲率圆法、三点圆法和相切圆法等方法。三点圆法是通过已知的三个节点求圆，并作为一个圆程序段。相切圆法是通过已知的四个节点分别作为两个相切的圆，编出两个圆弧程序段。这两种方法都必须先用直线逼近方法求出各节点，再求出各圆，计算较烦琐。

上面讲述的几种逼近计算中，只是计算了曲线轮廓的逼近线段或逼近圆弧段，还需要应用等距线或等距圆的数学方法计算刀具中心节点坐标，作为编程数据。

（3）数控编程中列表曲线的数学处理

在实际生产中，许多零件的轮廓形状是由试验方法来确定的，如飞机的机翼，它的形状是由风洞试验得到的。这种以列表坐标点来确定轮廓形状的零件称为列表曲线（或曲面）零件，所确定的曲线（或曲面）称为列表曲线（或曲面）。它的特点是列表曲线上各坐标点之间没有严格一定的连接规律，而在加工中则往往要求曲线能平滑地通过各坐标点，并规定了加工精度。

计算机在对列表曲线进行数学处理时通常要经过插值、拟合和光顺三个步骤。

① 插值　在许多场合下，产品或工件的轮廓形状往往很难找到一个具体的数学表达式把它们描述出来，通常只能通过试验或数学计算得到一系列互不相同的离散点 x_i（i=0，1，2，…，n）上的函数值 $f(x_i)$=y_i=（i=0，1，2，…，n），即得到一张画 x_i 与 y_i 对应的数据表。通常把这种用数据表格形式给出的函数 y=$f(x)$ 称为列表函数。由于受某些条件的限制，试验观测得到的离散点常常满足不了实际加工的需要，这时就必须在所给函数表中再插入一些所需要的中间值，这就是通常所说的"插值"。

插值的基本思路是先设法对列表函数 $f(x)$ 构造一个简单函数 $p(x)$ 作为近似表达式，然后再计算 $p(x)$ 的值来得到 $f(x)$ 的近似值。几种常见的插值方法有拉格朗日插值法、牛顿插值法和样条插值法等。

② 拟合　拟合也称逼近，在实际工程中，因试验数据常带有测试误差，上述插值方法均要求所得曲线通过所有的型值点，反而会使曲线保留着一切测试误差，特别是当个别误差较大时，会使插值效果显得很不理想。因此，在解决实际问题时，可以考虑放弃拟合曲线通过所有型值点的这一要求，而采用其他的方法构造近似曲线，只要求它尽可能反映出所给数据的走势即可。如常用拟合方法之一的最小二乘法，就是寻求将拟合误差的平方和达到最小值（最优近似解）来对曲线进行近似拟合的。上面提到的插值、拟合过程等，在数控加工的编程工作中，一般均称为第一次逼近（或称第一次数学描述），由于受数控机床控制功能的限制，第一次逼近所取得的结果一般都不能直接用于编程，而必须取得逼近列表曲线的直线或圆弧数据，这一拟合过程在编程中称为第二次逼近（或称第二次数学描述）。

目前，常用的拟合方法有圆弧样条拟合列表曲线和双圆弧样条拟合列表曲线两种方法。

③ 光顺　为了降低在流体中运动物体（如飞机、船舶、汽车等）的运动阻力，其轮廓外形不但要求做得更流线一些，而且要求美观，看上去舒服顺眼，因此就构成了"光顺"的概念。可见，光顺实际上是个工程上的概念，因光顺要求光滑，但光滑并不等于光顺，所以，不能与数学上的"光滑"概念等同。

光顺的条件包括两个方面的要求：一是光滑，至少一阶导数连续；二是曲线走势，其凹凸应符合设计目的。但大量实践表明，仅满足上述两个必要条件，尚不能获得满意结果，故还应增加光顺的充分条件，即曲线的曲率大小变化要均匀。光顺问题是计算机辅助设计与制造（CAD/CAM）提出的专门课题，也是一个非常复杂、难度较大的问题。目前，对曲线与曲面的光顺方法很多，在数控加工实践中常用的是局部回弹法。

（4）数控编程中曲面的数学处理

对数控铣削工艺来说，最重要的是采用什么方法把已经设计出来的曲面加工出来，而不是研究用什么方法来构造曲面（空间曲面构造理论）。通常，提供给工艺的曲面数学模型有两种：一种是数学方程表达式，以二次圆锥曲线旋转而成的曲面（如椭球面、抛物面及双曲面等）为多见；另一种是经过计算机处理过的点阵或直接从数据库中调出的数据点阵，以网格点阵为多见，同时给出每个点的三维坐标值。

① 等距曲面的计算　由于数控铣削曲面时，往往要求提供出球头铣刀的中心运动轨迹，有时又由于零件的内外形（如成型模具的凹、凸模）也存在着一个料厚问题，因此，仅有曲面数据还是解决不了加工问题，常常需要在提供的原曲面数据的情况下，再建立起供编程加工用的等距曲面。

② 确定行距与步长　由于空间曲面一般都采用行切法加工，故无论采用三坐标还是两坐

标联动铣削，都必须计算或确定行距和步长。

9．填写数控加工工艺文件

因数控加工只是整个机械加工过程中的一部分，填写数控加工工艺文件包括填写机械加工工艺卡片中的一部分内容、数控加工工序卡片、数控刀具卡片、数控加工走刀路线图等。

（1）机械加工工艺卡片

这里的机械加工工艺卡片与普通机床加工的机械加工工艺卡片相同，只是包含有数控加工的内容。

（2）数控加工工序卡片

数控加工工序卡片是编制数控加工程序的主要依据和操作人员配合数控程序进行数控加工的主要指导性文件。数控加工工序卡片与普通加工工序卡片有许多相似之处，主要包括工步顺序、工步内容、各工步所用刀具及切削用量等。不同的是在工序简图中应注明工件坐标系的原点与对刀点，进行简要编程说明，如所用机床型号、程序编号、刀具半径补偿以及切削参数（程序中的主轴转速、进给速度、最大背吃刀量或宽度等）的选择。数控加工工序卡片见表 3-11。

表 3-11　数控加工工序卡片

单位名称		数控加工工序卡片	产品名称	零件名称	零件图号
工序简图			车间	使用设备	
			工序号	程序编号	
			夹具名称	夹具编号	
			备注		

工步	工步内容	程序编号	刀具号	刀具类型	主轴转速/$(r \cdot min^{-1})$	进给量/$(mm \cdot r^{-1})$	背吃刀量/mm

编制	审核	批准	年　月　日	共　页	第　页

（3）数控加工刀具卡片

数控刀具卡片是组装刀具和调整刀具的依据。内容包括刀具编号、刀具名称、刀柄型号，它是组装刀具和调整刀具的依据，见表3-12。

表3-12 数控加工刀具卡片

产品名称或代号			零件名称		零件号	
序号	刀具号	刀具规格名称	数量	加工表面	备注	
编制		审核	批准		共 页	第 页

（4）数控加工走刀路线图

在数控加工中，进给路线（走刀路线）主要反映加工过程中刀具的运动轨迹，一方面是方便编程人员编程；另一方面是为防止刀具在运动过程中与夹具或工件发生意外碰撞，帮助操作者了解关于编程中的刀具运动路线（如从哪里下刀、在哪里抬刀、哪里是斜下刀等）。为简化走刀路线图，一般可采用统一约定的符号来表示，不同的机床可以采用不同的图例与格式。

目前，数控加工工序卡片、数控加工刀具卡片及数控加工进给路线图还没有统一的标准格式，都是由各个单位结合具体情况自行确定。

思考题 3

3.1 什么是生产过程、机械加工工艺过程和机械加工工艺规程？

3.2 什么是工序，划分工序的主要依据是什么？

3.3 什么是生产纲领？通常生产类型可以分成哪三类？有何特点？

3.4 制定机械加工工艺规程的步骤有哪些？

3.5 毛坯的种类有哪些？各适用于什么场合？

3.6 什么是基准？基准是如何分类的？

3.7 什么是粗基准和精基准？试述它们的选择原则有哪些？

3.8 如何划分加工阶段？划分加工阶段的原因是什么？

3.9 机械加工工序安排的原则是什么？试举例说明。

3.10 什么是工艺尺寸链？工艺尺寸链如何建立？

3.11 应从哪些方面入手对零件图进行审查？

3.12 数控加工安排加工顺序的原则是什么？

3.13　数控加工确定走刀路线的原则是什么？

3.14　试选择图 3-42 所示端盖零件加工时的粗基准。

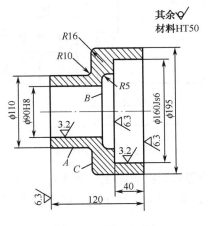

图 3-42　题 3.14 图

3.15　图 3-43 所示为一支架零件。已知 A，B，C 面，ϕ10H7 孔均已加工，试分析加工 ϕ12mm 孔时，用哪些表面定位最合理？为什么？

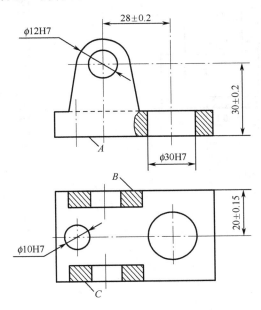

图 3-43　题 3.15 图

3.16　如图 3-44 所示的零件，其加工过程如下：

工序 1：铣底平面；

工序 2：铣 K 面；

工序 3：钻、扩、铰 ϕ20H8 孔，保证尺寸（125±0.1）mm；

工序 4：加工 M 面，保证尺寸（165±0.3）mm。

试求以 K 面定位加工 ϕ16H7 孔的工序尺寸，并分析 K 面定位的优缺点。

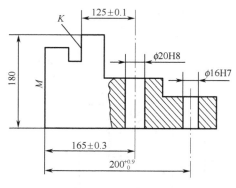

图 3-44　题 3.16 图

3.17　图 3-45 所示为一轴套零件，在车床上已加工好外圆、内孔及各面，现需要铣床上铣出右端槽，并保证尺寸 $5_{-0.06}^{0}$ mm 及（26±0.2）mm，试求刀具调整的度量尺寸 H、A 及上、下偏差。

3.18　如图 3-46 所示，零件在加工时，图纸设计要求保证尺寸（6±0.1）mm，但是这一尺寸不便直接测量，只好通过测量尺寸 L 来间接保证，试求工序尺寸 $L^{\delta L}$。

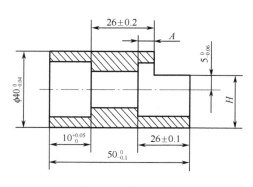

图 3-45　题 3.17 图

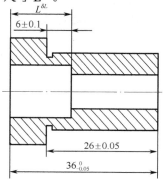

图 3-46　题 3.18 图

Chapter 4

第4章

数控车削加工工艺

4.1 数控车削的主要加工对象

数控车削是数控加工中用得最多的加工方法之一。由于数控车床具有加工高精度、高效率、高柔性化、能作直线和圆弧插补及在加工过程中能自动变速的特点，因此，其工艺范围较普通机床宽得多，凡是能在普通车床上装夹的回转体零件都能在数控车床上加工。根据数控车床的特点，适合数控车削的主要加工对象有以下几类。

1. 轮廓形状特别复杂或难于控制尺寸的回转体零件

因车床数控装置都具有直线和圆弧插补功能，还有部分车床数控装置具有某些非圆曲线插补功能，故能车削由任意直线和平面曲线轮廓组成的形状复杂的回转体零件。如图 4-1 所示的壳体零件封闭内腔的成型面"口小肚大"，在普通车床上是无法加工的，而在数控车床上则很容易加工出来。

组成零件轮廓的曲线可以是数学方程式描述的曲线，也可以是列表曲线。

对于由直线或圆弧组成的轮廓，直接利用机床的直线或圆弧插补功能。对于由非圆曲线组成的轮廓，可以用非圆曲线插补功能；若所选机床没有非圆曲线插补功能，则应先用直线或圆弧去逼近，然后再用直线或圆弧插补功能进行插补切削。

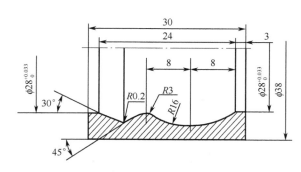

图 4-1　壳体零件封闭内腔

2．带螺纹的回转体零件

加工螺纹时，数控车床主轴回转与刀架进给可实现多种功能同步，主轴转向不必像普通车床那样正反向交替变换，刀具只需按确定的轨迹不停地循环加工，直到完成即可，因此车螺纹的效率很高。

普通车床只能车削等导程的圆柱或端面米制、英制螺纹，并且一种车床只能加工若干种导程，而数控车床不但能加工等螺距的圆柱、圆锥和端面螺纹，而且能加工各种非标准螺距或变螺距等特殊螺旋类零件。

数控车床具有高精密螺纹切削功能，再加上一般采用硬质合金成形刀具以及可以使用较高的转速，所以车削出来的螺纹精度高，表面粗糙度值小。

3．高精度的回转体零件

零件的精度要求主要指尺寸、形状、位置等精度要求。例如，尺寸精度高达 0.001mm 或更小的零件，圆柱度要求高的圆柱体零件，素线直线度、圆度和倾斜度均要求高的圆锥体零件，以及通过恒线速度切削功能，加工表面精度要求高的各种变径表面类零件等。

由于数控车床的刚性好，制造和对刀精度高，以及能方便和精确地进行人工补偿，甚至自动补偿，所以它能够加工尺寸精度要求高的零件。一般来说，车削 IT7 级尺寸精度的零件应该没什么困难，在有些场合可以以车代磨。

由于数控车削时刀具运动是通过高精度插补运算和伺服驱动来实现的，再加上机床的刚性好和制造精度高，所以，它能加工对素线直线度、圆度、圆柱度要求高的零件。对圆弧以及其他曲线轮廓的形状，加工出的形状与图样上的目标几何形状的接近程度，比仿形车床要好得多。车削曲线母线形状的零件常采用数控线切割加工，并用稍加修磨的样板来检查。数控车削出来的零件形状精度，不会比这种样板本身的形状精度差。

数控车削对提高位置精度特别有效，不少位置精度要求高的零件用传统的车床车削达不到要求，只能用磨削或其他方法弥补。车削零件位置精度的高低主要取决于零件的装夹次数和机床的制造精度，在数控车床上加工，如果发现要求位置精度较高，可以用修改程序内数据的方法来校正，这样可以提高其位置精度，而在传统车床上加工是无法进行这种校正的。

4．表面粗糙度要求高的回转体零件

数控车床具有恒线速度切削功能，能加工出表面粗糙度值小而均匀的零件，因为在材质、精车余量和刀具已定的情况下，表面粗糙度取决于进给量和切削速度。在普通车床上切削锥面、球面和端面时，切削速度变化致使车削后的表面粗糙度不一致。使用数控车床的恒线速度切削功能，就可选用最佳线速度来切削锥面、球面和端面等，使车削后的表面粗糙度值小而均匀。

4.2　数控车削加工常用刀具及选择

数控车削与传统的车削方法相比对刀具的要求更高，不仅要求精度高、刚度好、寿命长，而且要求尺寸稳定、安装调整方便。这就要求采用新型优质材料制造数控加工刀具，并优选刀具参数。

由于工件材料、生产批量、加工精度，以及机床类型、工艺方案均不同，车刀的种类也非常多。根据与刀体的连接固定方式的不同，车刀主要可分为焊接式与机械夹固式两大类。

1．焊接式车刀

将硬质合金刀片用焊接的方法固定在刀体上，为焊接式车刀。这种车刀的优点是结构简单、制造方便、刚性较好；通过刃磨可得到所需的车刀几何角度，因此使用较灵活。缺点是由于存在焊接应力和裂纹，使刀具材料的使用性能受到影响。刀杆不能重复利用，硬质合金刀片也不能充分利用，造成浪费。

根据工件加工表面以及用途不同，焊接式车刀又可分为切断车刀、外圆车刀、端面车刀、内孔车刀、螺纹车刀以及成型车刀等，如图 4-2 所示。

2．机夹可转位车刀

机夹可转位车刀是将刀片用夹紧元件固定在刀杆上的一种车刀。如图 4-3 所示，机械夹固式可转位车刀由刀杆、刀片、刀垫以及夹紧元件组成。刀片每边都有切削刃，当某切削刃磨损钝化后，只需要松开夹紧元件，将刀片转—个位置便可继续使用。机夹式车刀的优点是刀片不经高温焊接，可避免因高温焊接而引起的刀片硬度下降和产生裂纹等缺陷，并且刀柄可多次重复使用，刀片能充分利用，因而提高了刀具寿命。

刀片可分为带圆孔、带沉孔以及无孔三大类，形状有三角形、正方形、五边形、六边形、圆形及菱形等共 17 种。图 4-4 所示为几种常见的可转位车刀刀片形状与角度。

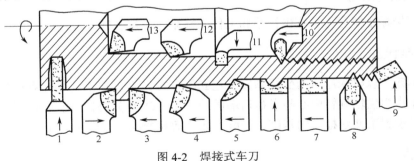

图 4-2　焊接式车刀

1—切断刀；2—左偏刀；3—右偏刀；4—弯头车刀；5—直头车刀 6—成型车刀；7—宽刃精车刀；8—外螺纹车刀；9—端面车刀；

10—内螺纹车刀；11—内槽车刀；12—通孔车刀；13—不通孔车刀

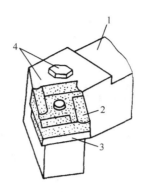

图 4-3　机械夹固式可转位车刀

1—刀杆；2—刀片；3—刀垫；4—夹紧元件

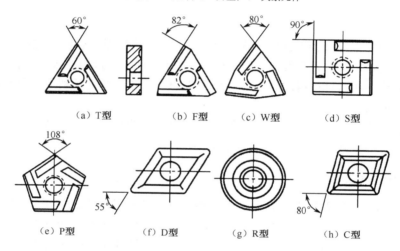

（a）T型　　　　（b）F型　　　　（c）W型　　　　（d）S型

（e）P型　　　　（f）D型　　　　（g）R型　　　　（h）C型

图 4-4　几种常见的可转位车刀刀片形状与角度

4.3　坐标系

数控车床坐标系统分为机床坐标系和工件坐标系（编程坐标系）。

1. 机床坐标系

在数控车床上以机床原点为坐标系原点建立起来的 X、Z 轴笛卡儿坐标系称为机床坐标系。车床的机床原点为主轴旋转中心与卡盘后端面的交点（O 点）。机床坐标系是制造和调整机床的基础，也是设置工件坐标系的基础，一般不允许随意变动，如图 4-5 所示。

2. 参考点

参考点是机床上的一个固定点，该点是刀具退离到一个固定不变的极限点（图 4-5 中点 O' 为参考点），其位置由机械挡块或行程开关确定。以参考点为原点，坐标方向与机床坐标方向相同而建立的坐标系称为参考坐标系，在实际使用中通常以参考坐标系计算坐标。

3．工件坐标系（编程坐标系）

数控编程时应该首先确定工件坐标系和工件原点。零件在设计中有设计基准，在加工过程中有工艺基准，同时应尽量将工艺基准与设计基准统一，该统一的基准点通常为工件原点。以工件原点为坐标原点建立起来的 X、Z 轴笛卡儿坐标系称为工件坐标系。如图 4-6 所示，在车床上工件原点可以选择在工件的右端面上（O' 点），即工件坐标系是将参考坐标系通过对刀平移得到的。

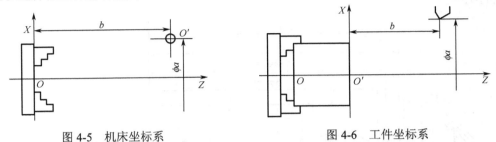

图 4-5　机床坐标系　　　　　　　　图 4-6　工件坐标系

4.4　数控车削加工工艺的制定

4.4.1　零件图工艺分析

1．零件图样分析

（1）构成零件轮廓的几何条件分析

1）分析零件图上几何条件是否充分

如果零件图上漏掉某尺寸，图线位置模糊、尺寸标注模糊不清及尺寸封闭缺陷，使其几何条件不充分，手工编程时，某些节点坐标无法计算，在自动编程时，构成零件轮廓的某些几何元素无法定义，无法编程。

2）分析零件图上给定的几何条件是否合理

如图 4-7（a）所示，图样上给定的几何条件自相矛盾，总长不等于各段长度之和，造成数学处理困难。

如图 4-7（b）所示，根据图示尺寸计算后，圆弧与斜线相交而并非相切。

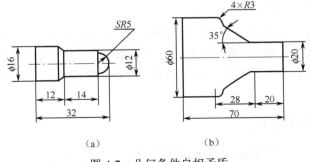

（a）　　　　　　　　　　（b）

图 4-7　几何条件自相矛盾

（2）零件图上尺寸标注方法分析

数控车床加工的编程原点一般在零件的右端面，如图 4-8 所示的 O 点，编程时以 O 点为基准进刀，所有尺寸都以 O 点为工艺基准。所以，数控车床加工的尺寸标注方法应适应数控车床加工的特点，应以同一基准标注尺寸或直接给出坐标尺寸。如图 4-8 所示，所有尺寸都以 O 点为设计基准标注，这种标注方法既便于编程，又有利于设计基准、工艺基准、测量基准和编程原点的统一。

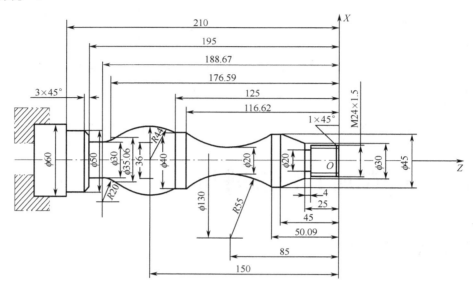

图 4-8　以同一基准标注尺寸

2．尺寸精度要求分析

分析尺寸精度要求，根据尺寸精度的要求，确定控制尺寸精度的数控工艺方法，确定车刀及切削用量，确定进给路线。分析本工序的数控车削精度能否达到图样要求，若达不到，需要采取其他措施（如磨削）弥补的话，则应给后续工序留有余量。

3．形状和位置精度的要求分析

分析形状和位置精度的要求，根据形状和位置精度的要求，确定控制形状和位置精度的数控工艺方法，有位置精度要求的表面应尽量在一次安装下完成。

4．表面粗糙度要求分析

分析表面粗糙度要求，根据表面粗糙度要求，选择合适的加工方法，合理划分加工阶段，确定合适的数控工艺方法。例如，数控车削加工时，加工各种变径表面类零件，随尺寸的变化，车削的线速度发生变化，表面粗糙度也发生改变，因此，表面粗糙度要求较高的表面，应确定用恒线速切削。

5．材料与热处理要求分析

零件图的材料型号与热处理要求是确定切削用量、工艺内容、刀具、数控车床的型号的依据。

6. 结构工艺性分析

零件的结构工艺性是指零件对加工方法的适应性，即所设计的零件结构应便于数控编程加工。在数控车床上加工零件时，应根据数控车削的特点，认真审视零件结构的合理性。如图 4-9（a）所示的零件，三个槽宽度不一样，增加了编程工作量，如无特殊需要，显然是不合理的。改成图 4-9（b）所示的结构，在结构分析时，若发现问题应向设计人员或有关部门提出修改意见。

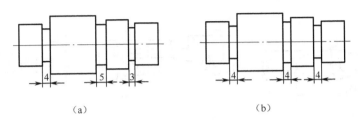

（a）　　　　　　　　　　　　　（b）

图 4-9　零件的结构工艺性

4.4.2　工序的划分

1. 数控车削加工工序的划分

对于需要多台不同的数控机床、多道工序才能完成加工的零件，工序划分自然以机床为单位来进行。而对于需要很少的数控机床就能加工完零件全部内容的情况，数控加工工序的划分一般可按下列方法进行。

（1）以工件一次安装所进行的加工作为一道工序

对于相互位置精度较高的表面安排在一次安装下完成，作为一道工序，以免多次安装所产生的安装误差影响位置精度。

图 4-10 所示的轴承内圈，其内孔对小端面的垂直度、滚道和挡边对内孔回转中心的角度差及滚道与内孔间的壁厚差均有严格的要求，精加工时可划分成两道工序，用两台数控车床来完成。第一道工序采用图 4-10（a）所示的以大端面和大外径装夹的方案，将滚道、挡边、小端面及内孔等安排在一次安装下车出，很容易保证上述的位置精度。第二道工序采用图 4-10（b）所示的以内孔和小端面装夹方案，车削大外圆和大端面。

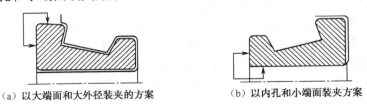

（a）以大端面和大外径装夹的方案　　　（b）以内孔和小端面装夹方案

图 4-10　轴承内圈加工装夹方案

（2）以粗、精加工划分工序

对于尺寸精度要求较高的表面，对毛坯余量较大的零件，应将粗车和精车分开，划分成两道或更多的工序。对于容易发生加工变形的零件，通常粗加工后需要进行矫形，这时粗加工和精加工作为两道工序。

对毛坯余量较大和加工精度要求较高的零件，应将粗车和精车分开，划分成两道或更多工序。一般将粗车安排在精度较低、功率较大的数控车床上，将精车安排在精度较高的数控车床上。如图4-10所示的轴承内圈就是按粗、精加工划分工序的。

下面以车削图4-11（a）所示的手柄零件为例，说明工序的划分及安装方式的选择。该零件加工所用的坯料为ϕ32mm棒料，批量生产，加工时用一台数控车床。工序的划分及装夹方式如下所述。

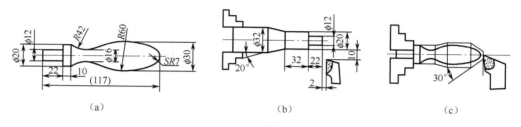

（a）   （b）   （c）

图4-11 手柄加工示意图

第一道工序：如图4-11（b）所示，夹棒料ϕ32mm外圆柱面，先车出ϕ12mm和ϕ20mm两圆柱面及圆锥面（粗车掉R42 mm圆弧的部分余量），换刀后按总长要求留下加工余量切断。

第二道工序：如图4-11（c）所示，用ϕ12mm外圆及ϕ20mm端面装夹，用循环车削余量的方法车削SR7mm球面、R60、R42的圆弧面（先分几刀循环粗车，最后将全部圆弧表面一刀精车成型）。

（3）以一个完整数控程序连续加工的内容为一道工序

对于有些能在一次安装中加工出很多待加工面的零件，因程序太长，导致机床连续工作时间太长，机床内存不足，增加出错率。因此，可以以一个完整数控程序连续加工的内容（一个加工表面的程序）为一道工序。

（4）以一把刀具加工的内容为一道工序

为了减少换刀次数，缩短空行程，对于加工内容较多的零件，按零件结构特点将加工内容组合分成若干部分，每一部分用一把典型刀具加工。这时可以将组合在一起的所有部位作为一道工序。

综上所述，在数控加工划分工序时，一定要根据零件的结构与工艺性、零件的批量、机床的功能、零件数控加工内容的多少、程序的大小、安装次数及本单位生产组织状况灵活掌握。

（5）数控车削加工工序与普通工序的衔接

数控车削加工仅是一道或几道数控加工工序，而不是指从毛坯到成品的整个工艺过程。因此，数控车削加工工序前后很多都穿插有普通的加工工序，如果衔接的不好，就会在加工中产生冲突和矛盾，此时应该建立相互状态要求。其目的就是使数控车削加工工序和普通加工工序都能够达到相互满足各自加工的需要，而且质量目标与技术要求明确。

2. 回转类零件非数控车削加工工序的安排

① 零件上有不适合数控车削加工的表面，如渐开线齿形、键槽、花键表面等，必须安排相应的非数控车削加工工序。

② 零件表面硬度及精度要求均高，热处理需安排在数控车削加工之后，则热处理之后一

般安排磨削加工。

③ 零件要求特殊，不能用数控车削加工完成全部加工要求，则必须安排其他非数控车削加工工序，如滚压加工、抛光等。

④ 零件上有些表面根据工厂条件采用非数控车削加工更合理，这时可适当安排这些非数控车削加工工序，如铣端面打中心孔等。

3．工步的划分

工步的划分主要从加工精度和生产率两个方面来考虑。在一个工序内往往需要采用不同的切削刀具和切削用量对不同的表面进行加工。为了便于分析和描述复杂的零件，在工序内又细分为工步。工步划分的原则如下。

① 如果各表面尺寸精度要求较高，同一表面按粗加工、半精加工、精加工依次完成；如果表面相互位置精度要求较高，全部加工表面按先粗加工工步后精加工工步分开进行。

② 按加工部位划分工步，可以以完成相同表面的加工过程为一个工步；如果完成相同表面的加工过程由粗加工、精加工依次完成，也可以将此过程划分为二个工步。

③ 按使用刀具来划分工步，某些机床工作台的回转时间比换刀时间短，可以采用按使用刀具划分工步，以减少换刀次数，提高加工效率。

4．加工顺序安排的一般原则

（1）基面先行

用做精基准的表面应先行加工出来，这是因为用做定位的基准越精确，装夹误差就越小。即前道工序的加工能够为后面的工序提供精加工基准和合适的装夹表面。制定零件的整个工艺路线实质上就是从最后一道工序开始从后往前推，按照前道工序为后道工序提供基准的原则来进行安排的。

例如，轴类工件加工时，总是先车端面，再打中心孔，再以中心孔定位加工外圆。

（2）先粗后精

如果各表面尺寸精度要求较高，对同一表面进行粗车→半精车→精车的顺序加工，同一表面加工结束后，再对其他表面进行粗车→半精车→精车的顺序加工。

如果表面相互位置精度要求较高，先对各表面进行粗车，全部粗加工结束后再对各表面进行半精车，最后对各表面进行精车，逐步提高加工精度。此工步顺序安排的原则要求：粗车在较短的时间内将工件各表面上的大部分加工余量（图 4-12 中的双点画线内所示部分）切掉，精车留有足够均匀精加工余量，最后一刀连续精车完成至尺寸要求。这样有利于保证零件的加工精度，适用于精度要求高的场合，但可能增加换刀的次数和加工路线的长度。

（3）先近后远

这里的远与近，是指工件的加工部位相对于工件的右端面和程序的起点而言的。

在一般情况下，离程序的起点近的部位先加工，离程序的起点远的部位后加工，以便缩短刀具移动距离，减少空行程时间。

例如，当加工图 4-13 所示的零件时，如果按 $\phi38$rnm、$\phi36$mm、$\phi34$mm 的次序安排车削，不仅会增加刀具返回对刀点所需的空行程时间，而且一开始就削弱了工件的刚性，还可能使台阶的外直角处产生毛刺。对这类直径相差不大的台阶轴，当第一刀背吃刀量（图 4-13 中最大背吃刀量为 3mm 左右）未超限时，宜按 $\phi34$mm、$\phi36$mm、$\phi38$mm 的次序先近后远地车削。

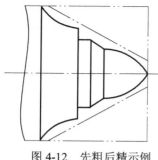

图 4-12　先粗后精示例

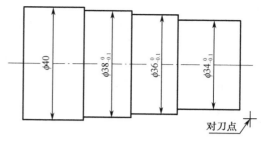

图 4-13　先近后远示例

（4）先内后外

对既有内表面（内型腔）又有外表面需要加工的零件，安排加工顺序时，通常应先进行内外表面粗加工，后进行内外表面精加工。

（5）连接进行

以相同定位、夹紧方式安装的工序，应该连接进行，以便减少重复定位次数和夹紧次数。

（6）综合考虑合理安排加工顺序

加工中间穿插有通用机床加工工序的零件加工，要综合考虑合理安排加工顺序。

4.4.3　进给路线的确定

进给路线一般指刀具从程序的起点开始运动，直至返回该点并结束加工，程序所经过的路径，包括切削加工的路径以及刀具切入、切出等非切削空行程。

1. 进给路线的确定

确定进给路线的工作重点，主要在于确定粗加工及空行程的进给路线，因精加工切削过程的进给路线基本上都是沿其零件轮廓顺序进行的。

在保证加工质量的前提下，使加工程序具有最短的进给路线，不仅可以节省整个加工过程的执行时间，还能减少一些不必要的刀具消耗及机床进给机构滑动部件的磨损等。实现最短的进给路线，除了依靠大量的实践经验外，还应善于分析，必要时可输以一些简单计算。

数控系统提供了不同形式的固定循环功能指令，以简化编程，固定循环指令分单一形状固定循环指令和复合形状固定循环指令，这些循环指令可以适应不同结构形状的零件。

（1）粗加工进给路线

1）单一形状固定循环进给路线的确定

图 4-14（a）所示为利用数控系统具有的单一形状固定循环指令而安排的"矩形"循环进给路线；图 4-14（b）所示为利用数控系统具有的单一形状固定循环指令安排的"锥形"循环进给路线。为使粗加工余量不至过大，可分几次使用单一形状固定循环指令。

2）复合形状固定循环进给路线的确定

① 带有圆锥面的复杂轴类零件　用单一形状固定循环指令加工带有圆锥面的工件时，计算节点坐标会增加工作量，程序段过长并且编程烦琐。复杂轴类零件如图 4-15 所示，可采用外圆粗车固定循环指令 G71 加精车循环指令 G70 编程加工。采用指令 G71 加工时，进给路线：平行与 Z 轴的多次循环切削→粗加工→精加工。

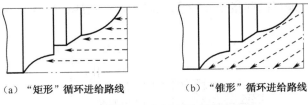

（a）"矩形"循环进给路线　　　　（b）"锥形"循环进给路线

图 4-14　单一形状固定循环进给路线

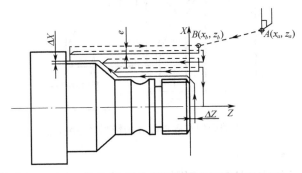

图 4-15　外圆粗车固定循环加精车循环编程加工

② 毛坯轮廓与零件轮廓形状基本接近的铸造或锻造毛坯　如图 4-16 所示，铸造或锻造毛坯零件采用封闭循环切削指令 G73 加精车循环指令 G70 编程加工，按照一定的切削形状逐渐地接近最终形状。对于不具备成型条件的工件，若采用封闭循环切削指令 G73 加工，会增加刀具在切削过程中的空行程。

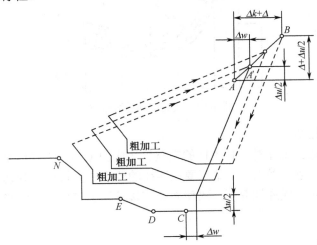

图 4-16　封闭循环切削加精车循环编程加工

③ 带圆弧形状的复杂轴类零件　带圆弧形状的轴类零件如果采用外圆粗车固定循环指令 G71 加精车循环指令 G70 编程加工，如图 4-15 所示，在粗加工时，圆弧部分不进行平行与 Z 轴的多次循环切削，而只有一刀粗车，如果圆弧 R 值较小，会导致圆弧部分尺寸精度和表面粗糙度值低。因此，零件其他部分采用外圆粗车固定循环指令 G71 加精车循环指令 G70 编程加工，圆弧部分可采用封闭循环切削指令 G73 加精车循环指令 G70 编程加工。

④ 带有圆锥面的盘类零件　可采用端面粗车固定循环指令 G72 加精车循环指令 G70 编程

加工。如图 4-17 所示，采用循环指令 G72 加工时，进给路线：平行与 X 轴的多次循环切削→粗加工→精加工。

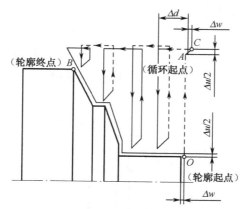

图 4-17　端面粗车固定循环加精车循环编程加工

3）双同切削进给路线

利用数控车床加工的特点，还可以使用横向和径向双向进刀。沿着零件毛坯轮廓进给的加工路线，如图 4-18 所示。

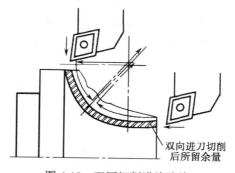

图 4-18　双同切削进给路线

（2）精加工进给路线

在安排进行的精加工工序时，其零件的完整轮廓应由最后一刀连续加工而成，这时，加工刀具的进、退刀位置要考虑妥当，尽量不要在连续的轮廓中安排切入和切出或换刀及停顿，以免因切削力突然变化而造成弹性变形，致使光滑连接轮廓上产生表面划伤、形状突变或滞留刀痕等缺陷。

2．确定退刀路线

（1）斜线退刀方式

斜线退刀方式是加工外圆的退刀方式，如图 4-19 所示。

（2）切槽刀退刀方式

切槽刀退刀方式在切槽完毕后刀具先径向退刀，退到指定位置，再斜线退刀，如图 4-20 所示。

（3）镗孔刀退刀方式

镗孔刀退刀方式是刀具先轴向退刀，退到指定位置，再斜线退刀，如图 4-21 所示。

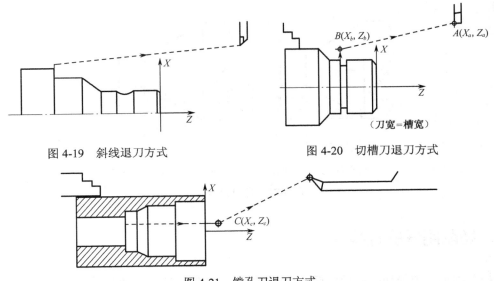

图 4-19　斜线退刀方式　　　　图 4-20　切槽刀退刀方式

（刀宽＝槽宽）

图 4-21　镗孔刀退刀方式

3．确定最短的空行程路线

最短空行程路线主要有以下几点。

（1）巧用起刀点

图 4-22（a）所示为采用矩形循环方式进行粗车的一般情况。其对刀点 A 的设定是考虑到加工过程中需方便地换刀，故设置在离坯件较远的位置处，同时将起刀点与其对刀点重合在一起，按三刀粗车的进给路线安排如下：

第一刀　$A \rightarrow B \rightarrow C \rightarrow D \rightarrow A$；

第二刀　$A \rightarrow E \rightarrow F \rightarrow G \rightarrow A$；

第三刀　$A \rightarrow H \rightarrow I \rightarrow J$。

图 4-22（b）则是恰巧将循环加工的起刀点与对刀点分离，并设于图示 B 点位置，仍按相同的切削量进行三刀粗车，其进给路线安排如下：

循环加工的起刀点与对刀点分离的空行程 $A \rightarrow B$；

第一刀　$B \rightarrow C \rightarrow D \rightarrow E \rightarrow B$；

第二刀　$B \rightarrow F \rightarrow G \rightarrow H \rightarrow B$；

第三刀　$B \rightarrow I \rightarrow J \rightarrow K \rightarrow B$。

显然，图 4-22（b）所示的进给路线短。该方法也可用在其他循环（如螺纹车削）切削加工中。

（2）合理安排"回零"路线

在手工编制较为复杂轮廓的加工程序时，为使其计算过程尽量简化，既不出错，又便于校核，编程者有时将每一刀加工完后的刀具终点通过执行"回零"（返回对刀点）指令，使其全都返回到对刀点位置，然后再执行后续程序。这样会增加进给路线的距离，从而降低生产率。因此，在合理安排"回零"路线时，应使其前一刀终点与后一刀起点间的距离尽量减短，或者为零，即可满足进给路线为最短的要求。另外，在选择返回对刀点指令时，在不发生加工干涉现象的前提下，宜尽量采用 X、Z 轴双向同时"回零"指令，该指令功能的"回零"路线将是最短的。

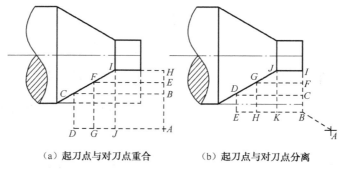

（a）起刀点与对刀点重合　　　（b）起刀点与对刀点分离

图 4-22　巧用起刀点

4.4.4　切削用量的选择

数控车削加工中的切削用量包括：背吃刀量 a_p、主轴转速 n 或切削速度 v_c（用于恒线速度切削）、进给速度 v_f 或进给量 f。对于不同的加工方法，需要选择不同的切削用量。这些参数均应在机床给定的允许范围内选取。

1. 切削用量的选用原则

车削用量 a_p、f、v_c 选择是否合理，对于能否充分发挥机床潜力与刀具切削性能，实现优质、高产、低成本和安全操作具有很重要的作用。车削用量的选择原则是粗车时，首先考虑选择尽可能大的背吃刀量 a_p，其次选择较大的进给量 f，最后确定一个合适的切削速度 v_c。增大背吃刀量 a_p 可使走刀次数减少，增大进给量 f 有利于断屑。

精车时，加工精度和表面粗糙度要求较高，加工余量不大且较均匀，因此，选择精车的切削用量时，应着重考虑如何保证加工质量，并在此基础上尽量提高生产率。因此，精车时应选用较小（但不能太小）的背吃刀量 a_p 和进给量 f，并选用性能高的刀具材料和合理的几何参数，以尽可能提高切削速度 v_c。表 4-1 是推荐的切削用量数据，供参考。

表 4-1　数控车削用量推荐表

工件材料	加工内容	背吃刀量 a_p /mm	切削速度 v_c / (m·min^{-1})	进给量 f / (mm·r^{-1})	刀具材料
碳素钢 σ_b>600 MPa	粗加工	5～7	60～80	0.2～0.4	YT 类
	粗加工	2～3	80～120	0.2～0.4	
	精加工	0.2～0.6	120～150	0.1～0.2	
	钻中心孔		500～800 (r·min^{-1})		W18Cr4V（高速钢）
	钻孔		～30	0.1～0.2	
	切断（宽度<5mm）		70～110	0.1～0.2	YT 类
铸铁 200HBS 以下	粗加工		50～70	0.2～0.4	YG 类
	精加工		70～100	0.1～0.2	
	切断（宽度<5mm）		50～70	0.1～0.2	

2．背吃刀量的确定

（1）光车时的背吃刀量

在机床、工件、刀具的刚度和机床功率许可的条件下，尽可能取大的背吃刀量，以减少走刀次数。当余量过大、工艺系统刚性不足时可分次切除余量，各次的余量按递减原则确定；当零件的精度要求较高时，应考虑半精加工，余量常取 0.6～2 mm，精加工余量常取 0.2～0.5mm。

（2）车削螺纹时背吃刀量

车削螺纹时，每次走刀的背吃刀量（进刀量）与走刀次数是两个重要的参数，通常可以采取下列两种方式以提高螺纹的车削质量。

1）递减进刀方式

递减进刀方式车削螺纹时，每一次走刀的进刀量是逐步减小的，这种走刀方式在现代 CNC 车床上普遍使用。

① 经验法　进刀量为

$$a_p = 0.65p$$

式中　a_p——螺纹全深（mm）；

　　　p——螺距（mm）。

根据经验将螺纹全深按递减原则分配到每一次走刀的进刀量。

例如，加工 M30×1.5 的外螺纹，螺纹直径的总余量 $2a_p = 1.3p = 1.3 \times 1.5 = 1.95\text{mm}$，直径进刀量分配如下：

第一刀进刀量为 0.6mm；

第二刀进刀量为 0.4mm；

第三刀进刀量为 0.3mm；

第四刀进刀量为 0.3mm；

第五刀进刀量为 0.2mm；

第六刀进刀量为 0.15mm。

② 查表法　表 4-2、表 4-3 给出了车削中等强度钢内、外螺纹单边进刀量的参考值，实际使用时应根据具体情况进行调整。出现崩刃时，应增加走刀次数，当刀具磨损加剧时，应减少走刀次数，加工高强度工件材料时，要增加走刀次数，同时减小第一次走刀的进刀量。

表 4-2　车削中等强度钢内螺纹的进刀量

走刀次序	螺距/mm												
	0.5	0.75	1.0	1.25	1.5	1.75	2.0	2.5	3.0	3.5	4.0	4.5	5.0
	进刀量/mm												
1	0.15	0.20	0.20	0.25	0.25	0.25	0.30	0.30	0.30	0.35	0.35	0.40	0.40
2	0.08	0.15	0.15	0.15	0.25	0.25	0.25	0.25	0.25	0.30	0.30	0.35	0.35
3	0.06	0.08	0.15	0.15	0.15	0.20	0.20	0.20	0.25	0.25	0.25	0.30	0.30
4	0.03	0.05	0.07	0.10	0.15	0.10	0.15	0.20	0.20	0.25	0.20	0.25	0.25
5			0.06	0.07	0.06	0.08	0.10	0.15	0.15	0.20	0.20	0.25	0.25

续表

走刀次序	螺距/mm												
	0.5	0.75	1.0	1.25	1.5	1.75	2.0	2.5	3.0	3.5	4.0	4.5	5.0
	进刀量/mm												
6				0.06	0.06	0.07	0.10	0.10	0.15	0.15	0.20	0.20	0.25
7						0.07	0.06	0.10	0.10	0.15	0.20	0.20	0.25
8						0.06	0.06	0.08	0.10	0.15	0.15	0.20	0.20
9								0.06	0.10	0.10	0.10	0.15	0.20
10								0.06	0.07	0.08	0.10	0.10	0.15
11									0.06	0.07	0.10	0.10	0.15
12									0.06	0.06	0.07	0.07	0.10
13											0.06	0.07	0.09
14											0.06	0.06	0.06

表 4-3 车削中等强度钢外螺纹的进刀量

走刀次序	螺距/mm												
	0.5	0.75	1.0	1.25	1.5	1.75	2.0	2.5	3.0	3.5	4.0	4.5	5.0
	进刀量/mm												
1	0.15	0.20	0.20	0.25	0.25	0.25	0.30	0.30	0.35	0.35	0.35	0.40	0.40
2	0.10	0.15	0.17	0.20	0.25	0.25	0.25	0.30	0.30	0.30	0.35	0.35	0.40
3	0.06	0.10	0.15	0.12	0.20	0.20	0.20	0.25	0.25	0.25	0.30	0.35	0.35
4	0.03	0.05	0.10	0.10	0.12	0.10	0.15	0.20	0.20	0.25	0.25	0.30	0.30
5			0.06	0.10	0.10	0.10	0.15	0.15	0.15	0.20	0.20	0.25	0.25
6			0.06		0.06	0.10	0.10	0.10	0.15	0.20	0.20	0.20	0.25
7						0.06	0.07	0.10	0.10	0.20	0.20	0.20	0.25
8						0.06	0.06	0.07	0.10	0.15	0.15	0.20	0.20
9								0.06	0.10	0.10	0.10	0.15	0.20
10								0.06	0.07	0.08	0.10	0.10	0.15
11									0.06	0.07	0.10	0.10	0.15
12									0.06	0.07	0.08	0.10	0.10
13											0.07	0.10	0.10
14											0.07	0.07	0.06

2）稳定进刀方式

稳定进刀方式车削螺纹时，每一次走刀的进刀量相等。采用这种进刀方式车削螺纹时，可以得到良好的切屑控制和较高的刀具寿命，适用于新机床。进刀量应不小于 0.08mm，一般为 0.12～0.18mm。

注意：按照上述方法确定的切削用量进行加工，工件表面的加工质量未必十分理想。因此，切削用量的具体数值还应根据机床性能、相关的手册并结合实际经验用模拟方法确定，使主轴转速、进刀量及进给速度三者能相互适应，以形成最佳切削用量。

3. 进给速度 v_f 或进给量 f 的确定

进给速度是指在单位时间内，刀具沿进给方向移动的距离 v_f（mm/min）。进给速度 v_f 包括纵向进给速度和横向进给速度。有些数控车床规定可以选用进给量 f（mm/r）表示进给速度。

（1）光车时的进给速度 v_f 或进给量 f

1）进给速度的确定原则

① 当工件的质量要求能够得到保证时，可选择较高的进给速度，一般为 100～200mm/min。

② 当切断、车削深孔或精车时，宜选择较低的进给速度，一般为 20～50mm/min；

③ 当用高速钢刀具车削时，宜选择较低的进给速度，一般为 20～50mm/min；

④ 当加工精度、表面粗糙度要求较高时，选择较低的进给速度，一般为 20～50mm/min；

⑤ 当刀具空行程时，可以设定尽量高的进给速度；

⑥ 进给速度应与进刀量和主轴转速相适应。

2）进给量 f 的确定

① 经验法　粗车时一般取为 0.3～0.8mm/r，精车时常取 0.1～0.3mm/r，切断时常取 0.03～0.06mm/r。

② 查表法　表 4-4、表 4-5 分别为硬质合金车刀粗车外圆及端面时的进给量参考值、按表面粗糙度选择进给量的参考值，供参考选用。

3）进给速度的计算

选取每转进给量 f 后，然后计算进给速度为

$$v_f = nf \tag{4-1}$$

式中　v_f——进给速度（mm/min）；

　　　f——进给量（mm/r）；

　　　n——主轴转速（r/min）。

4）合成进给速度的计算

合成进给速度是指刀具作合成(斜线及圆弧插补等)运动时的进给速度，如加工斜线及圆弧等轮廓零件时，这时刀具的进给速度由纵、横两个坐标轴同时运动的速度决定，即

$$v_{fh} = \sqrt{v_{fX}^2 + v_{fZ}^2} \tag{4-2}$$

表4-4　硬质合金车刀粗车外圆及端面时的进给量

加工工件材料	车刀刀杆尺寸 $B×H$/mm	工件直径 /mm	背吃刀量 a_p/mm				
			≤3	>3～5	>5～8	>8～12	12以上
			进给量 f/（mm/r）				
碳素结构钢与合金结构钢	16×25	20	0.3～0.4	—	—	—	—
		40	0.4～0.5	0.3～0.4	—	—	—
		60	0.5～0.7	0.4～0.6	0.3～0.5	—	—
		100	0.6～0.9	0.5～0.7	0.5～0.6	0.4～0.5	—
		400	0.8～1.2	0.7～1.0	0.6～0.8	0.5～0.6	
	20×30 25×25	20	0.3～0.4	—	—	—	—
		40	0.4～0.5	0.2～0.4	—	—	—
		60	0.6～0.7	0.5～0.7	0.4～0.6	—	—
		100	0.8～1.0	0.7～0.9	0.5～0.7	0.4～0.7	—
		400	1.2～1.4	1.0～1.2	0.8～1.0	0.6～0.9	0.4～0.6
铸铁及铜合金	16×25	40	1.2～1.4	1.0～1.2	0.8～1.0	0.5～0.6	0.5～0.6
		60	0.6～0.8	0.5～0.8	0.4～0.6	—	—
		100	0.8～1.2	0.7～1.0	0.6～0.8	0.5～0.7	—
		400	1.0～1.4	1.0～1.2	0.8～1.0	0.6～0.8	
	20×30 25×25	40	0.4～0.5		0.4～0.7		
		60	0.6～0.9	0.8～1.2	0.7～1.0	0.5～0.8	
		100	0.9～1.3				
		600	0.8～1.2	1.2～1.6	1.0～1.3	0.9～1.1	0.7～0.9

注：1. 加工断续表面及有冲击时，表内的数值乘以系数0.8。

2. 加工耐热钢及合金时，不采用大于1.0mm/r的进给量。

3. 加工淬火钢时，当工件硬度为44～56HRC时，表内进给量的值乘以0.8；当工件硬度为57～62HRC时，表内进给量的值乘以0.5。

表4-5　按表面粗糙度选择进给量

工件材料	切削速度 v_c/（m/min）	表面粗糙度 Ra/μm	刀尖圆弧半径 r/mm		
			0.5	1.0	2.0
			进给量 f/（mm/r）		
铸铁、铝合金、青铜	不限	10～5	0.25～0.40	0.40～0.50	0.50～0.60
		5～2.5	0.15～0.20	0.25～0.40	0.40～0.60
		2.5～1.25	0.1～0.15	0.15～0.20	0.20～0.35
合金钢及碳钢	<50	10～5	0.30～0.50	0.45～0.60	0.55～0.70
	>50		0.40～0.55	0.55～0.65	0.65～0.70
	<50	5～2.5	0.18～0.25	0.25～0.30	0.30～0.40
	>50			0.30～0.35	0.35～0.50
	<50	2.5～1.25	0.10	0.11～0.15	0.15～0.22

工件材料	切削速度 v_c/（m/min）	表面粗糙度 Ra/μm	刀尖圆弧半径 r/mm		
			0.5	1.0	2.0
			进给量 f/（mm/r）		
合金钢及碳钢	50～100	2.5～1.25	0.11～0.16	0.16～0.25	0.25～0.35
	>100		0.16～0.20	0.20～0.25	0.25～0.35

（2）车螺纹时的进给量 f

螺纹加工程序段中指令的编程进给速度 v_f 是以进给量 f（车单线螺纹时为螺距，车双线螺纹时为导程）表示的。

4．主轴转速的确定

1）光车时主轴转速

在光车时，确定主轴转速时先选择切削速度，切削速度的确定原则如下：

① 按零件的材料选择允许的切削速度；

② 按粗、精加工选择切削速度；

③ 按刀具的材料选择允许的切削速度。当用高速钢刀具车削时，选择较低的切削速度；用硬质合金刀具车削时，选择较高的切削速度。

表 4-6 为硬质合金外圆车刀切削速度参考值。

确定切削速度后，根据零件上被加工部位的直径计算主轴转速。

表 4-6 　硬质合金外圆车刀切削速度参考值

工件材料	热处理状态	背吃刀量 a_p/mm		
		（0.3，2]	（2，6]	（6，10]
		进给量 f/（mm/r）		
		（0.08，0.3]	（0.3，0.6]	（0.6，1）
		切削速度 v_c/（m/min）		
低碳钢（易切钢）	热扎	140～180	100～120	70～90
中碳钢	热扎	130～160	90～110	60～80
	调质	100～130	70～90	50～70
合金结构钢	热扎	100～130	70～90	50～70
	调质	80～110	50～70	40～60
工具钢	退火	90～120	60～80	50～70
灰铸铁	<190HBW	90～120	60～80	50～70
	190～225HBW	80～110	50～70	80～60
高锰钢			10～20	
铜及铜合金		200～250	120～180	90～120
铝及铝合金		300～600	200～400	150～200
铸铝合金（w_{si}=13%）		100～180	80～150	60～100

主轴转速的计算公式为

$$n = \frac{1000v_c}{\pi d} \tag{4-3}$$

式中　v_c——切削速度（m/min）；

　　　d——工件切削部分最大直径（mm）；

　　　n——主轴转速（r/min）。

2）车螺纹时主轴转速

数控车床加工螺纹时，原则上其转速只要能保证主轴每转一周时，刀具沿主进给轴（多为 Z 轴）方向位移一个螺距即可，不应受到限制。但数控车螺纹时，会受到以下几方面的影响。

① 螺纹加工程序段中指令进给速度 F，相当于以进给量 f（mm/r）表示的进给速度，如果将机床的主轴转速选择过高，其换算后的进给速度（mm/min）必定大大超过正常值。

② 刀具在其位移过程的始/终，都将受到伺服驱动系统升/降频率和数控装置插补运算速度的约束，由于升/降频特性满足不了加工需要等原因，则可能因主进给运动产生出的超前和滞后而导致部分螺牙的螺距不符合要求。

③ 车削螺纹必须通过主轴的同步运行功能而实现，即车削螺纹需要有主轴脉冲发生器（编码器）。当其主轴转速选择过高时，通过编码器发出的定位脉冲（主轴每转一周时所发出的一个基准脉冲信号），将可能因"过冲"（特别是当编码器的质量不稳定时）而导致工件螺纹产生乱纹（俗称"烂牙"）。

因此在切削螺纹时，车床的主轴转速将受到螺纹的螺距（或导程）大小、驱动电动机的矩频特性及螺纹插补运算速度等多种因素影响，故对于不同的数控系统，推荐使用不同的主轴转速选择范围。如大多数经济型车床数控系统推荐车螺纹时的主轴转速为

$$n < \frac{1200}{p} - k \tag{4-4}$$

式中　p——被加工螺纹螺距（mm）；

　　　k——保险系数，一般为 80。

4.5　典型零件的数控车削加工工艺分析

4.5.1　轴类零件的数控车削加工工艺分析

如图 4-23 所示的轴类零件，零件批量生产，所用机床为 CKA6145 数控车床，其数控车削加工工艺分析如下。

1. 零件图工艺分析

零件材料为 45 钢，无热处理和硬度要求。该零件表面由圆柱、圆锥、顺圆弧、逆圆弧及双线螺纹等表面组成。其中多个直径尺寸有较严的尺寸精度和表面粗糙度等要求，尺寸标注完整，轮廓描述清楚。毛坯选 ϕ40mm 棒料。

用三爪卡盘夹住 ϕ40mm 外圆先加工右端，工件坐标系设在右端面回转轴心，其右端面和

外轮廓在数控车床上一次安装完成加工。在普通车床上再加工左端面。

对图样上给定的几个精度要求较高的尺寸，因其公差数值较小，故编程时不必取平均值，而全部取其基本尺寸即可。

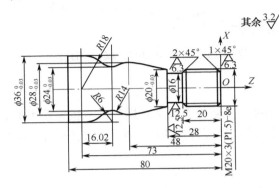

图 4-23 轴类零件

2．选择加工方法

（1）加工右端

在数控车床上，车右端面、外圆、锥面、$R14\text{mm}$、$R6\text{mm}$、$R18\text{mm}$ 三个圆弧、切槽、车螺纹，保证外圆各尺寸公差及长度尺寸精度。程序参照 O4000。

（2）在普通车床上，车左端面及倒角，保证总长 80mm。

3．确定工序及工序顺序

该零件加工工序分两个工序，加工右端和加工左端，工序 1 加工右端，工序 2 加工左端。

4．确定工步和工步顺序

（1）工序 1 加工右端

工序 1 在数控车床上的工步顺序按由粗到精、由近到远（由右到左）的原则确定。即先从右到左进行粗车（单边留 0.25mm 精车余量），然后从右到左进行精车，切槽，最后车削螺纹，切断。加工工步顺序如下：

车端面→粗车 $\phi20\text{mm}$ 外圆、锥面、$R14\text{mm}$、$R6\text{mm}$、$R18\text{mm}$ 三个圆弧、$\phi36\text{mm}$ 外圆→精车 $\phi20\text{mm}$ 外圆、锥面、$R14\text{mm}$、$R6\text{mm}$、$R18\text{mm}$ 三个圆弧、$\phi36\text{mm}$ 外圆→切槽→加工 M48×1.5 的螺纹→切断。

（2）工序 2 加工左端

在普通车床上加工左端面、倒角。

5．确定走刀路线

该零件的粗车循环和车螺纹循环不需要人为确定其进给路线。但精车的进给路线需要人为确定，该零件是从右到左沿零件表面轮廓进给。

精车 $\phi20\text{mm}$ 外圆、锥面、$R14\text{mm}$、$R6\text{mm}$、$R18\text{mm}$ 三个圆弧、$\phi36\text{mm}$ 外圆走刀路线如图 4-24 所示。走刀路线：$E \rightarrow F \rightarrow K \rightarrow A \rightarrow B \rightarrow C \rightarrow D \rightarrow H$。

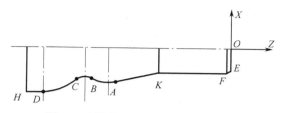

图 4-24　轴类零件加工右端走刀路线

6．确定装夹方案

确定坯件轴线为定位基准。在数控车床上，用三爪卡盘夹住 ϕ40mm 毛坯外圆，伸出大于 86mm。在普通车床上加工左端，把工件掉头用三爪卡盘夹住 ϕ36mm 外圆，垫铜皮加以保护。

7．刀具选择

① 粗精车外圆及平端面选用 93° 硬质合金右偏刀，为防止副后刀面与工件轮廓干涉（可用做图法检验），副偏角不宜太小，选 $\kappa_r' = 35°$。

② 为减少刀具数量和换刀次数，车螺纹选用硬质合金 60°外螺纹车刀，刀尖圆弧半径应小于轮廓最小圆角半径，取 $r_\varepsilon = 0.15 \sim 0.2$mm。

③ 用宽度小于 5mm 的高速钢切槽刀加工的沟槽。

将所选定的刀具参数填入表 4-7 数控加工刀具卡片中，以便于编程和操作管理。

表 4-7　数控加工刀具卡片

产品名称或代号				零件名称		零件图号		
序号	刀具号	刀具规格名称		数量	加工表面		备	注
1	T01	93° 硬质合金外圆车刀		1	车外圆			
2	T02	高速钢切槽刀		1	切槽、切断			
3	T03	60° 硬质合金螺纹车刀		1	车螺纹			
编制		审核		批准			共　页	第　页

8．切削用量选择

① 背吃刀量的选择，轮廓粗车循环时选 $a_p = 2$mm，精车 $a_p = 0.25$mm。

车螺纹时，螺纹深度的总余量：$1.3p = 1.3 \times 1.5 = 1.95$mm，粗车循环时 $2a_p$ 依次以 0.8mm、0.5mm、0.4mm 递减，精车 $2a_p = 0.25$mm。

② 主轴转速的选择车直线和圆弧时，查表 4-6 选粗车切削速度 $v_c = 80$m/min、精车切削速度 $v_c = 110$m/min，然后利用式（4-3）计算主轴转速粗车工件直径 $d = 40$mm，精车工件直径取平均值 $d = 28$mm，则

$$n = \frac{1000v_c}{\pi d} = \frac{1000 \times 80}{\pi \times 40} = 637(\text{r/min})$$

$$n = \frac{1000v_c}{\pi d} = \frac{1000 \times 110}{\pi \times 28} = 1251(\text{r/min})$$

取粗车 $n = 500$r/min、精车 $n = 1100$r/min。

车螺纹时，利用式 $n < \dfrac{1200}{p} - k$ 计算（$p=3, k=80$）主轴转速，取 $n=320\text{r/min}$。

③ 进给量的选择，查表 4-4 选择粗车、精车每转进给量分别为 0.2mm/r 和 0.05mm/r。车螺纹时，每转进给量为 3mm/r。

9．画图找基点坐标

如图 4-25 所示轴类零件加工右端走刀路线的基点，基点坐标见表 4-8。

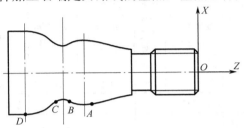

图 4-25　轴类零件加工右端走刀路线的基点

表 4-8　加工内轮廓主要基点坐标

基点	坐标（X, Z）	基点	坐标（X, Z）
A	（27.368，−45.042）	C	（26.806，−60.985）
B	（25.019，−54.286）	D	（36，−73）

10．数控加工工艺卡片拟定

将各工序内容、所用刀具和切削用量填入表 4-9 零件加工工艺卡片中。

表 4-9　零件机械加工工艺卡片

工厂		机械加工工艺卡片	产品型号		零（部）件型号		共　页
			产品名称		零（部）件名称		第　页

材料牌号	45	毛坯种类	圆钢	毛坯外形尺寸/mm	$\phi40$	每个毛坯件数		每台件数		备注

工序号	装夹	工步号	工序内容	同时加工零件数	背吃刀量/mm	切削速度/(m·min⁻¹)	每分钟转速或往复次数	进给量/(mm·r⁻¹)	设备名称及编号	夹具	刀具	量具	技术等级	单件	准终
1		1'	平右端面				500	0.2	数控车床	三爪卡盘	T01				
		2	粗车轮廓		2	63	500	0.2	数控车床	三爪卡盘	T01				
		3	精车轮廓		0.25	97	1100	0.05	数控车床	三爪卡盘	T01	千分尺			
		4	切槽				200	0.03	数控车床	三爪卡盘	T02	游标卡尺			
		5	车螺纹			20	320	3	数控车床	三爪卡盘	T03	螺纹千分尺			
		6	切断				200	0.03	数控车床	三爪卡盘	T02	游标卡尺			

续表

工厂			机械加工工艺卡片		产品型号			零（部）件型号				共 页
					产品名称			零（部）件名称				第 页
材料牌号	45		毛坯种类	圆钢		毛坯外形尺寸/mm	φ40		每个毛坯件数		每台件数	备注
工序号	装夹	工步号	工序内容	同时加工零件数	切削用量				工艺装备名称及编号			工时定额
					背吃刀量/mm	切削速度/(m·min⁻¹)	每分钟转速或往复次数	进给量/(mm·r⁻¹)	设备名称及编号	夹具	刀具	量具

工序号	装夹	工步号	工序内容	同时加工零件数	背吃刀量/mm	切削速度/(m·min⁻¹)	每分钟转速或往复次数	进给量/(mm·r⁻¹)	设备名称及编号	夹具	刀具	量具	技术等级	单件	准终
2			平左端面倒角				500	0.2	普通车床	三爪卡盘	T01	游标卡尺			

编制（日期）		审核（日期）			会签（日期）			
标记	处记	更改文件号	签字	日期	标记	处记	更改文件号	签字	日期

将各工步内容、所用刀具和切削用量填入表 4-10 平面槽形凸轮零件加工工序卡片中。

各工步内容、刀具类型及刀具切削参数见表 4-10。

表 4-10　零件数控加工工序卡片

单位名称	数控加工工序卡片	产品名称	零件名称	零件图号
工序简图		工序名称	工序号	
		数控铣削	1	
		车间	使用设备	
			数控车床	
		夹具名称	夹具编号	
		三爪卡盘		
		备注		

其余 3.2

工步	工步内容	程序编号	刀具号	刀具类型	主轴转速 / (r·min⁻¹)	进给量/ (mm·r⁻¹)	背吃刀 量/mm	备注
1	平端面		T01	硬质合金 93°外圆车刀	500	0.2		手动
2	粗车轮廓	O4000	T01	硬质合金 93°外圆车刀	500	0.2	2	自动
3	精车轮廓	O4000	T01	硬质合金 93°外 圆车刀	1100	0.05	0.25	自动
4	切槽	O4000	T02	高速钢切槽车刀	200	0.03		自动
5	车螺纹	O4000	T03	60°外螺纹车刀	320	3		自动
6	切断	O4000	T02	高速钢切槽车刀	200	0.03		自动

11．数控加工程序

零件数控加工程序程序见表 4-11。

表 4-11 零件数控加工程序

系统	FANUC 0i Mate		程序号	O0400
刀具			T1（外圆车刀）、T2（切断刀）、T3（螺纹刀）	
程序内容			说明	
O0400；			主程序	
N10 T0101；				
N20 S500 M03；				
N30 G00 X45 Z2；				
N40 G71 U2 R1.5；				
N50 G71 P60 Q140 U0．5 W 0 F0.2；				
N60 G00 X18；				
N70 G01 Z0；				
N80 X20 Z–1；				
N90 Z–28；			粗精车 ϕ20mm 外圆、锥面、R14mm、R6mm、R18mm	
N100 X27．368 Z–45.042；			三个圆弧、ϕ36mm 外圆	
N110 G03 X25．019 Z–54．286 R14；				
N120 G02 X26．806 Z–60．985 R6；				
N130 G03 X36 Z–73 R18；				
N140 G01 Z–85；				
N150 G70 P60 Q140 S1100 F0.05；				
N160 G00 X100 Z100；			刀具快速定位到工件坐标系（100，100）的地方	
N170 T0202；				
N180 S200 M03；				
N190 M08；			换 2 号刀(切槽刀，设刀头宽为 4mm)，主轴正转，切槽	
N200 G00 X22 Z–28；				
N210 G01 X16 F0.03；				

系统	FANUC 0i Mate	程序号	O0400	
刀具		T1（外圆车刀）、T2（切断刀）、T3（螺纹刀）		
程序内容			说明	
N220 G04 P1000；				
N230 G00 X22；				
N240 Z–24；				
N250 G01 X16 F0.03；			换 2 号刀(切槽刀，设刀头宽为 4mm)，主轴正转，切槽	
N260 G04 P1000；				
N270 G00 X22；				
N280 Z–21；				
N290 G01 X16 Z–24 F0.1；				
N300 G00 X100；				
N310 Z100；				
N320 T0303；				
N330 S320 M03；				
N340 G00 X22 Z3；				
N350 G92 X19. 2 Z–23 F3；				
N360 X18.7；				
N370 X18.3；				
N380 X18.05；			换 3 号刀（螺纹刀），主轴正转，车螺纹	
N390 G00 X22 Z4.5；				
N400 G92 X19.2 Z–24.5 F3；				
N410 X18.7；				
N420 X18.3；				
N430 X18.05；				
N440 G00 X100；				
N450 Z100；				
N460 T0202；				
N470 S200 M03；				
N480 G00 X38 Z–84；			换 2 号刀，主轴正转，切断	
N490 G01 X0 F0.03；				
N500 M09；				
N510 G28 U0 W0 T0200；				
N520 M05；				
N530 M30；				
%				

4.5.2 套类零件的数控车削加工工艺

以图 4-26 所示轴套类零件为例，所用机床为 CKA6150 数控车床，其数控车削加工工艺分析如下。

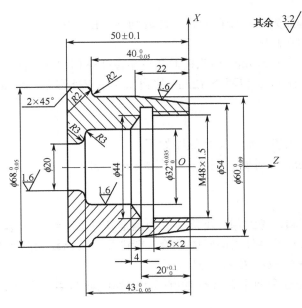

图 4-26 轴套类零件

1．零件图工艺分析

该零件表面由圆柱、内外圆锥、孔、内沟槽、顺圆弧和逆圆弧等表面组成。其中多个直径尺寸有较严的尺寸精度和表面粗糙度等要求。尺寸标注完整，轮廓描述清楚。零件材料为 45钢，无热处理和硬度要求。

毛坯选择 ϕ70mm 棒料。量具有游标卡尺、深度尺、千分尺、内径百分表等。

2．选择加工方法

（1）加工右端

在数控车床上，先加工右端，工件坐标系设在右端面回转轴心。

用三爪卡盘夹住 ϕ70mm 毛坯外圆，伸出大于 55mm。先用中心钻引正孔，然后再用 ϕ19mm钻头钻通孔。用镗孔刀采用固定循环 G71 与 G70 加工内孔各尺寸，且保证内孔尺寸公差及长度尺寸精度。用内切槽刀加工 5mm×2mm 的内沟槽，再用内螺纹刀加工 M48×1.5mm 的螺纹。

用 93° 机夹偏刀车端面、锥面、ϕ60mm 和两个 R2mm 的圆弧，保证外圆各尺寸公差及长度尺寸精度。

（2）加工左端

在数控车床上加工左端，工件坐标系设在 ϕ68mm 外圆端面的回转轴心。

用 93° 机夹偏刀车加工左端面和 ϕ68mm 外圆及倒角，保证总长 50mm 及外圆尺寸公差。

3．确定工序及工序顺序

该零件加工工序分两个工序：工序 1 在数控车加工右端；工序 2 在数控车加工左端。

4．确定工步和工步顺序

（1）工序 1

加工右端，按照基面先行，先粗后精、由近到远（由右到左）、先内后外的的原则，共分 9 个工步，加工工步顺序如下：

车端面→中心钻定位→ϕ19mm 钻头钻通孔→粗镗孔→精镗孔→内切槽→加工 M48×1.5mm 的螺纹→粗车外锥面、ϕ60mm 和两个 R2mm 的圆弧→精车外锥面、ϕ60mm 和两个 R2mm 的圆弧。

（2）工序 2

加工左端，分三个工步，加工工步顺序如下：

车左端面→粗车ϕ68mm 外圆、倒角→精车ϕ68mm 外圆

5．确定走刀路线

该零件的粗车循环和车螺纹循环不需要人为确定其进给路线。但精车的进给路线需要人为确定，该零件是从右到左沿零件表面轮廓进给，精镗孔走刀路线如图 4-27 所示。

走刀路线：$A \rightarrow B \rightarrow C \rightarrow D \rightarrow E \rightarrow F \rightarrow H$。

精车外锥面、ϕ60mm 和两个 R2mm 的圆弧走刀路线如图 4-28 所示。

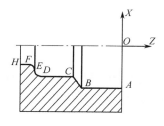

图 4-27　精镗孔走刀路线

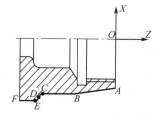

图 4-28　精车外圆走刀路线

走刀路线：$A \rightarrow B \rightarrow C \rightarrow D \rightarrow E \rightarrow F$。

6．确定装夹方案

确定坯件轴线为定位基准。加工右端采用三爪自定心卡盘定心夹紧的装夹方式（用三爪卡盘夹住ϕ70mm 毛坯外圆，伸出大于 55mm）。加工左端也采用三爪自定心卡盘定心夹紧的装夹方式（把工件掉头用三爪卡盘夹住ϕ60mm 外圆，垫铜皮加以保护）。

7．刀具选择

① 选用ϕ5mm 中心钻钻削中心孔，选用ϕ19mm 钻头钻通孔。

② 车外圆及平端面选用 93°硬质合金右偏刀，为防止副后刀面与工件轮廓干涉（做图法检验），副偏角不宜太小。

③ 用主偏角为 95°的镗刀镗孔。

④ 车螺纹选用高速钢 60°内螺纹车刀，刀尖圆弧半径应小于轮廓最小圆角半径，取

r_ε=0.15～0.2mm。

⑤ 用宽度小于 5mm 的高速钢内切槽刀加工 5mm×2mm 的内沟槽。

将所选定的刀具参数填入表 4-12 数控加工刀具卡片中，以便于编程和操作管理。

表 4-12　数控加工刀具卡片

产品名称或代号			零件名称		零件图号	
序号	刀具号	刀具规格名称	数量	加工表面	备注	
1	T01	93°硬质合金外圆车刀	1	外圆、端面		
2	T02	硬质合金镗刀	1	孔		
3	T03	高速钢内切槽刀	1	内沟槽		
4	T04	高速钢内螺纹刀	1	内螺纹		
5	T05	ϕ5mm 中心钻	1	中心孔		
6	T06	ϕ19mm 钻头	1	通孔		
编制		审核	批准		共　　页	第　　页

8．切削用量选择

（1）背吃刀量的选择

右端轮廓粗车循环时选 a_p=2mm，精车 a_p=0.25mm；左端轮廓粗车循环时选 a_p=1.5mm，精车 a_p=0.25mm。

车螺纹时，螺纹深度的双边总余量：$1.3p = 1.3 \times 1.5\text{mm} = 1.95\text{mm}$，螺纹粗车循环时选 $2a_p$ 依次以 0.8mm、0.5mm、0.3mm、0.25mm 递减；精车 $2a_p$=0.1mm。

（2）主轴转速的选择

车直线和圆弧时，查表 4-6 选粗车切削速度 v_c=90m/min、精车切削速度 v_c=140m/min，然后利用式（4-3）计算主轴转速。

① 粗车外圆时，工件直径 d=70mm，精车工件直径取平均值 d=64mm，

$$n = \frac{1000v_c}{\pi d} = \frac{1000 \times 90}{\pi \times 70} = 409(\text{r/min})，\quad n = \frac{1000v_c}{\pi d} = \frac{1000 \times 140}{\pi \times 64} = 697(\text{r/min})$$

粗车 400r/min、精车 800r/min。

② 粗镗孔时，工件直径 d=19mm，精镗工件直径取平均值 d=46mm，

$$n = \frac{1000v_c}{\pi d} = \frac{1000 \times 60}{\pi \times 19} = 1005(\text{r/min})，\quad n = \frac{1000v_c}{\pi d} = \frac{1000 \times 140}{\pi \times 46} = 929(\text{r/min})$$

粗镗 600r/min、精镗 1000r/min。

③ 车螺纹时，利用式 $n < \dfrac{1200}{p} - k$ 计算（p=3，k=80）主轴转速，n=320r/min。

（3）进给量的选择

查表 4-5 选择粗车、精车每转进给量分别为 0.2mm/r 和 0.05mm/r。车螺纹时，每转进给量为 1.5mm/r。

9．数控加工工艺卡片拟定

将各工序内容、所用刀具和切削用量填入表 4-13 零件加工工艺卡片中。

表 4-13　零件机械加工工艺卡片

工厂			机械加工工艺卡片				产品型号		零（部）件型号			共	页
							产品名称		零（部）件名称			第	页

材料牌号	45		毛坯种类	圆钢		毛坯外形尺寸/mm	ϕ70	每个毛坯件数			每台件数		备注

工序号	装夹	工步号	工序内容	同时加工零件数	切削用量				工艺装备名称及编号				工时定额	
					背吃刀量/mm	切削速度/(m·min⁻¹)	每分钟转速或往复次数	进给量/(mm·r⁻¹)	设备名称及编号	夹具	刀具	量具	技术等级	单件	准终
1		①	车右端面				600		数控车床	三爪卡盘					
		②	钻中心孔				1200		数控车床	三爪卡盘					
		③	钻孔				600		数控车床	三爪卡盘					
		④	粗镗孔		2		600	0.2	数控车床	三爪卡盘					
		⑤	精镗孔		0.25		1000	0.05	数控车床	三爪卡盘	（略）	（略）			
		⑥	内切槽				200	0.02	数控车床	三爪卡盘					
		⑦	车内螺纹				320	1.5	数控车床	三爪卡盘					
		⑧	粗车轮廓		2		400	0.2	数控车床	三爪卡盘					
		⑨	精车轮廓		0.25		800	0.05	数控车床	三爪卡盘					
2		①	车左端面				600		数控车床	三爪卡盘					
		②	粗车 ϕ68mm 外圆倒角		0.75		400	0.2	数控车床	三爪卡盘					
		③	精车 ϕ68mm 外圆		0.25		800	0.05	数控车床	三爪卡盘					

编制（日期）			审核（日期）					会签（日期）		

标记	处记	更改文件号	签字	日期	标记	处记	更改文件号	签字	日期

　　将各工步内容、所用刀具和切削用量填入表 4-14 平面槽形凸轮零件加工工序卡片中。各工步内容、刀具类型及刀具切削参数见表 4-14。

表 4-14　轴套类零件加工工序卡片 1

单位名称		数控加工工序卡片	产品名称	零件名称	零件图号

	工序名称		工序号
工序简图　　　其余 3.2／	数控铣削		1
	车间	使用设备	
		数控车床	
	夹具名称	夹具编号	
	三爪卡盘		
	备注		

工步	工步内容	程序编号	刀具号	刀具类型	主轴转速 /（r·min^{-1}）	进给量/（mm·r^{-1}）	背吃刀量/mm	备注
1	车右端面		T01	硬质合金外圆车刀	600			手动
2	钻中心孔		T05	ϕ5mm 中心钻	1200			手动
3	钻孔		T06	ϕ19mm 钻头	600			手动
4	粗镗孔	O0410	T02	硬质合金镗刀	600	0.2	2	自动
5	精镗孔	O0410	T02	硬质合金镗刀	1000	0.05	0.25	自动
6	内切槽	O0410	T03	高速钢切槽车刀	200	0.02		自动
7	加工 M48×1.5 的螺纹	O0410	T04	高速钢 60° 内螺纹车刀	320	1.5		自动
8	粗车外锥面、ϕ60mm 和两个 R2mm 的圆弧	O0410	T01	硬质合金外圆车刀	400	0.2	2	自动
9	精车外锥面、ϕ60mm 和两个 R2mm 的圆弧	O0410	T01	硬质合金外圆车刀	800	0.05	0.25	自动

表 4-15　轴套类零件加工工序卡片 2

单位名称	数控加工工序卡片		产品名称	零件名称	零件图号
工序简图			工序名称		工序号
			数控铣削		2
			车间		使用设备
					数控车床
			夹具名称		夹具编号
			三爪卡盘		
			备注		

工步	工步内容	程序编号	刀具号	刀具类型	主轴转速 / (r·min^{-1})	进给量 (mm·r^{-1})	背吃刀量 /mm	备注
1	车端面	O0420	T01	硬质合金外圆车刀	600	0.2	1	自动
2	粗车 $\phi68$mm 外圆、倒角	O0420	T01	硬质合金外圆车刀	400	0.2	0.75	自动
3	精车 $\phi68$mm 外圆	O0420	T01	硬质合金外圆车刀	800	0.05	0.25	自动

10．数控加工程序

零件数控加工程序程序见表 4-16。

表 4-16　零件数控加工程序

系统	FANUC 0i　Mate	程序号	O0410（右端程序）
刀具			T1（外圆车刀）、T2（镗刀）、T3（内切槽刀）、T4（内螺纹刀）、
程序内容		**说明**	
O0410；		主程序	
T0202；（镗刀）			
S600 M03；		调 2 号刀，镗孔	
G00 X18 Z2；			
G71 U2 R1；			

续表

系统	FANUC 0i　Mate	程序号	O0410（右端程序）		
刀具			T1（外圆车刀）、T2（镗刀）、T3（内切槽刀）、T4（内螺纹刀）、		
程序内容			说明		
G71P1 Q2 U–0.5 W0 F0.2；					
N1 G00 X46.05；			调 2 号刀，镗孔		
G01 Z–20 F0.2；					
X44；					
X32 Z–24；					
Z–40；					
G03 X26 Z–43 R3；					
G02 X20 Z–46 R3；					
G01 Z–51；					
N2 X18；					
G70 P1 Q2 S1000 F0.05；					
G00 Z100；					
X100；					
T0303；（内切槽刀，设刀宽为 4mm）			换 3 号刀，切槽		
S200 M03；					
G00 X43 Z2；					
G00 Z–20；					
G01 X50.5 F0.02；					
G00 X44；					
G00 Z–19；					
G01 X50.5 F0.02；					
G00 X44；					
G00 Z100；					
G00 X100；					
T0404；（内螺纹刀）			换 4 号刀，车内螺纹		
S320 M03；					
G00 X43 Z2；					
G92 X46.85 Z–17 F1.5；					
X47.35；					
X47.65；					
X47.9；					
X48；					
G00 Z100；					

续表

系统	FANUC 0i Mate	程序号	O0410（右端程序）
刀具		T1（外圆车刀）、T2（镗刀）、T3（内切槽刀）、T4（内螺纹刀）、	
程序内容		说明	
G00 X100；			
T0101；（外圆车刀）			
S400 M03；			
G00 X72 Z 2；			
G71 U2 R1；			
G71 P3 Q4 U0.5 W 0 F0.2；			
N3 G00 X54；			
G01 Z0；		换1号刀，车外圆	
X60 Z–22；			
Z–38；			
G02 X64 Z–40 R2；			
G03 X68 Z–42 R2；			
N4 G01 X72；			
G70 P3 Q4 S800 F0.05；			
G00 X100；			
G00 Z100；			
M30；			
%			

系统	FANUC 0i Mate	程序号	O0420（左端程序）
刀具		T1（外圆车刀）	
程序内容		说明	
O0420；		主程序	
T0101；			
S600 M03；			
G00 X72 Z4；			
G94 X18 Z2 F0.2；		调1号刀车端面	
Z1；			
Z0；			
G00 X72 Z2；			
S400 M03；			
G00 X62；		粗车ϕ68mm 外圆、倒角	
G01 Z1 F0.2；			
X68 Z–2；			

续表

系统	FANUC 0i Mate	程序号	O0420（左端程序）
刀具			T1（外圆车刀）
程序内容		说明	
G01 X68.5；			
Z–10；			
G00 X72；			
G00 Z2；			
S800 M03；			
G01 X68 F0.2；		精车 ϕ68mm 外圆	
G01 Z–10 F0.05；			
G00 X100；			
G00 Z100；			
M30；			
%			

思考题 4

4.1 数控车削的主要加工对象有哪些？

4.2 指定数控车削加工工艺路线时应遵循哪些基本原则？

4.3 在数控车床上加工零件，分析零件图样主要考虑哪些方面？

4.4 如何确定数控车削的加工顺序？

4.5 数控车削时夹具定位要注意哪些方面？

4.6 在数控车床上加工时，选择粗车切削、精车切削用量的原则是什么？

4.7 在加工轴类和盘类零件时，循环去除余量的方法有何不同？

4.8 如图 4-29 为典型轴类零件，该零件材料为 45 钢，毛坯尺寸为 ϕ22mm×95mm，无热处理和硬度要求，试对该零件进行数控车削工艺分析。

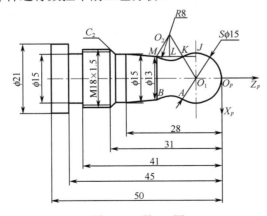

图 4-29 题 4.8 图

4.9 确定图 4-30 所示套筒零件的加工顺序及进给路线，并选择相应的加工刀具。工件毛坯为棒料。

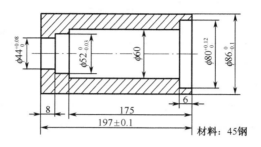

图 4-30 题 4.9 图

4.10 制定图 4-31 所示轴类零件的数控车削加工工艺，工件毛坯为棒料。

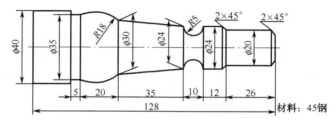

图 4-31 题 4.10 图

第 5 章

数控铣削加工工艺

5.1 数控铣削的主要加工对象

数控铣削是机械加工中最常用和最主要的数控加工方法之一，它除了能铣削普通铣床所能铣削的各种零件表面外，还能铣削普通铣床不能铣削的需要二坐标至五坐标联动的各种平面轮廓和立体轮廓，主要可进行钻孔、镗孔、攻螺纹、外轮廓形状、平面铣削、平面型腔铣削、变斜角类零件及三维复杂型面的铣削加工。根据数控铣床的特点，从铣削加工角度考虑，适合数控铣削的主要加工对象有以下几类。

1. 平面类零件

（1）单一平面零件

加工平面平行或垂直于水平面，或与水平面的夹角为固定角度的零件为单一平面零件，如图 5-1 所示的 P 平面，其特点是加工面是单一平面。

平面加工是数控铣削加工的基本内容，包括圆柱铣刀铣削和端铣刀铣削。圆柱铣刀铣削的特点是铣削平稳、效率高。端铣刀铣削的特点是加工效率高、平面质量好。较小的平面可以通过立铣刀来铣削，用立铣刀来铣削的特点是加工灵活，既可以端铣，也可以周铣。平面类零件是数控铣削加工中最简单的一类零件，一般只需用三坐标数控铣床的两坐标联动（两轴半坐标联动），就可以把它们加工出来。在数控铣床上还可以方便地铣削斜面。除同传统的将主轴头摆动一固定角度铣削外，在表面质量允许的情况下，数控铣床还可以直接通过坐标轴之间的联动来加工斜面。

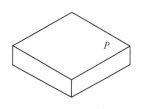

图 5-1 单一平面零件

（2）平面轮廓零件

这类零件的平面轮廓多由直线和圆弧或各种曲线构成，像各种盖板、凸台、凹槽等。如图 5-2（a）所示的平面轮廓零件是凸轮，加工面是平面轮廓 M 面，它是母线垂直于定位底平面的平面和曲面（可展开为平面）。

如图 5-2（b）、（c）所示的平面轮廓零件，是在加工平面轮廓的同时又要加工平面的零件，图 5-2（b）所示凸台的 M 面为平面轮廓，图 5-2（c）所示凹槽的 M 面也是平面轮廓，其特点是平面轮廓加工面是母线垂直于定位底平面的平面和曲面（可展开为平面），加工 M 面的同时要加工出凸台轮廓外侧平面 P 和凹槽底平面 P。

由于数控铣床一般都具有三坐标联动功能，铣削带平面轮廓的零件时，通过一坐标下刀，其余两坐标联动（直线、圆弧等）就可以完成其加工工作。

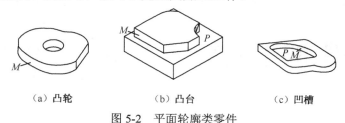

（a）凸轮   （b）凸台   （c）凹槽

图 5-2 平面轮廓类零件

2．变斜角类零件

加工面与水平面的夹角连续变化的零件称为变斜角类零件。如飞机上的整体梁、框、缘条与肋等；变斜角类零件的变斜角加工面不能展开为平面，但在加工中，加工面与铣刀圆周接触的瞬间为一条线。最好采用四坐标或五坐标数控铣床摆角加工，也可简化采用三坐标数控铣床，进行两轴半坐标联动近似加工，如图 5-3 所示。

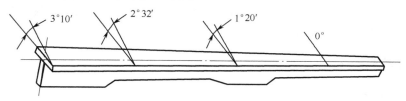

图 5-3 变斜角类零件

3．空间曲面类零件

加工面为空间曲面的零件称为空间曲面类零件，如模具、叶片、螺旋桨等。曲面轮廓零件不能展开为平面，加工时，铣刀与加工面始终为点接触，为避免干涉一般采用球头铣刀加工。加工曲面零件一般采用三坐标数控铣床，如图 5-4 所示。但三坐标数控铣床加工空间曲面类零件，曲面轮廓会有一定的误差。加工当曲面精度要求较高、曲面较复杂、通道较狭窄、三坐标数控铣床加工会干涉相邻表面时，要采用四坐标（刀具绕 X 轴或 Y 轴摆动）或五坐标（刀具同时绕 X 轴和 Y 轴摆动）数控铣床加工。

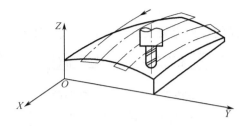

图 5-4 三坐标数控铣床加工空间曲面

4．孔

孔及孔系的加工可以在数控铣床上进行，如钻、扩、铰和镗等加工。当加工孔的尺寸规格不多时，可以在数控铣床上加工。如图 5-5 所示。由于孔加工多采用定尺寸刀具，当加工孔的尺寸规格较多时，需要频繁换刀，就不如用加工中心加工方便、快捷。

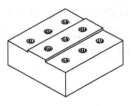

图 5-5 孔系的零件

5．螺纹

在数控铣床上可以加工内、外螺纹、圆柱螺纹、圆锥螺纹等。

5.2 常用刀具的选择

5.2.1 常用铣刀

在数控铣床上所能用到的刀具按切削工艺可分为几种：钻削刀具、镗削刀具、铣削刀具、铰刀、丝攻等。本节仅对铣削刀具进行详细介绍，钻削刀具、镗削刀具、铰刀、丝攻等在第 6 章中详细介绍。

1．钻削刀具

钻削刀具分小孔钻头、短孔钻头（深径比不大于 5）、深孔钻头（深径比大于 6，可高达 100 以上）和枪钻、丝锥、铰刀等。图 5-6 所示为常用钻削刀具。

（a）铰刀　　　　　　　　　　（b）钻头

图 5-6 常用钻削刀具

2．镗削刀具

镗削工具分镗孔刀（粗镗、精镗）和镗止口刀等。图 5-7 所示为常用镗削刀杆。

3．铣削刀具

铣削刀具具体分为以下几种。

（1）面铣刀

目前，较常用的铣削平面的铣刀为硬质合金可转位式面铣刀。

（a）倾斜型镗刀杆　（b）直角型镗刀杆　（c）楔型镗刀杆　（d）接柄镗杆

图 5-7　常用镗削刀杆

硬质合金可转位式面铣刀，如图 5-8 所示，是将硬质合金可转位刀片直接装夹在刀体槽中，切削刃用钝后，将刀片转位或更换新刀片即可继续使用。硬质合金可转位式面铣刀具有加工质量稳定，切削效率高，刀具寿命长，刀片调整、更换方便，刀片重复定位精度高等特点，适合于数控铣床或加工中心上使用。该铣刀是目前生产上应用最广泛的刀具之一，常用于端铣较大的平面。

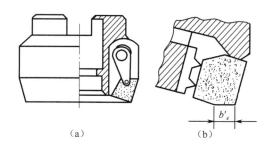

（a）　　　　　　　　　　（b）

图 5-8　硬质合金可转位式面铣刀

（2）立铣刀

立铣刀主要用于立式铣床上加工凹槽、台阶面、成型面（利用靠模）等。

图 5-9 所示为高速钢立铣刀，该立铣刀的主切削刃分布在铣刀的圆柱面上，副切削刃分布在铣刀的端面上，且端面中心有顶尖孔，因此，铣削时一般不能沿铣刀轴向作进给运动，只能沿铣刀径向作进给运动。该立铣刀有粗齿和细齿之分，粗齿齿数 3～6 个，适用于粗加工；细齿齿数 5～10 个，适用于半精加工。该立铣刀的直径范围为 $\phi2\sim80mm$，柄部有直柄、莫氏锥柄、7:24 锥柄等多种形式。该立铣刀应用较广。

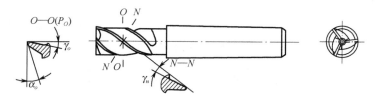

图 5-9　高速钢立铣刀

（3）键槽铣刀

键槽铣刀主要用于立式铣床上加工封闭槽，如圆头封闭键槽，键槽铣刀如图 5-10 所示。

该铣刀外形似立铣刀，端面无顶尖孔，端面刀齿从外圆开至轴心，且螺旋角较小，增强了端面刀齿强度。端面刀齿上的切削刃为主切削刃，圆柱面上的切削刃为副切削刃。加工键槽时，每次先沿铣刀轴向进给较小的量，然后再沿径向进给，这样反复多次，就可完成键槽的加工。由于该铣刀的磨损是在端面和靠近端面的外圆部分，所以，修磨时只要修磨端面切削刃，这样，铣刀直径可保持不变，使加工键槽精度较高，铣刀寿命较长。

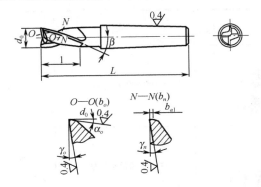

图 5-10　键槽铣刀

（4）成型铣刀

成型铣刀一般都是为特定的工件或加工内容专门设计制造的，适用于加工平面类零件的特定形状，如角度、凹槽面等，如图 5-11 所示。

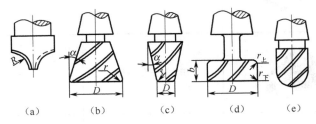

图 5-11　成型铣刀

（5）球头铣刀

球头铣刀适用于加工具有空间曲面的零件，有时也用于平面类零件较大的转角圆弧的补充加工，主要用于立式铣床上加工模具型腔、三维成型表面等。球头铣刀按工作部分形状不同，可分为圆柱形球头铣刀、圆锥形球头铣刀和两种形式。圆柱形球头铣刀如图 5-12 所示。

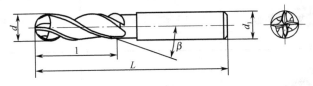

图 5-12　圆柱形球头铣刀

5.2.2　数控铣削常用刀柄种类

1．常用刀柄种类

数控铣床/加工中心刀柄系统由刀柄、夹头、拉钉三部分组成。我国所用的刀柄有 BT、JT、ST、CAT 等几种系列。这几种系列的刀柄除局部槽的形状不同外，其余结构基本相同。

根据锥柄大端直径的不同，刀柄又分成 40、45、50 等几种不同的刀柄的型号。BT 系列的常用刀柄见表 5-1。

表 5-1 BT 系列常用刀柄

刀柄	类型	夹持刀具
	BT 平面铣刀柄	面铣刀
	BT 弹簧筒夹刀柄	直柄立铣刀、键槽铣刀、球头铣刀、中心钻等
	BT 强力刀柄	直柄立铣刀、键槽铣刀、球头铣刀、中心钻等
	BT 钻夹头刀柄	中心钻
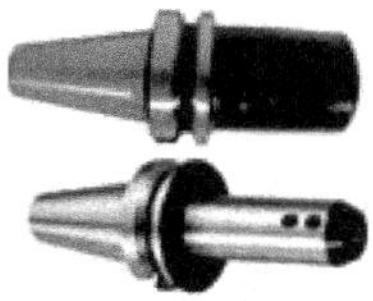	BT 侧固式刀柄	丝锥、镗刀
	BT 刚性攻丝刀柄	丝锥
	BT 柔性攻丝刀柄	丝锥
	BT 莫氏锥度刀柄	锥柄立铣刀、键槽铣刀、中心钻、铰刀

ER 弹簧夹头如图 5-13 所示。KM 弹簧夹头如图 5-14 所示。图 5-15 所示为数控铣刀柄拉钉，铣刀刀柄需与数控铣刀拉钉装配后，方可装入数控铣床。

图 5-13　ER 弹簧夹头

图 5-14　KM 弹簧夹头

图 5-15　数控铣刀柄拉钉

2．刀柄与铣刀的装配过程

图 5-16 所示为 BT40 面铣刀刀柄与硬质合金可转位式面铣刀进行装配的过程。

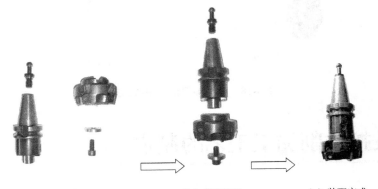

（a）部件　　　　　　（b）装配位置　　　　　（c）装配完成

图 5-16　面铣刀刀柄与面铣刀装配

图 5-17 所示为 BT40 弹簧筒夹刀柄与立铣刀进行装配的过程。

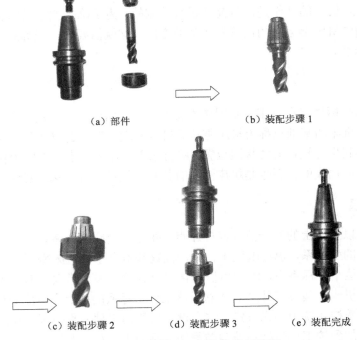

（a）部件　　　　　　　　　　　　（b）装配步骤 1

（c）装配步骤 2　　　　（d）装配步骤 3　　　　（e）装配完成

图 5-17　弹簧筒夹刀柄与立铣刀装配

图 5-18 所示为 BT40 钻夹头刀柄与中心钻进行装配的过程。

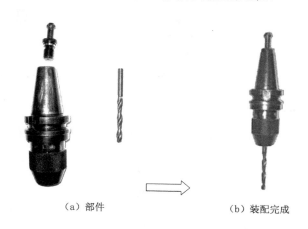

（a）部件   （b）装配完成

图 5-18　钻夹头刀柄与中心钻的装配

5.3　数控铣削加工工艺的制定

5.3.1　数控铣床和加工中心的坐标系

1．机床坐标系

在数控机床上，机床的动作是由数控装置来控制的，为了确定数控机床上的成型运动和辅助运动，必须先确定机床上运动的位移和运动的方向，这就需要通过坐标系来实现，这个坐标系被称为机床坐标系。

2．机床原点

机床坐标系的坐标原点在机床上是固定不变的，机床出厂时已确定，是机床上作为加工基准的特定点，也是机床的基准点称为机床零点。机床制造厂对每台机床设置机床零点，一般设在机床移动部件沿其坐标轴正向的极限位置，用机床零点作为原点设置的坐标系称为机床坐标系。机床限位开关或挡块的位置也是机床上固有的点，这些点在机床坐标系中都是固定点。

3．工件坐标系

程序编制人员以工件上的某一点为坐标原点，建立一个新坐标系，是由编程人员设定的在编程和加工时使用的坐标系，也称编程坐标系，位置基本上不和机床坐标系重合，为了便于编程可任意指定，在这个坐标系内，编程可以简化坐标计算，减少错误，缩短程序长度。在实际加工中，操作者在机床上装好工件之后要测量该工件坐标系的原点和机床坐标系原点的距离，并把测得的距离在数控系统中预先设定，这个设定值称为工件零点偏置。在刀具移动时，工件坐标系零点偏置便加到按工件坐标系编写的程序坐标值上。对于编程者来说，只是按图样上的坐标来编程，而不必事先去考虑该工件在机床坐标系中的具体位置。

数控铣床和加工中心工件坐标系如图 5-19 所示。数控铣床和加工中心机床坐标系与工件坐标系之间的关系，如图 5-20 所示。

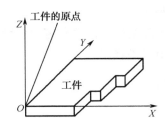

图 5-19　数控铣床和加工中心工件坐标系

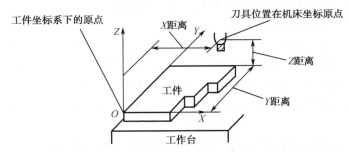

图 5-20　数控铣床和加工中心机床坐标系与工件坐标系之间的关系

4．工件原点

工件原点也称程序原点，是人为设定的工件坐标系的原点。设定原则是尽量简化编程，铣削编程原点通常是设在工件上表面的中心。

5．参考点

参考点是厂家在机床上用行程开关设置的一个物理位置，与机床原点的相对位置是固定的。一般来说，加工中心的参考点设在机床的自动换刀位置，与机床原点并不重合，而数控铣床的参考点与机床原点多数情况下都是重合的。

5.3.2　数控铣削加工工艺性分析

1．数控铣削加工内容的选择和确定

当选择并决定对某个零件进行数控铣削加工后，还必须选择零件数控铣削加工的内容，以决定零件的哪些表面需要进行数控铣削加工。一般按下列顺序考虑：普通机床无法加工的内容应作为数控铣削加工优先选择内容；普通机床难加工、质量也难保证的内容应作为数控加工重点选择的内容；普通机床加工效率低，工人手工操作劳动强度大的内容，可在数控机床尚存在富余能力的基础上进行选择。通常选择以下内容进行数控铣削加工。

① 平面，特别是编程原点所在的上表面；
② 由直线、圆弧、非圆曲线等组成的平面轮廓；
③ 空间的曲线和曲面；

④ 零件上尺寸繁多、划线与检测困难、尺寸控制困难的部位；

⑤ 用普通机床加工时难以观察、测量和进给控制困难的内腔或凹槽等；

⑥ 有严格位置精度的孔系或平面；

⑦ 采用数控铣削加工能大大提高生产率，改善劳动强度的加工内容；

⑧ 在一次安装中能一起铣削出来的表面。

2. 数控铣削加工的工艺性分析

（1）零件图样分析

1）零件的形状、结构分析

确定零件的形状、结构在加工中是否会产生干涉或无法加工，是否妨碍刀具的运动。

2）零件图上尺寸标注方法分析

数控铣床加工的编程原点一般在零件的上端面，如图 5-21 所示的 O 点，编程时以 O 点为基准进刀，所有尺寸都以 O 点为工艺基准。所以，数控铣床加工的尺寸标注方法应适应数控铣床加工的特点，应以同一基准标注尺寸或直接给出坐标尺寸。如图 5-21 所示，所有尺寸都以 O 点为设计基准标注，这种标注方法既便于编程，又有利于设计基准、工艺基准、测量基准和编程原点的统一。

对于不从同一基准出发标注的分散类尺寸，可以考虑通过编程时坐标系变换的方法，或通过工艺尺寸链解算的方法变换为统一基准的尺寸。

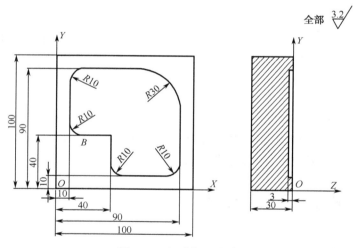

图 5-21　尺寸标注方法

3）零件图样的完整性和正确性

构成工件轮廓图形的各种几何元素的条件是否充要、各几何元素的相互关系（如相切、相交、垂直和平行等）是否明确、尺寸数据是否遗漏、尺寸标注是否模糊不清、有无引起矛盾的多余尺寸或影响工序安排的封闭尺寸等。

4）尺寸精度要求分析

分析尺寸精度要求，确定零件的加工精度、尺寸公差是否都可以得到保证，不要认为数控机床加工精度高而放弃这种分析。数控铣削因为加工时产生的切削拉力及薄板的弹性退让，极易产生切削面的振动，使薄板厚度尺寸公差难以保证，其表面粗糙度也将恶化或变坏。

5）形状和位置精度的要求分析

有位置精度要求的表面应在一次安装下完成加工。

6）表面粗糙度要求分析

当工件表面有硬皮，机床的进给机构有间隙时，应选用逆铣。因为逆铣时，刀齿是从已加工表面切入，不会崩刃；机床进给机构的间隙不会引起振动和爬行，因此粗铣时应尽量采用逆铣。当工件表面无硬皮，机床进给机构无间隙时，应选用顺铣。因为顺铣加工后，零件表面质量好，刀齿磨损小。因此，精铣时，尤其是零件材料为铝镁合金、钛合金或耐热合金时，应尽量采用顺铣。

7）零件材料分析

为了合理地选择刀具和切削用量，确定加工顺序等，必须了解零件材料的牌号、切削性能、热处理等。

（2）零件的结构工艺性分析

① 零件的切削加工量要小，以便减少数控铣削加工的切削加工时间，降低零件的加工成本。

② 零件的内腔和外形最好采用统一的几何类型和尺寸，这样可以减少刀具规格和换刀、对刀次数，提高生产率。

③ 内槽圆弧半径 R 不应太小，内槽圆弧半径限制了刀具的直径，零件工艺性的好坏与被加工轮廓的高低、转接圆弧半径的大小有关。如图 5-22 所示。图 5-22（a）所示的内槽圆弧半径大，刀具直径就可选择较大，这样刚性好，进给次数少，加工质量好，工艺性好。通常当 $R<0.2H$（R 为内槽半径，H 为被加工零件轮廓面的最大高度）时，可以判定零件该部位的工艺性不好，如图 5-22（b）所示。

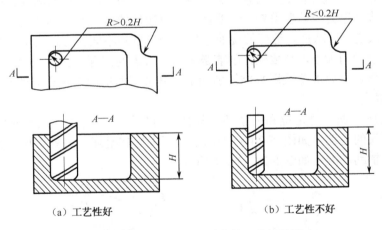

（a）工艺性好　　　　　　　　　　（b）工艺性不好

图 5-22　内槽圆弧半径对零件的工艺性的影响

④ 槽底圆角半径 r 不要过大，铣槽底平面时，如图 5-23 所示，铣刀端面刃与铣削平面的最大接触直径 $d=D-2r$（D 为铣刀直径）。当 D 一定时，r 越大，铣刀端面刃铣削平面的面积越小，效率越低，工艺性越差。

⑤ 零件加工表面应具有加工的方便性和可能性。

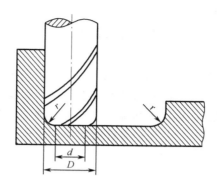

图 5-23　槽底圆角半径对零件的工艺性的影响

⑥ 零件结构应具有足够的刚性，以减少夹紧变形和切削变形。

在数控加工时应考虑零件的变形，变形不仅影响加工质量，而且当变形较大时，将使加工不能继续进行下去。这时就应当采取一些必要的工艺措施进行预防，如对钢件进行调质处理，对铸铝件进行退火处理，对不能用热处理方法解决的，也可考虑粗、精加工分开及对称去余量等常规方法。

（3）零件毛坯的工艺性分析

零件在进行数控铣削加工时，由于加工过程的自动化，使余量的大小、如何装夹等问题在设计毛坯时就要仔细考虑好。否则，如果毛坯不适合数控铣削，加工将很难进行下去。因此，在对零件图进行工艺分析后，还应结合数控铣削的特点，对零件毛坯进行工艺分析。

1）毛坯的加工余量应充足

毛坯的制造精度一般都很低，特别是锻、铸件。因模锻时的欠压量与允许的错模量会造成余量的不等；铸造时也会因砂型误差、收缩量及金属液体的流动性差不能充满型腔等造成余量的不等。此外，锻造、铸造后，毛坯的绕曲与扭曲变形量的不同也会造成加工余量不充分或不均匀。毛坯加工余量的大小，是数控铣削前必须认真考虑的问题。因此，除板料外，不论是锻件、铸件还是型材，只要准备采用数控铣削加工，其加工面均应有较充分的余量。

2）毛坯的装夹

主要考虑毛坯在加工时定位和夹紧的可靠性与方便性，以便在一次安装中加工出较多表面。对于不便装夹的毛坯，如图 5-24（a）所示。可考虑在毛坯上另外增加装夹余量或工艺凸台、工艺凸耳等辅助基准，如图 5-24（b）所示。

（a）无工艺凸耳的毛坯　　　　（b）有工艺凸耳的毛坯

图 5-24　毛坯工艺凸耳对毛坯的装夹的影响

3）毛坯的余量的均匀性

主要是考虑在加工时要不要分层切削，分几层切削以及加工中及加工后的变形程度等因素，考虑是否应采取相应的预防或补救的措施。例如，对于热轧中、厚铝板，经淬火时效后很容易在加工中与加工后变形，最好采用经预拉伸处理的淬火板坯。

5.3.3　铣削方式的合理使用

铣削加工方式可分为圆周铣削和端面铣削，即周铣和端铣。

1．周铣法

周铣是通过铣刀的圆柱形侧刃切除工件多余材料的加工方法。周铣时，铣刀的底面不参与切削。根据工件的进给方向与铣刀旋转方向的关系，周铣可分为逆铣和顺铣，如图 5-25 所示。

顺铣时，图 5-25（a）所示的铣刀的旋转方向与工作台的进给方向相同，其特点如下：

① 顺铣工件的上表面时，铣削力的垂直分力向下，将工件压向工作台，铣削较平稳。

② 顺铣使得切削厚度由大到小逐渐变化，后刀面与工件之间无挤压和摩擦，加工表面精度较高。

③ 顺铣时，刀齿每次都是由工件上表面开始切削，所以，不宜用于加工有硬皮的工件。顺铣时，由于铣刀切向力的方向与进给方向相同，工作台的丝杠与螺母间的间隙使铣削不断地出现突然移动，这样不仅破坏了切削过程的平稳性，影响了工件的加工质量，而且严重时会损坏刀具，造成崩刃。

④ 顺铣时的平均切削厚度大，切削变形较小，与逆铣相比，功率消耗要少些。

逆铣时，图 5-25（b）所示的铣刀的旋转方向与工作台的进给方向相反，其特点如下：

① 逆铣工件的上表面时，铣削力的垂直分力向上，装夹工件时需要较大的夹紧力。

② 逆铣时，每个切削刃的切削厚度都是由小到大逐渐变化的。当刀齿刚与工件接触时，切削厚度为零，后刀面与工件产生挤压和摩擦，只有当刀齿在前一刀齿留下的切削表面上滑过一段距离，切削厚度达到一定数值后，刀齿才真正开始切削。因此，在相同的切削条件下，采用逆铣时，刀具易磨损，已加工表面的冷硬现象较严重。

③ 逆铣时，由于铣刀作用在工件上的水平切削力方向与工件进给运动方向相反，使丝杠螺纹与螺母螺纹的侧面总是贴在一起，工作台的丝杠与螺母间的间隙对铣削不产生影响。

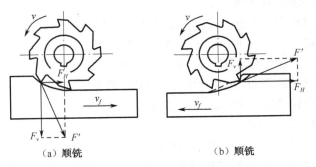

（a）顺铣　　　　　　　　　　　（b）顺铣

图 5-25　周铣法

对于数控铣床，由于采用了滚珠丝杠螺母副传动，其反向间隙小。为提高加工质量，精加工时可考虑采用顺铣来加工。

2．端铣法

端铣就是通过端面铣刀的侧刃和底刃同时对工件进行切削的加工方法。根据铣削时铣刀与工件的位置关系，端铣可分为对称铣削和不对称铣削，其中不对称铣削又可分为不对称逆铣和不对称顺铣。

（1）对称铣削

对称铣削时，铣刀位于工件宽度的对称线上，如图 5-26（a）所示，切入和切出处铣削厚度相等，其切入边为逆铣，切出边为顺铣。对称铣削适用于具有冷硬层的淬硬钢的加工。

（2）不对称逆铣

不对称逆铣时，工件偏在铣刀的进刀部分，如图 5-26（b）所示，铣削力在进给方向的分力与进给方向相反，切屑由薄变厚。不对称逆铣适用于碳钢和合金钢的铣削。

（3）不对称顺铣

不对称顺铣时，工件偏在铣刀的出刀部分，如图 5-26（c）所示，铣削力在进给方向的分力与进给方向相同，切屑由厚变薄。不对称顺铣适用于铣削不锈钢、耐热不锈钢等。

（a）对称铣削　　　（b）不对称逆铣　　　（c）不对称顺铣

图 5-26　端铣法

5.3.4　加工方法的选择

数控铣削加工零件的表面主要有平面、平面轮廓、曲面、孔和螺纹等。所选加工方法要与零件的表面特征、所要求达到的精度及表面粗糙度相适应。

1．平面加工方法

（1）加工平面平行或垂直于水平面

加工平面平行或垂直于水平面，在数控铣床上加工平面主要采用面铣刀和立铣刀。加工平面多采用硬质合金端铣刀，只有很小的平面或台阶面采用立铣刀。

经粗铣的平面，尺寸精度可达 IT11～IT13 级（指两平面之间的尺寸），表面粗糙度 Ra 可达 6.3～25μm。经粗、精铣的平面，尺寸精度可达 IT7～IT9 级，表面粗糙度 Ra 可达 1.6～3.2μm。零件表面质量要求较高时，应尽量采用顺铣切削方式。

（2）固定斜角平面加工方法

固定斜角平面是与水平面成一个固定夹角的斜面，常用如下的加工方法。

① 当零件尺寸不大时，可用斜垫板垫平后加工，如图 5-27 所示。如果机床主轴可以摆角，则可以摆成适当的定角，用不同的刀具来加工，如图 5-28 所示。当零件尺寸很大，斜面斜度又较小时，常用三坐标联动加工的行切法加工。

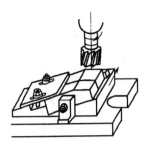
图 5-27　斜面垫平后加工固定斜角

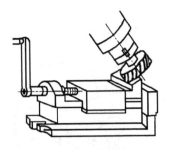
图 5-28　机床主轴转过适当定角后加工斜角

② 对于斜筋表面或当零件的批量较大时，一般可用专用的角度成型铣刀加工，其效果比采用五坐标联动的数控铣床摆角加工好。

2．平面轮廓加工方法

平面轮廓多由直线、圆弧和其他曲线构成，通常采用三坐标联动的数控铣床进行两轴半进给加工（这里指 X、Y 轴作联动插补，Z 轴作单独周期性进给）。常用粗铣—精铣方案，一般采用立铣刀侧刃切削。刀具切入工件时，为保证零件曲线的平滑过渡，应避免沿零件外轮廓的法向切入，而应沿切削起始点的延伸线逐渐切入工件，如图 5-29 所示，刀具从 pa' 切入，顺铣一周，刀具中心运动轨迹为 $a'b'c'd'e'a'$，在切离工件时，也应避免在切削终点处直接抬刀，要沿着切削终点延伸线逐渐切离工件，即沿 $a'k$ 切出。

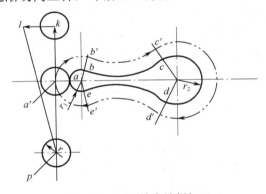
图 5-29　平面轮廓铣削加工

3．变斜角面加工方法

（1）对曲率变化较小的变斜角面

该种情况选用 X、Y、Z 和 A 四坐标联动的数控铣床，采用立铣刀以插补方式摆角加工，如图 5-30 所示。加工时，为保证刀具与零件型面在全长上始终贴合，刀具绕 A 轴摆动角度 α。

（2）对曲率变化较大的变斜角面

该变斜面用四坐标联动加工难以满足加工要求，最好用 X、Y、Z、A 和 B（或 C 轴）的五坐标联动的数控铣床，以圆弧插补方式摆角加工，如图 5-31 所示。图中夹角 β 和 γ 分别是零件斜面母线与 Z 坐标轴夹角 α 在 ZOY 平面上和 XOZ 平面上的分夹角。

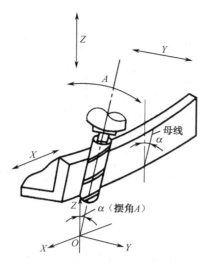

图 5-30　四坐标联动铣削加工变斜角面

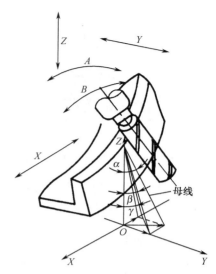

图 5-31　五坐标联动铣削加工变斜角面

（3）采用三坐标数控铣床两坐标联动

该铣床的刀具常用球头铣刀和鼓形铣刀，以直线或圆弧插补方式进行分层铣削加工，加工后的残留面积用钳修法清除，因为一般球头铣刀的球径较小，所以，只能加工大于 90°的开斜角面；而鼓形铣刀的鼓径较大（比球头铣刀的球径大），能加工小于 90°的闭斜角（指工件斜角 $\alpha > 90°$）面，且加工后的叠刀刀峰较小，因此鼓形铣刀的加工效果比球头刀好，图 5-32 所示为用鼓形铣刀铣削变斜角面的情形。由于鼓形铣刀的鼓径可以做得比球头铣刀的球径大，所以加工后的残留面积高度小，加工效果比球头铣刀好。

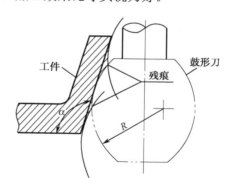

图 5-32　鼓形铣刀铣削变斜角面

4．曲面加工方法

曲面加工用三坐标联动加工，规则曲面加工 FANUC 系统可用宏程序编程，SINUMERIK 数控系统可用 R 参数编程，如球面加工、圆锥面加工等。

不规则曲面因编程计算复杂，一般采用自动编程。

（1）对曲率变化不大、精度要求不高的曲面的粗加工

常用两轴半坐标联动的行切法加工曲率变化不大、精度要求不高的曲面，即 X、Y、Z 三轴中任意两轴作联动插补，第三轴作单独的周期进给。如图 5-33 所示，将 X 方向分成若干段，

球头铣刀沿 *YOZ* 平面所截的曲线进行铣削，每一段加工完后进给ΔX，再加工另一相邻曲线。如此依次切削即可加工出整个曲面。在行切法中，要根据轮廓表面粗糙度的要求及刀头不干涉相邻表面的原则选取Δx。球头铣刀的刀头半径应选得大一些。有利于散热，但刀头半径应小于内凹曲面的最小曲率半径。

两轴半坐标联动加工曲面的刀心轨迹 O_1O_2 和切削点轨迹 *ab*，如图 5-34 所示。图中 *ABCD* 为被加工曲面，P_{YZ} 平面为平行于 *YZ* 坐标平面的一个行切面，刀心轨迹 O_1O_2 为曲面 *ABCD* 的等距面 *IJKL* 与行切面 P_{YZ} 的交线，显然 O_1O_2 是一条平面曲线。由于曲面的曲率变化，改变了球头刀与曲面切削点的位置，使切削点的连线成为一条空间曲线，从而在曲面上形成扭曲的残留沟。

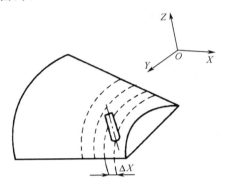

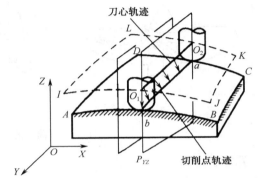

图 5-33　两轴半坐标联动的行切法加工曲面　　图 5-34　两轴半坐标联动加工曲面刀心轨迹和切削点轨迹

（2）对曲率变化较大、精度要求较高的曲面的精加工

常用 *X*、*Y*、*Z* 三坐标联动插补的行切法加工，如图 5-35 所示，P_{YZ} 平面为平行于坐标平面的一个行切面，它与曲面的交线为 *ab*。由于是三坐标联动，球头刀与曲面的切削点始终处在平面曲线 *ab* 上，可获得较规则的残留沟纹。但这时的刀心轨迹 O_1O_2 不在 P_{YZ} 平面上，而是一条空间曲线。

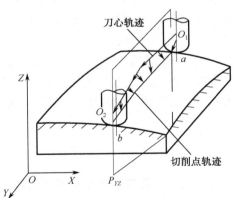

图 5-35　三坐标联动的行切法加工曲面刀心轨迹和切削点轨迹

（3）复杂曲面零件

对于叶片、螺旋桨等复杂曲面零件，因其叶片形状复杂，刀具易于相邻表面干涉，常用五坐标联动加工。其加工原理如图 5-36 所示。半径为 R_i 的圆柱面与叶面的交线 *AB* 为螺旋线的一部分，螺旋角为 ψ_i，叶片的径向叶形线（轴向割线）*EF* 的倾角 α 为后倾角，螺旋线 *AB* 用极坐

标加工方法，并且以折线段逼近。逼近段 mn 是由 C 坐标旋转 $\Delta\theta$ 与 Z 坐标位移 ΔZ 的合成。当 AB 加工完后，刀具径向位移 ΔX（改变 R_i），再加工相邻的另一条叶形线，依次加工即可形成整个叶面。由于叶面的曲率半径较大，所以常采用立铣刀加工，以提高生产率并简化程序。因此，为保证铣刀端面始终与曲面贴合，铣刀还应作由 A 坐标和 B 坐标形成的 θ_1 的 α_1 的摆角运动。在摆角的同时，还应作笛卡儿坐标的附加运动，以保证铣刀端面中心始终位于编程值所规定的位置上，所以需要五坐标联动加工，这种加工的编程计算相当复杂，一般采用自动编程。

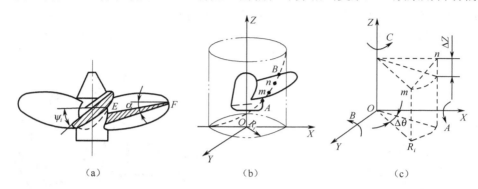

（a） （b） （c）

图 5-36　曲面的五坐标联动加工

5．孔加工方法

有钻削、扩削、铰削和镗削等。大直径孔还可采用圆弧插补方式进行铣削加工。

① 对于直径大于 ø30mm 的已铸出或锻出毛坯孔的孔加工，一般采用粗镗—半精镗—精镗加工方案，孔径较大的可采用立铣刀粗铣—精铣加工方案。无毛坯孔的孔采用铣平面—打中心孔—钻—扩—粗镗—半精镗—精镗加工方案。有空刀槽时可用锯片铣刀在半精镗之后、精镗之前铣削完成，也可用镗刀进行单刀镗削，但单刀镗削效率低。

② 对于直径小于 ø30mm 的无毛坯孔的孔加工，通常采用铣平面—打中心孔—钻—扩—铰加工方案，有同轴度要求的小孔，必须采用铣平面—打中心孔—钻—半精镗—精镗（或铰）加工方案。为提高孔的位置精度，在钻孔工步前必须安排铣平面和打中心孔工步。孔口倒角安排在半精加工之后、精加工之前，以防孔内产生毛刺。

③ 螺纹的加工根据孔径大小，一般情况下，直径为 M6～M20 的螺纹，通常采用攻螺纹方法加工。直径为 M6 以下的螺纹，在完成底孔加工后，通过其他手段攻螺纹。因为在数控铣床上攻螺纹，小直径丝锥容易折断。直径为 M20 以上的螺纹，可采用镗刀片镗削加工。

5.3.5　工序的划分

在确定完加工内容和加工方法之后，就要根据被加工面的特征和要求、使用的刀具和现有的加工设备、条件，依照 3.2.5 节中所讲的工序划分原则和方法，将确定的加工内容划分成一个或几个工序。总之，工序划分时，要视零件加工内容的多少、安装次数、生产组织和设备条件来灵活安排。

在数控铣床上加工的零件，工序可以比较集中，在一次装夹中尽可能完成大部分或全部数控铣加工工序。划分工序的主要依据是设备是否变动，完成的那部分数控铣加工的工艺内容是否连续。一般按工序集中原则划分工序，划分方法如下：

① 按所用刀具划分　以同一把刀具完成的那一部分工艺过程为一道工序。这种方法适用于工件的待加工表面较多，机床连续工作时间过长，加工程序的编制和检查难度较大等情况。加工中心也常用这种方法划分。

② 按安装次数划分　即以一次安装完成的那一部分工艺过程为一道工序。这种方法适用于工件的加工内容不多的工件，加工完成后就能达到待检状态。

③按粗、精加工划分　即以精加工中完成的那一部分工艺过程为一道工序，粗加工中完成的那一部分工艺过程为一道工序。这种划分方法适用于加工后变形较大，需粗、精加工分开的零件，如毛坯为铸件、焊接件或锻件。

④按加工部位划分　即以完成相同型面的那一部分工艺过程为一道工序，对于加工表面多而复杂的零件，可按其结构特点（如内形、外形、曲面和平面等）划分多道工序。

5.3.6　工步顺序的安排

在数控铣床上加工的零件，一般按工序集中原则划分工序，把在同一台数控铣床上加工的内容作为一道工序。该工序划分为若干工步。工步是工序的组成单元，工步是指在加工表面、切削刀具、切削速度和进给量都不变的情况下所完成的一部分工艺过程。

在确定了某个工序的加工内容后，要进行详细的工步设计。

1．工步划分方法

① 把不同的加工部位划分成工步，即以完成相同型面的那一部分工艺过程为一个工步，对于加工表面多而复杂的零件，可按其结构特点（如内形、外形、曲面和平面等）划分多个工步。

② 相同的加工部位，所用刀具不同，划分成不同的工步。即以同一把刀具完成的那一部分工艺过程为一个工步。例如，一个孔的钻、扩、铰可分成三个工步。

③ 相同的加工部位，把粗、精加工划分为两个工步。即以粗加工中完成的那一部分工艺过程为一个工步，精加工中完成的那一部分工艺过程为一个工步。例如，粗、精铣平面，将粗铣平面作为一个工步，精铣平面作为另一个工步。

2．工步顺序的确定

安排这些工步的顺序，同时考虑程序编制时刀具运动轨迹的设计。数控铣削一般将一个工步编制为一个加工程序，因此，工步顺序实际上也就是加工程序的执行顺序。

一般数控铣削采用工序集中的方式，这时工步的顺序就是工序分散时的工序顺序，可以按一般切削加工顺序安排的原则进行。通常按照从简单到复杂的原则，先加工平面、沟槽或内腔、外形、孔最后加工曲面，先加工精度要求低的表面，再加工精度要求高的部位等。可以参照 3.2.5 节中的原则进行。

切削加工工步顺序的安排通常按下列原则安排。

（1）先粗后精原则

各个表面的加工顺序按照粗加工—半精加工—精加工的顺序依次进行，逐步提高表面的加工精度和减小表面粗糙度。

（2）先主后次原则

零件的主要工作表面、装配基面应先加工，从而能及早发现毛坯中主要表面可能出现的缺陷。次要表面可穿插进行，放在主要加工表面加工到一定程度后、最终精加工之前进行。

（3）先面后孔原则

对箱体、支架类零件，平面轮廓尺寸较大，一般先加工平面，再加工孔和其他尺寸。这样安排加工顺序，一方面用加工过的平面定位，稳定可靠；另一方面在加工过的平面上加工孔，比较容易，并能提高孔的加工精度，特别是钻孔，孔的轴线不易偏斜。

3. 在安排数控铣削加工工步的顺序时还应注意的问题

① 上一道工步的加工不能影响下一道工步的定位与夹紧；

② 一般先进行内形内腔加工工步，后进行外形加工工步；

③ 同一把刀具加工的工步，最好连续进行，以减少换刀次数；

④ 采用相同设计基准集中加工的原则；

⑤ 在一次装夹定位中，能加工的形位全部加工完，以减少重复定位次数；

⑥ 在同一次安装中进行的多道工步，应先安排对工件刚性破坏较小的工步；

⑦ 相同工位集中加工，邻近工位一起加工可提高加工效率。

在选定加工方法、划分工序后，工艺路线拟定的主要内容就是合理安排这些加工方法、加工工序和工步的顺序。零件的加工工序通常包括切削加工工序、热处理工序和辅助工序（包括表面处理、清洗和检验等），这些工序的顺序直接影响到零件的加工质量、生产效率和加工成本。因此，在设计工艺路线时，应合理安排好切削加工、热处理和辅助工序的顺序，并解决好工序间的衔接问题。

5.3.7 走刀路线的确定

进给路线的确定与工件表面状况、要求的零件表面质量、机床进给机构的间隙、刀具耐用度以及零件轮廓形状等有关。

1. 确定进给路线主要考虑的问题

① 走刀路线要保证零件加工精度、表面粗糙度要求。

② 确定走刀路线时，在满足加工要求的条件下应使数值计算简单、程序段少，以减少编程工作量。

③ 要使走刀路线最短，空行程最少。

④ 根据被加工零件的精度、表面粗糙度要求合理选择顺铣或逆铣的铣削方式，可以采用多次走刀的方法，在精铣时尽可能采用顺铣，且精加工余量一般以 0.2～0.5mm 为宜。

2. 平面的加工路线的确定

在数控铣削加工平面时，大平面一般采用硬质合金端铣刀加工。刀具正转（从上俯视刀具为顺时针旋转），考虑切屑的飞出方向，操作者面对机床看，工作台应从右向左进给，图 5-37 中箭头与 f 代表加工平面时，机床工作台的运动方向，这时切屑由于刀具的旋转向里飞。

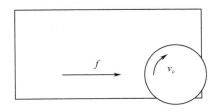

图 5-37　平面的加工路线

3．外轮廓加工路线的确定

（1）外轮廓 Z 方向加工路线的确定

铣削外轮廓及通槽时，铣刀应有一切出距离，可直接快速移动到距工件表面一定切出距离的位置上，如图 5-38（a）所示。

铣削带台阶的外轮廓及开口不通槽时，铣刀，可直接快速移动到距工件表面一定 H 距离（H 为台阶面高或槽深）的位置上，如图 5-38（b）所示。

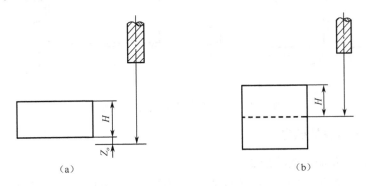

（a）　　　　　　　　　　　　　　　　　（b）

图 5-38　外轮廓 Z 方向加工路线

（2）外轮廓加工 XY 方向加工路线的确定

如图 5-39 所示，铣削平面零件外轮廓时，XY 方向采用立铣刀侧刃切削刀具切入工件时，应避免沿零件外轮廓的法向切入，而是沿切削起始点的延伸线逐渐切入工件，保证零件曲线的平滑过渡。同理，在切离工件时，也应避免在切削终点处直接抬刀或垂直切出工件轮廓，要沿着切削终点延伸线逐渐切离工件。以避免在切入、切出处产生刀具的刻痕而影响表面质量。

如图 5-40 所示，铣削外圆时，刀具在圆弧外一点建立刀补到达 1 点，刀具沿圆弧切向切入工件，整圆铣削完毕后，不要在切点处直接退刀，而应让刀具沿切线方向多运动一段距离到达 6 点，再取消刀补。

图 5-41 所示为使用立铣刀进行外轮廓加工加工时的逆铣与顺铣（从上俯视），f 表示工件的运动方向。

如图 5-41（a）所示，逆铣加工外轮廓每一侧面时，刀具与被加工工件接触点的瞬时速度方向与 f 方向反向。如图 5-41（b）所示，顺铣加工外轮廓每一侧面时，刀具与被加工工件接触点的瞬时速度方向与 f 方向同向。

当用立铣刀逆铣时，刀具在切削时会产生"过切"现象，顺铣时刀具在切削时会产生"欠切"现象。这种现象在刀具直径越小，刀杆伸出越长时越明显。在编程中轮廓粗加工如果采用逆铣，一定要注意预留的加工余量，防止"过切"使工件报废。

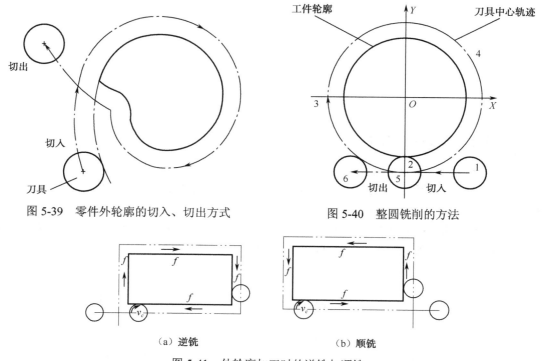

图 5-39　零件外轮廓的切入、切出方式　　　图 5-40　整圆铣削的方法

图 5-41　外轮廓加工时的逆铣与顺铣

4．内轮廓加工路线的确定

（1）内轮廓 Z 方向加工路线的确定

铣削内轮廓（或封闭内槽），如键槽时，铣刀需有一切入距离，先快速移动到距工件表面一定高的位置，然后以工作进给速度进给至铣削深度 H，如图 5-42 所示。

（2）内轮廓加工 XY 方向加工路线的确定

在铣削内轮廓时，XY 方向切入切出无法外延，铣刀只能沿法线方向切入和切出，此时，切入切出点应选在零件轮廓的两个几何元素的交点上，如图 5-43 所示。当内部几何元素相切无交点时，为防止刀补取消时在轮廓拐角处留下凹口，刀具切入、切出点应远离拐角，如图 5-44 所示。

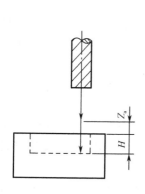

图 5-42　内轮廓 Z 方向加工路线

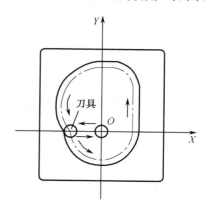

图 5-43　零件内轮廓有交点的切入、切出方式

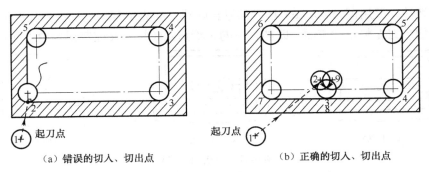

(a) 错误的切入、切出点　　　　　　(b) 正确的切入、切出点

图 5-44　零件内轮廓无交点的切入、切出方式

如图 5-45 所示，铣削内圆时也可从切向切入，最好安排从圆弧过渡到圆弧的加工路线，这样可以提高内孔表面的加工精度和加工质量。

还有一种内圆整圆铣削的方法，铣削内圆时，刀具在内圆弧圆心点沿法向切入工件的同时建立刀补，整圆铣削完毕后，在切点处直接沿法向切出工件的同时取消刀补回到圆弧圆心点。

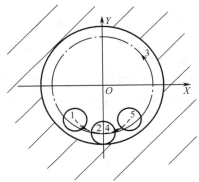

图 5-45　铣削内圆

图 5-46 所示为使用立铣刀进行内轮廓加工时的逆铣与顺铣。

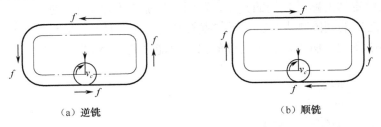

(a) 逆铣　　　　　　　　　　　　(b) 顺铣

图 5-46　内轮廓加工时的逆铣与顺铣

5．内槽加工路线的确定

内槽是以封闭曲线为边界的平底凹槽，内槽铣削包括内轮廓和内槽底平面铣削（内槽 Z 方向加工路线同内轮廓），所以，只沿内轮廓加工一圈常常无法完成加工，可以用行切法和环切法加工内槽。图 5-47 所示为加工内槽的三种进给路线，图 5-47（a）和图 5-47（b）所示分别为用行切法和环切法加工内槽。环切法能切净内腔中的全部面积，不留死角，不伤轮廓，环切法需要逐次向外扩展轮廓线，刀位点计算复杂一些。行切法的进给路线比环切法短，但行切法容易在进给的起点与终点留下死角，而达不到所要求的表面粗糙度，用环切法获得的表面粗糙

度要好于行切法。采用图 5-47（c）所示的进给路线，即先用行切法切去中间部分余量，最后用环切法环切一刀光整轮廓表面，既能使总的进给路线较短，又能获得好的表面粗糙度。

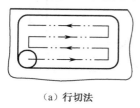 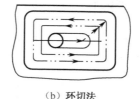 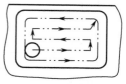

（a）行切法　　　　　　　　　（b）环切法　　　　　　　　（c）行切加环切法

图 5-47　内槽加工路线

6. 曲面加工路线的确定

曲面加工常用图形交互式自动编程软件进行编程加工，规则曲面也可以采用数控变量编程。曲面加工常用球头铣刀加工。

用图形交互式自动编程软件进行编程，曲面加工有平行法、放射法、流线法、等高线法等。

（1）平行法

平行法加工是沿着特定的方向产生一系列的平行的刀具路径，通常用于加单一的凸体或者凹体。平行法加工刀具与零件轮廓的切点轨迹是一行一行的，行间的距离可以设定，并且是按零件加工精度的要求确定的，如图 5-48 所示。

例如，Matercam 三轴曲面加工中，平行铣削加工生成刀具路径是一组与 X 轴成一定角度的平行路径。在曲面平行精加工参数设置中，设定最大行距，即加工时每一切削路径之间的距离小于该设定的值。

（2）放射法

放射法加工生成放射状的加工路径，常用于加工类似圆形的零件，其主要特点是中心对称，如图 5-49 所示。

例如，Matercam 三轴曲面加工中，放射状铣削指从工件的中心开始向外围成放射状生成放射状的加工路径。在曲面放射状精加工参数设置中，最大放射角度设置决定计算切削路径之间距离的方法是设定切削路径之间的夹角，可用于粗加工也可用于精加工。所以，加工时越往工件外侧，路径之间的间隔越大，所留下的残脊高度大。这种加工方法产生的残脊高度从放射加工中心开始由小变大，所以，加工精度的保证只能设置较小的路径夹角来保证。

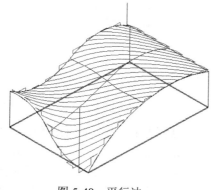 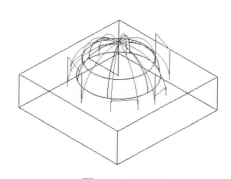

图 5-48　平行法　　　　　　　　　　　　　　　　图 5-49　放射法

（3）流线加工

流线加工沿着曲面流线方向生成刀具路径，流线加工与平行法加工的共同点是刀具与零件轮廓的切点轨迹也是一行一行的，行间的距离可以设定，并且是按零件加工精度的要求确定的。不同的是流线加工切点轨迹是沿曲面流线，而平行法加工的切点轨迹是一组与 X 轴成一定角度的平行路径，流线加工如图 5-50 所示。

例如，Matercam 三轴曲面加工中，在曲面流线精加工参数设置中，行距控制决定计算切削路径之间距离的方法有两种，即距离和残脊高度。距离设定切削路径之间的距离，即加工时每一切削路径之间的距离小于该设定的值。

（4）环绕等距法

环绕等距加工生成一个等距环绕工件曲面的加工刀具路径，如图 5-51 所示。

例如，Matercam 三轴曲面环绕等距加工指加工时刀具由中心或外围开始对工件曲面进行一个相等间距的环绕工件曲面的精加工刀具路径，直至加工完整个曲面。

在曲面环绕等距精加工参数设置中，设定最大行距（决定计算切削路径之间距离），即加工时每一切削路径之间的距离小于该设定的值，用于精加工。这种加工方法不能直接设置残脊高度，在加工轨迹的相邻转角转弯处距离最大，那么刀具轨迹所留下的残脊高度也最大。

图 5-50　流线法

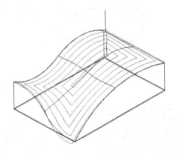

图 5-51　环绕等距法

（5）等高轮廓加工

等高轮廓加工沿着曲面的外形轮廓生成的刀具路径，类似于二维轮廓加工，如图 5-52 所示。

例如，Matercam 三轴曲面等高轮廓加工指刀具一层一层地切削材料。生成的刀具路径，在曲面等高轮廓精加工参数设置中，最大切削行距高度设置（决定计算切削路径之间距离）的方法是设置切削路径之间的高度差 ΔZ，可用于粗加工也可用于精加工。因为等高轮廓加工刀具在轮廓方向上一层一层地切削材料，等高轮廓加工方式在曲面较平坦的地方，行距比较稀疏，所以用于精加工时，把两区段间的过渡方式设置为浅平面，那么在零件曲面上的刀具路径将会密一点。

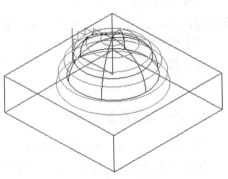

图 5-52　等高线法

5.3.8　切削用量的选择

1. 铣削切削用量的选择原则

如图 5-53 所示,铣削切削用量包括主轴转速 n(切削速度 v_c)、背吃刀量 a_p 和侧吃刀量 a_e、进给速度 v_f。数控铣削加工中,选择切削用量时,要保证零件的加工精度和表面粗糙度等加工质量,保证合理的刀具耐用度,充分发挥刀具切削性能和机床的性能,最大限度地提高生产率,降低成本。

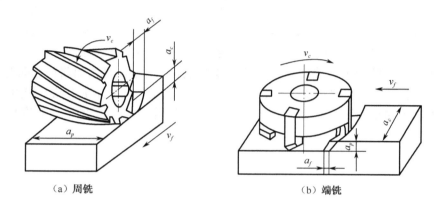

（a）周铣　　　　　　　　　　　　（b）端铣

图 5-53　铣削切削用量

切削用量的选择原则参考第 2 章的内容,铣削切削用量的选择次序:先确定背吃刀量 a_p 和侧吃刀量 a_e,再确定进给量 v_f,最后确定切削速度 v_c,主轴转速 n 根据切削速度和刀具直径计算。数控铣削加工中,粗、精加工时,铣削切削用量的选择原则稍有不同,选择原则如下。

（1）粗加工时铣削切削用量的选择原则

首先选择尽可能大的背吃刀量;其次是根据机床动力和刚性的限制条件等,选取较大的进给速度;最后在保证刀具耐用度的前提下,选取最佳的切削速度。

（2）精加工时铣削切削用量的选择原则

先根据粗加工后的余量确定背吃刀量;其次根据加工表面的粗糙度要求,选取较小的进给速度;最后在保证刀具耐用度的前提下,尽可能选取较高的切削速度。

2. 铣削切削用量的选择

（1）背吃刀量 a_p 或侧吃刀量 a_e 的确定

如图 5-53 所示,背吃刀量 a_p 为平行于铣刀轴线测量的切削层尺寸(mm)。端铣时,a_p 为切削层深度;而周铣时,a_p 为被加工表面的宽度。

如图 5-53 所示,侧吃刀量 a_e 为垂直于铣刀轴线测量的切削层尺寸(mm)。端铣时,a_e 为被加工表面宽度;而周铣时,a_e 为切削层的深度。

背吃刀量或侧吃刀量的选取主要由加工余量和对表面质量的要求以及工艺系统刚性来决定。

① 粗铣时,端铣的背吃刀量一般在 1～5mm 内选取,周铣的侧吃刀量应小于 5mm,在余量较大、工艺系统刚性较差时,可分两次进给。表面粗糙度值可达 $Ra3.2～12.5\mu m$。

② 精铣时，端铣的背吃刀量一般取 0.3～1mm，周铣的侧吃刀量一般取 0.2～0.5mm，加工工件的表面粗糙度可达 Ra 0.8～3.2μm。

（2）进给速度 v_f

1）铣削加工的进给速度 v_f

铣削加工的进给速度 v_f 是指单位时间内工件与铣刀沿进给方向的相对位移量；每齿进给量 f_z 是指铣刀转一个刀齿，工件与铣刀沿进给方向的相对位移量。进给速度 v_f 与铣刀转速 n、铣刀刃数 z、每齿进给量 f_z 的关系为

$$v_f = f_z \times z \times n \qquad\qquad (5\text{-}1)$$

式中　v_f——进给速度（mm/min）；

　　　f_z——每齿进给量（mm/z）；

　　　z——切削刀具刃数；

　　　n——主轴转速（r/min）。

数控铣削加工时，要确定进给速度 v_f，先要确定每齿进给量 f_z，然后根据铣刀转速 n、铣刀刃数 z 用公式计算进给速度。

每齿进给量 f_z 应根据零件的加工精度和表面粗糙度以及刀具和工件的材料来选择。加工表面粗糙度要求较低时，f_z 可以选大一些。工件材料的强度和硬度越高，f_z 越小。每齿进给量 f_z 的确定可参考表 5-2 选取。

在加工过程中，进给速度也可以通过操作面板上的修调开关人工调整，但是最大进给速度要受到设备刚度和进给系统性能等的限制。

2）钻削加工的进给速度 v_f

钻削加工的进给速度 v_f 是指单位时间内工件与刀具沿进给方向的相对位移量；进给速度 v_f 与刀具转速 n、进给量 f 的关系为

$$v_f = f \times n \qquad\qquad (5\text{-}2)$$

式中　v_f——进给速度（mm/min）；

　　　f——进给量（mm/r）；

　　　n——主轴转速（r/min）。

钻削加工时，要确定进给速度 v_f，先要确定进给量 f，然后根据铣刀转速 n 用公式计算进给速度。

进给量 f 应根据零件的加工精度和表面粗糙度以及刀具和工件的材料来选择。加工表面粗糙度要求较低时，f 可以选大一些。工件材料的强度和硬度越高，f 越小。进给量 f 的确定可参考表 5-1 和表 5-2 选取。

表 5-2　铣刀每齿进给量推荐值

工件材料	每齿进给量 f_z/（mm/z）			
	粗铣		精铣	
	高速钢铣刀	硬质合金铣刀	高速钢铣刀	硬质合金铣刀
钢	0.10～0.15	0.10～0.25	0.02～0.05	0.10～0.15
铸铁	0.12～0.20	0.15～0.30		

（3）主轴转速 n

数控铣削编程，在程序中要指定主轴转速 n，主轴转速 n 与切削速度 v_c 及刀具直径的关系为

$$n = \frac{1000v_c}{\pi D} \tag{5-3}$$

式中　v_c——切削速度（m/min）；

　　　　D——表示刀具的直径（mm）；

　　　　n——主轴转速（r/min）。

要确定主轴转速 n，先要确定切削速度 v_c。切削速度是切削过程中的主运动的线速度，与刀具的耐用度的关系比较密切。随着切削速度的增大，刀具耐用度急剧下降，故切削速度 v_c 的选择主要取决于刀具耐用度。另外，切削速度与加工材料也很大关系。例如，用立铣刀铣削模具钢刀时，v_c 可选用 120m/min 左右；而同样的立铣刀铣削铝合金时，v_c 选用 800m/min 以上。对于每一种具体的刀具材料与被切削材料，均有一个最佳的值。切削速度的确定可参考表 5-3 选取。

表 5-3　切削速度推荐值

工件材料	切削速度 v_c/（m/min）	
	高速钢铣刀	硬质合金铣刀
碳钢	15～36	54～115
合金钢	12～27	55～100
工具钢	15～23	60～83
灰铸铁	15～21	45～90
可锻铸铁	15～36	40～90

5.4　典型零件数控铣削加工工艺分析

5.4.1　盘形零件的数控铣削加工工艺性分析

1. 零件图工艺分析

图 5-54 所示为盘形零件图，材料为 45 钢，为便于在数控铣床上定位和夹紧，其底面和四方均安排在前面工序中由普通铣床加工至尺寸 106mm×106mm×27mm，另一端面、凸台、型腔和孔在数控铣床上一次安装完成加工。

将 G54 工件坐标系建立在 106mm×106mm×27mm 的工件上表面下 2mm，零件的对称中心处。G56 元件坐标系建立在工件上表面下 2mm，椭圆的对称中心处，如图 5-54 所示。

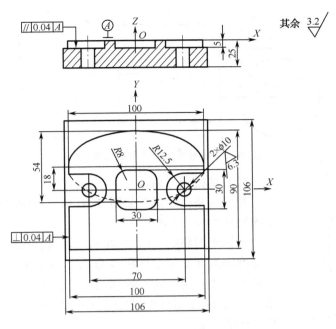

图 5-54　盘形零件

2．选择加工方法

所有孔都是在实体上加工，为防钻偏，均先用中心钻引正孔，然后再钻孔。对 $\phi18$mm 的孔，根据孔径精度，孔深尺寸和孔底平面要求，用铣削方法同时完成孔壁和孔底平面的加工。各加工表面选择的加工方案如下：

106mm×106mm 平面：端铣；

30 mm×30mm 槽：铣；

外形轮廓：铣；

$\phi10$mm 孔：钻中心孔—钻孔。

3．确定数控加工顺序

按照基面先行，先粗后精的原则。

因被加工表面相互之间位置精度要求较高，所以，采用所有被加工表面先粗加工完成后再精加工的方法。共分 8 个工步，加工工步顺序如下：

粗铣上表面→粗铣槽→粗铣外轮廓→钻中心孔→精铣上表面→精铣槽→精铣外轮廓→钻孔。

4．确定走刀路线

（1）铣平面走刀路线

铣平面走刀路线如图 5-55 所示，精加工从 A 点上方深度进给到工件坐标系 O 点以下 2mm 处（粗加工从 A 点上方深度进给到工件坐标系 O 点以下 1.5mm 处），然后以 G01 的速度进给至 D 处，抬刀至 D 点上方 50mm 处，快速移动到 B 点上方，再深度进给到工件坐标系 O 点以下 2mm 处，然后以 G01 的速度进给至 C 处，抬刀。

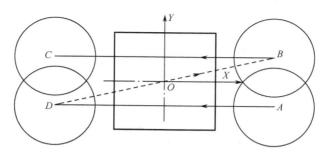

图 5-55　盘形零件铣平面走刀路线

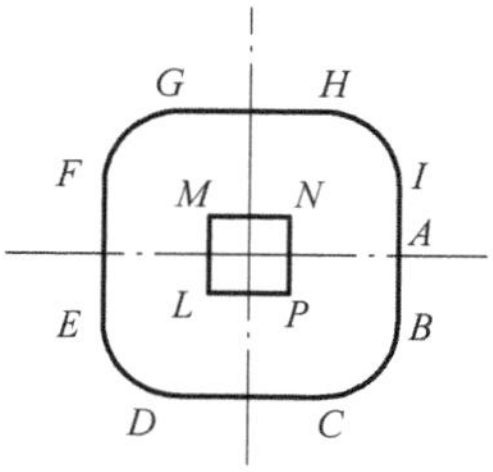

（2）铣槽走刀路线

　　槽轮廓基点示意图如图 5-56 所示，槽轮廓基点在 G54 坐标系的坐标如表 5-4 所示。

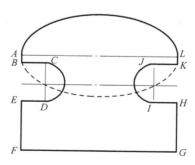

图 5-56　槽轮廓基点示意图

　　铣槽走刀路线如图 5-56 所示，精加工从工件坐标系 O 点上方深度进给到工件坐标系 O 点以下 5mm 处，以 G01 的速度直线插补至 A 处，用环切法顺铣加工轮廓线，再环切加工中间部分余量，走刀路线：$A \to B \to C \to D \to E \to F \to G \to H \to I \to A \to$ 中心 $\to M \to N \to P \to L \to M$。

表 5-4　槽轮廓基点坐标

基　点	坐　标	基　点	坐　标
A	（15，0）	H	（7，15）
B	（15，−7）	I	（15，7）
C	（7，−15）	M	（−4，4）
D	（−7，−15）	N	（4，4）
E	（−15，−7）	P	（4，−4）
F	（−15，7）	L	（−4，−4）
G	（−7，15）		

（3）铣外形轮廓走刀路线

　　外形轮廓基点示意图如图 5-57 所示，外形轮廓基点在 G54 坐标系的坐标见表 5-5。

图 5-57　外形轮廓基点示意图

　　铣外形轮廓走刀路线如图 5-57 所示，精加工从 L 点右边 90mm 处的上方深度进给到工件坐标系 O 点以下 5mm 处，然后以 G01 的速度直线插补至 L 处，用顺铣加工，先铣椭圆轮廓线，再铣直线和圆弧轮廓线，走刀路线：$L{\to}A{\to}B{\to}C{\to}D{\to}E{\to}F{\to}G{\to}H{\to}I{\to}A{\to}J{\to}K{\to}L$。

表 5-5　盘形零件外形轮廓基点坐标

基　点	坐　标	基　点	坐　标
A	（−50，18）	G	（50，−45）
B	（−50，12.5）	H	（50，−12.5）
C	（−35，12.5）	I	（35，−12.5）
D	（−35，−12.5）	J	（35，12.5）
E	（−50，−12.5）	K	（50，12.5）
F	（−50，−45）	L	（50，18）

5．装夹方案

定位夹紧用平口钳或专用夹具。

零件主要由平面、外轮廓、槽和孔组成。本工序用底面和侧面定位，约束 5 个自由度，见工序卡工序简图。采用平口虎钳装夹。校正平口钳固定钳口与工作台 X 轴移动方向平行，在工件上表面与平口钳之间放入精度较高且厚度适当的平行垫块。加工平面与凸台面时为避免刀具与钳口发生干涉；钻孔时为避免刀具与平行垫块发生干涉，工件露出钳口表面 8～10mm，垫块相应位置为空，一次装夹完成平面、外轮廓、槽和孔加工。

6．刀具选择

① 铣平面，ϕ80mm 端铣刀；

② 铣槽，ϕ14mm 键槽铣刀；

③ 铣外形轮廓，ϕ22mm 立铣刀；

④ 钻孔，ϕ6mm 中心钻、ϕ10mm 麻花钻。

将所选定的刀具参数填入表 5-6 数控加工刀具卡片中，以便于编程和操作管理。

表 5-6　盘形零件数控加工刀具卡片

产品名称或代号			零件名称		零件图号	
序号	刀具号	刀具规格名称	数量	加工表面	备注	
1	T01	ϕ80mm 端铣刀(硬质合金)	1	铣平面		
2	T03	ϕ14mm 键槽铣刀（高速钢）	1	铣槽		
3	T02	ϕ22mm 立铣刀（高速钢）	1	铣外形轮廓		
4	T04	ϕ6mm 中心钻（高速钢）	1	钻中心孔		
5	T05	ϕ10mm 麻花钻（高速钢）	1	钻孔		
编制		审核	批准		共　页　　第　页	

7．切削用量选择

（1）背吃刀量或侧吃刀量的选取

铣平面，粗铣 α_p=1.5mm，精铣 α_p=0.5mm；

铣外形轮廓，粗铣深度方向分两刀 α_p=2.25mm，精铣 α_p=0.5mm；

铣槽，粗铣深度方向分两刀 α_p=2.25mm，精铣 α_p=0.5mm；

钻孔，α_e=5mm。

（2）确定主轴转速

1）铣平面

参照表 5-3 粗铣，选 v_c=70 m/min，$n=\dfrac{1\,000v_c}{\pi D}=\dfrac{1\,000\times70}{\pi\times80}=279\text{r/min}$，取 n=280r/min；

精铣，选 v_c=110m/min，$n=\dfrac{1\,000v_c}{\pi D}=\dfrac{1\,000\times110}{\pi\times80}=438\text{r/min}$，取 n=450r/min。

2）铣槽

参照表 5-3 粗铣，选 v_c=18m/min，$n=\dfrac{1\,000v_c}{\pi D}=\dfrac{1\,000\times18}{\pi\times14}=409\text{r/min}$，取 n=400r/min；

精铣，选 v_c=30m/min，$n=\dfrac{1\,000v_c}{\pi D}=\dfrac{1\,000\times30}{\pi\times14}=682\text{r/min}$，取 n=680r/min。

3）铣外形轮廓

参照表 5-3 粗铣，选 v_c=20m/min，$n=\dfrac{1\,000v_c}{\pi D}=\dfrac{1\,000\times20}{\pi\times22}=290\text{r/min}$，取 n=300r/min；

精铣，选 v_c=30m/min，$n=\dfrac{1\,000v_c}{\pi D}=\dfrac{1\,000\times30}{\pi\times22}=434\text{r/min}$，取 n=480r/min。

4）钻孔

参照表 6-2，钻中心孔，选 v_c=20m/min，$n=\dfrac{1\,000v_c}{\pi D}=\dfrac{1\,000\times20}{\pi\times6}=1062\text{r/min}$，取 n=1000r/min；

钻孔，取 v_c=20m/min，$n=\dfrac{1\,000v_c}{\pi D}=\dfrac{1\,000\times20}{\pi\times10}=637\text{r/min}$，取 n=700r/min。

表 5-7　铣刀的每齿进给量　　　　　　　　　　　　　　　　mm/z

刀具材料	铣刀类型	被加工材料				
		碳钢	合金钢	工具钢	灰铸铁	可锻铸铁
高速钢	端铣刀	0.1～0.3	0.07～0.25	0.07～0.2	0.1～0.35	0.1～0.4
	三面刃铣刀	0.05～0.2	0.05～0.2	0.05～0.15	0.07～0.25	0.07～0.25
	立铣刀（键槽铣刀）	0.03～0.15	0.02～0.1	0.025～0.1	0.07～0.18	0.05～0.20
	圆柱铣刀	0.07～0.2	0.05～0.2	0.05～0.15	0.1～0.3	0.1～0.35
硬质合金	端铣刀	0.10～0.3	0.075～0.2	0.07～0.25	0.1～0.5	0.1～0.4
	三面刃铣刀	0.10～0.3	0.05～0.25	0.05～0.25	0.125～0.3	0.1～0.3

（3）确定进给速度 v_f

1）铣平面

参照表 5-7 选取 f_z，根据公式（5-1）计算 v_f 粗铣，取 v_f=60mm/min；精铣，取 v_f=40mm/min。

2）铣槽

粗铣，$v_f=f_z\times z\times n=0.08\times2\times400=64\text{mm/min}$，取 v_f=40mm/min；

精铣，$v_f = f_z \times z \times n = 0.03 \times 2 \times 680 = 40.8 \, \text{mm/min}$，取 v_f=30mm/min。

3）铣外形轮廓

粗铣，$v_f = f_z \times z \times n = 0.08 \times 2 \times 300 = 48 \, \text{mm/min}$，取 v_f=40mm/min；

精铣，$v_f = f_z \times z \times n = 0.03 \times 2 \times 480 = 28.8 \, \text{mm/min}$，取 v_f=30mm/min。

4）钻孔

参照表 6-2 选取 f，根据公式（5-2）计算 v_f，$v_f = f \times n = 0.1 \times 700 = 70 \, \text{mm/min}$，取 v_f=70mm/min。

将各工序内容、所用刀具和切削用量填入表 5-8 盘形零件加工工序卡片中。

表 5-8　盘形零件机械加工工序卡片

工厂			机械加工工序卡			产品型号		零（部）件型号		共　　页	
						产品名称		零（部）件名称		第　　页	
材料牌号	45		毛坯种类	钢板	毛坯外形尺寸/mm	110×110×28	每个毛坯件数	1	每台件数	备注	
工序号	装夹	工步号	工序内容	同时加工零件数	切削用量			工艺装备名称及编号			工时定额	
					背吃刀量/mm	每分钟转速或往复次数	进给速度/(mm·min⁻¹)	设备名称及编号	夹具	刀具	量具	技术等级	单件	准终
1			粗精铣底平面				60	普通铣床	平口钳	ϕ80mm 端铣刀	游标卡尺			
2			粗精铣四个侧面				60	普通铣床	平口钳	ϕ80mm 端铣刀	游标卡尺			
3		①	粗铣上平面		1.5	280	60	数控铣床	平口钳	ϕ80mm 端铣刀	游标卡尺			
		②	粗铣 30mm×30mm 槽		2.25	400	40	数控铣床	平口钳	ϕ14mm 键槽铣刀	游标卡尺			
		③	粗铣外形轮廓		2.25	300	40	数控铣床	平口钳	ϕ22mm 立铣刀	游标卡尺			
		④	钻中心孔			1000	40	数控铣床	平口钳	ϕ6mm 中心钻				
		⑤	精铣上平面		0.5	450	40	数控铣床	平口钳	ϕ80mm 端铣刀	游标卡尺			
		⑥	精铣 30mm×30mm 槽		0.5	680	30	数控铣床	平口钳	ϕ14mm 键槽铣刀	游标卡尺			
		⑦	精铣外形轮廓		0.5	480	30	数控铣床	平口钳	ϕ22mm 立铣刀	游标卡尺			
		⑧	钻孔			700	70	数控铣床	平口钳	ϕ10mm 麻花钻	游标卡尺			
编制（日期）				审核（日期）				会签（日期）					
标记	处记	更改文件号	签字	日期	标记	处记	更改文件号	签字	日期				

将各工步内容、所用刀具和切削用量填入表 5-9 盘形零件加工工序卡片中。

表 5-9　盘形零件数控加工工序卡片

单位名称	数控加工工序卡		产品名称	零件名称	零件图号

	工序名称	工序号
数控铣削		3
车间	使用设备	
	数控铣床	
夹具名称	夹具编号	
平口钳		
备注		

工步	工步内容	程序编号	刀具号	刀具类型	主轴转速/ (r·min⁻¹)	进给速度/ (mm·min⁻¹)	背吃刀量/mm	备注
1	粗铣平面	O5100	T1	φ80mm 端铣刀	280	60	1.5	自动
2	粗铣 30mm×30 mm 槽	O5200	T3	φ14mm 键槽铣刀	400	40	2.25	自动
3	粗铣外形轮廓	O5300	T2	φ22mm 立铣刀	300	40	2.25	自动
4	钻中心孔	O5400	T4	φ6mm 中心钻	1000	40		自动
5	精铣平面	O5500	T1	φ80mm 端铣刀	450	40	0.5	自动
6	精铣 30mm×30mm 槽	O5600	T3	φ14mm 键槽铣刀	680	30	0.5	自动
7	精铣外形轮廓	O5700	T2	φ22mm 立铣刀	480	30	0.5	自动
8	钻孔	O5800	T5	φ10mm 麻花钻	700	70		自动

8．程序

（1）铣平面

粗铣平面，FANUC 0i Mate 系统程序见表 5-10。

表 5-10 盘形零件 FANUC 0i Mate 系统粗铣平面程序

系统	FANUC 0i Mate		程序号	O5100
刀具号	T1（ϕ80mm）			
O5100 号程序				
程序内容		说明		
O5100；				
G17 G90 G53 G40 G49 G00 Z−50；				
T1 M06；				
G54；		程序开始及刀具快速定位		
S280 M03；				
G00 X120 Y−25；				
G00 Z10；				
G01Z−1.5 F60；				
G01 X−120 F60；				
G00 Z50；				
G00 X120 Y25；		加工平面		
G01Z−1.5 F60；				
G01 X−120 F60；				
G00 Z100；				
M05；		程序结束，抬刀		
M30；				
%				

精铣平面，FANUC 0i Mate 系统程序见表 5-11。

表 5-11 盘形零件 FANUC 0i Mate 系统精铣平面程序

系统	FANUC 0i Mate		程序号	O5500
刀具号	T1（ϕ80mm）			
O5500 号程序				
程序内容		说明		
O5500；				
G17 G90 G53 G40 G49 G00 Z−50；				
T1 M06；				
G54；		程序开始及刀具快速定位		
S450 M03；				
G00 X120 Y−25；				
G00 Z10；				

续表

系统	FANUC 0i　Mate	程序号	O5500
刀具号		T1（∅80mm）	
O5500 号程序			
程序内容		说明	
G01Z–2 F60；		加工平面	
G01 X–120 F40；			
G00 Z50；			
G00 X120 Y25；			
G01Z–2 F60；			
G01 X–120 F40；			
G00 Z100；		程序结束，抬刀	
M05；			
M30；			
%			

（2）铣槽

选择 G54 坐标系加工槽，粗铣槽前在刀具补偿设定中，3 号刀的刀具半径补偿：003 的形状（D）中输入 14.5，这样槽侧面留精加工余量 0.5mm。粗铣 30mm×30mm 槽程序见表 5-12。

表 5-12　盘形零件 FANUC 0i Mate 系统粗铣槽程序

系统	FANUC 0i　Mate	程序号	O5200
刀具号		T3（∅14mm）	
O5200 号程序			
程序内容		说明	
O5200；			
G17 G90 G53 G49 G00 Z–50；		程序开始，调用 3 号刀，选择工件坐标系 G54，刀具快速定位	
G54；			
T3 M06；			
S400 M03；			
G00 Z50；			
M08；			
G00 X0 Y0；			
G00 Z10；			
G01 Z–2.25 F30；			
G42 D3 G01 X15 F40；		建立刀补	
G01 Y–7；		直线插补从 A→B	
G02 X7 Y–15 R8；		圆弧插补从 B→C	
G01 X–7；		直线插补从 C→D	
G02 X–15 Y–7 R8；		圆弧插补从 D→E	

续表

系统	FANUC 0i　Mate	程序号	O5200
刀具号		T3（φ14mm）	

O5200 号程序

程序内容	说明
G01 Y7;	直线插补从 E→F
G02 X–7 Y15 R8;	圆弧插补从 F→G
G01 X7;	直线插补从 G→H
G02 X15 Y7 R8;	圆弧插补从 H→I
G01 X15 Y0 ;	直线插补从 I→A
G40 G01 X0 Y0;	取消刀具半径补偿
G01 X–4 Y4 F40;	
G01 X4 Y4;	直线插补从 M→N
G01 X4 Y–4;	直线插补从 N→P
G01 X–4 Y–4;	直线插补从 P→L
G01 X–4 Y4;	直线插补从 L→M
G00 Z10;	
G00 X0 Y0;	
G01 Z–4.5 F30;	
G42 D3 G01 X15 F40;	建立刀补
G01 Y–7;	直线插补从 A→B
G02 X7 Y–15 R8;	圆弧插补从 B→C
G01 X–7;	直线插补从 C→D
G02 X–15 Y–7 R8;	圆弧插补从 D→E
G01 Y7;	直线插补从 E→F
G02 X–7 Y15 R8;	圆弧插补从 F→G
G01 X7;	直线插补从 G→H
G02 X15 Y7 R8;	圆弧插补从 H→I
G01 X15 Y0 ;	直线插补从 I→A
G40 G01 X0 Y0;	取消刀具半径补偿
G01 X–4 Y4 F40;	
G01 X4 Y4;	直线插补从 M→N
G01 X4 Y–4;	直线插补从 N→P
G01 X–4 Y–4;	直线插补从 P→L
G01 X–4 Y4;	直线插补从 L→M
G00 Z100;	
M09;	
M05;	抬刀，切削液关，主轴停止，程序结束
M30;	
%	

选择 G54 坐标系精铣槽，精铣槽前在刀具补偿设定中，更改 3 号刀的刀具半径补偿，将 003 的形状（D）改为 14，精铣 30mm×30mm 槽程序见表 5-13。

表 5-13　盘形零件 FANUC 0i Mate 系统精铣槽程序

系统	FANUC 0i　Mate	程序号	O5600	
刀具号	T3（ϕ14mm）			
O5600 号程序				
程序内容		说明		
O5600；				
G17 G90 G53 G49 G00 Z–50；				
G54；				
T3 M06；				
S680 M03；		程序开始，调用 3 号刀，选择工件坐标系 G54，刀具快		
G00 Z50；		速定位		
M08；				
G00 X0 Y0；				
G00 Z10；				
G01 Z–5 F30；				
G42 D3 G01 X15 F30；		建立刀补		
G01 Y–7；		直线插补从 $A→B$		
G02 X7 Y–15 R8；		圆弧插补从 $B→C$		
G01 X–7；		直线插补从 $C→D$		
G02 X–15 Y–7 R8；		圆弧插补从 $D→E$		
G01 Y7；		直线插补从 $E→F$		
G02 X–7 Y15 R8；		圆弧插补从 $F→G$		
G01 X7；		直线插补从 $G→H$		
G02 X15 Y7 R8；		圆弧插补从 $H→I$		
G01 X15 Y0 ；		直线插补从 $I→A$		
G40 G01 X0 Y0；		取消刀具半径补偿		
G01 X–4 Y4 F30；				
G01 X4 Y4；		直线插补从 $M→N$		
G01 X4 Y–4；		直线插补从 $N→P$		
G01 X–4 Y–4；		直线插补从 $P→L$		
G01 X–4 Y4；		直线插补从 $L→M$		
G00 Z100；				
M09；				
M05；		抬刀，切削液关，主轴停止，程序结束		
M30；				
%				

（3）铣外形轮廓

本例（FANUC 0i Mate 系统铣外形程序）中对椭圆的加工需采用宏程序，先选择 G56 坐标系加工椭圆，椭圆的加工完成后即选择 G54 坐标系继续加工外形轮廓。

粗铣前在刀具补偿设定中，2 号刀的刀具半径补偿：002 的形状（D）中输入 22.5，这样外形侧面留精加工余量 0.5mm。

粗铣外形轮廓程序见表 5-14。

表 5-14　盘形零件 FANUC 0i Mate 系统粗铣外形程序

系统	FANUC 0i　Mate	程序号	O5300
刀具号		T2（φ22mm）	
O5300 号程序			
程序内容		说明	
O5300；			
G90 G54 G00 Z100；			
T2 M06；			
S300 M03；		程序开始，调用 2 号刀，选择工件坐标系 G56，及刀具快速定位	
G56；			
G00 X90 Y0 Z50；			
G00 Z10；			
G01 Z–2.25 F30；			
M08；			
#1=50；		椭圆的长半轴长为 50mm	
#2=27；		椭圆的短半轴长为 27mm	
#3=0；		椭圆加工起始角度为 0°	
#4=180；		椭圆加工终止角度为 180°	
#5=1；		角度每次递增量为 1°	
WHILE[#3LE#4] DO1；		判断角度值是否到达终点，当角度值大于 180° 时，退出循环	
#6=#1 * COS[#3]；		计算椭圆上各点 X 坐标	
#7=#2 * SIN[#3]；		计算椭圆上各点 Y 坐标	
G42 G01 X[#6] Y[#7] D2 F40；		进给至轮廓点的位置	
#3=#3+#5；		角度值递增	
END1；		循环体结束	
G54；		选择工件坐标系 G54	
G01 X–50 Y12.5 F40；		直线插补从 A→B	
G01 X–35 Y12.5		直线插补从 B→C	
G02 X–35 Y–12.5 R12.5；		圆弧插补从 C→D	
G01 X–50 Y–12.5；		直线插补从 D→E	
G01 X–50 Y–45；		直线插补从 E→F	

续表

系统	FANUC 0i　Mate	程序号	O5300
刀具号		T2（φ22mm）	

O5300 号程序

程序内容	说明
G01 X50 Y–45；	直线插补从 F→G
G01 X50 Y–12.5；	直线插补从 G→H
G01 X35 Y–12.5；	直线插补从 H→I
G02 X35 Y12.5 R12.5；	圆弧插补从 I→J
G01 X50 Y12.5；	直线插补从 J→K
G01 X50 Y18；	直线插补从 K→L
G40 G00 X90 Y18；	取消刀补
G00X65Y41；	
G01X41Y65F40；	
G00X–41Y65；	
G01X–65Y41F40；	
G00 Z10；	
G56；	
G00 X90 Y0；	
G01 Z–4.5 F30；	
#1=50；	
#2=27；	
#3=0；	
#4=180；	
#5=1；	角度每次递增量为 1°
WHILE[#3LE#4] DO1；	判断角度值是否到达终点，当角度值大于 180° 时，退出循环
#6=#1 * COS[#3]；	计算椭圆上各点 X 坐标
#7=#2 * SIN[#3]；	计算椭圆上各点 Y 坐标
G42 G01 X[#6] Y[#7] D2 F40；	进给至轮廓点的位置
#3=#3+#5；	角度值递增
END1；	循环体结束
G54；	选择工件坐标系 G54
G01 X–50 Y12.5 F40；	直线插补从 A→B
G01 X–35 Y12.5	直线插补从 B→C
G02 X–35 Y–12.5 R12.5；	圆弧插补从 C→D
G01 X–50 Y–12.5；	直线插补从 D→E
G01 X–50 Y–45；	直线插补从 E→F

系统	FANUC 0i Mate		程序号	O5300
刀具号	T2（ϕ22mm）			
O5300 号程序				
程序内容			说明	
G01 X50 Y–45；			直线插补从 $F \rightarrow G$	
G01 X50 Y–12.5；			直线插补从 $G \rightarrow H$	
G01 X35 Y–12.5；			直线插补从 $H \rightarrow I$	
G02 X35 Y12.5 R12.5；			圆弧插补从 $I \rightarrow J$	
G01 X50 Y12.5；			直线插补从 $J \rightarrow K$	
G01 X50 Y18；			直线插补从 $K \rightarrow L$	
G40 G00 X90 Y18；			取消刀补	
G00X65Y41；				
G01X41Y65F40；				
G00X–41Y65；				
G01X–65Y41F40；				
G00 Z50；				
M05；				
M09；			程序结束，抬刀	
M30；				
%				

精铣前在刀具补偿设定中，将 2 号刀的刀具半径补偿 002 的形状（D）改为 22。精铣外形轮廓程序见表 5-15。

表 5-15 盘形零件 FANUC 0i Mate 系统精铣外形程序

系统	FANUC 0i Mate		程序号	O5700
刀具号	T2（ϕ22mm）			
O5700 号程序				
程序内容			说明	
O5700；				
G90 G54 G00 Z100；				
T2 M06；				
S480 M03；			程序开始，调用 2 号刀，选择工件坐标系 G56，及刀具	
G56；			快速定位	
G00 X90 Y0 Z50；				
G00 Z10；				
G01 Z–5 F30；				
M08；				

续表

系统	FANUC 0i Mate	程序号	O5700
刀具号		T2（∅22mm）	

O5700 号程序

程序内容	说明
#1=50;	椭圆的长半轴长为 50mm
#2=27;	椭圆的短半轴长为 27mm
#3=0;	椭圆加工起始角度为 0°
#4=180;	椭圆加工终止角度为 180°
#5=0.5;	角度每次递增量为 0.5°
WHILE[#3LE#4] DO1;	判断角度值是否到达终点，当角度值大于 180°时，退出循环
#6=#1 * COS[#3];	计算椭圆上各点 X 坐标
#7=#2 * SIN[#3];	计算椭圆上各点 Y 坐标
G42 G01 X[#6] Y[#7] D2 F30;	进给至轮廓点的位置
#3=#3+#5;	角度值递增
END1;	循环体结束
G54;	选择工件坐标系 G54
G01 X–50 Y12.5 F30;	直线插补从 A→B
G01 X–35 Y12.5	直线插补从 B→C
G02 X–35 Y–12.5 R12.5;	圆弧插补从 C→D
G01 X–50 Y–12.5;	直线插补从 D→E
G01 X–50 Y–45;	直线插补从 E→F
G01 X50 Y–45;	直线插补从 F→G
G01 X50 Y–12.5;	直线插补从 G→H
G01 X35 Y–12.5;	直线插补从 H→I
G02 X35 Y12.5 R12.5;	圆弧插补从 I→J
G01 X50 Y12.5;	直线插补从 J→K
G01 X50 Y18;	直线插补从 K→L
G40 G00 X90 Y18;	取消刀补
G00X65Y41;	
G01X41Y65F30;	
G00X–41Y65;	
G01X–65Y41F30;	
G00 Z50;	
M05;	
M09;	程序结束，抬刀
M30;	
%	

（4）钻孔

选择 G54 坐标系加工孔。

钻中心孔程序见表 5-16。

表 5-16　盘形零件 FANUC 0i Mate 系统钻中心孔程序

系统	FANUC 0i Mate		程序号	O5400
刀具号	T4（∅6mm）			
O5400 号程序				
程序内容			说明	
O5400；				
G17 G90 G53 G40 G49 G00 Z−50；				
G54；				
T4 M06；			程序开始及刀具快速定位	
G00 X−35 Y0；				
S1000 M03；				
G00 Z50				
G98 G81 X−35 Y0 Z−8 R4 F40；			采用钻孔循环，钻第 1 孔	
X35 Y0；			采用钻孔循环，钻第 2 孔	
G53 G80 G00 Z−50；				
M05；			抬刀，主轴停止，程序结束	
M30；				
%				

钻 ∅10mm 孔程序见表 5-17。

表 5-17　盘形零件 FANUC 0i Mate 系统钻孔程序

系统	FANUC 0i Mate		程序号	O5800
刀具号	T5（∅10mm）			
O5800 号程序				
程序内容			说明	
O5800；				
G17 G90 G53 G40 G49 G00 Z−50；				
G54；				
T4 M06；			程序开始及刀具快速定位	
G00 X−35 Y0；				
S700 M03；				
G00 Z50				
G98 G81 X−35 Y0 Z−30 R4 F70；			采用钻孔循环，钻第 1 孔	
X35 Y0；			采用钻孔循环，钻第 2 孔	
G53 G80 G00 Z−50；				
M05；			抬刀，主轴停止，程序结束	
M30；				
%				

5.4.2　凸轮的数控铣削加工工艺性分析

图 5-58 所示为平面槽形凸轮零件图，单件生产。其外部尺寸 ϕ116mm 及底面 A 由前道工序加工完，本工序的任务是加工另一端面、台阶面、ϕ32mm 外形、加工凸轮槽、孔及孔两端的倒角。零件材料为 45 钢。

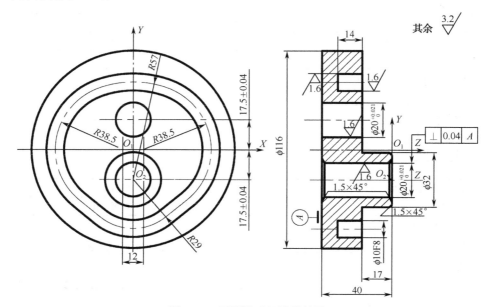

图 5-58　平面槽形凸轮零件图

1．零件图工艺分析

ϕ20mm 两孔表面粗糙度要求较高，Ra 为 1.6μm，尺寸精度也较高，ϕ20mm 孔与底面有垂直度要求。应以 A 面及外圆定位，分粗、半精加工、精加工阶段进行。

凸轮槽侧面粗糙度要求较高，Ra 为 1.6μm，尺寸精度也较高，应以 A 面及外圆定位，分粗、精铣两个加工阶段进行。

ϕ32mm 端面粗糙度 Ra 为 3.2μm 和尺寸 40mm 以 A 面定位及外圆定位，用端铣刀分粗、精铣两个加工阶段进行。

ϕ32mm 外形轮廓及台阶面 17mm，以 A 面及外圆定位，用立铣刀分粗、精铣两个加工阶段进行。

将 G54 工件坐标系建立在 ϕ116mm×42mm 工件上表面下 2mm，ϕ116mm 的圆心 O_1 处。工件坐标系 G56 建立在 ϕ116mm×42mm 工件上表面下 2mm，ϕ32mm 的圆心 O_2 处。如图 5-58 所示。

2．选择加工方法

外部尺寸 ϕ116mm 及底面 A 由普通车床加工。

在数控铣床上加工该零件的另一端面、台阶面、ϕ32mm 外形、加工凸轮槽、孔及孔两端的倒角。

上平面：粗、精铣（端铣）。

ϕ20mm 两孔：钻中心孔、钻孔、扩孔、铰孔。

槽：粗、精铣。

ϕ32mm 外形轮廓及台阶面：粗、精铣。

3．确定加工顺序

（1）工序 1

由普通车床车端面（A 面）及外圆，分两个工步：车端面→车外圆。

（2）工序 2

由数控铣床铣该零件的另一端面、台阶面、ϕ32mm 外形、加工凸轮槽、孔及孔一端的倒角。按照基面先行，先粗后精的原则，共分 11 个工步，加工工步顺序如下：

粗铣平面→粗铣ϕ32mm 外形轮廓及台阶面→精铣平面→精铣ϕ32mm 外形轮廓及台阶面→孔定位→钻ϕ20mm 孔至ϕ18mm→扩ϕ20mm 孔至ϕ19.7mm→ϕ20mm 孔倒角→ϕ20mm 孔精加工→粗铣槽内外侧→精铣槽内外侧。

（3）工序 3

翻面装夹由数控铣床铣ϕ20mm 孔另一侧倒角。

4．确定走刀路线

（1）铣平面走刀路线

铣平面走刀路线同上例。

（2）铣ϕ32mm 外形轮廓及台阶面走刀路线

用整圆加工的方法 XOY 平面分三层绕ϕ32mm 加工，Z 方向分 6 层加工。

（3）铣槽

因槽的槽侧面表面粗糙度要求较高，一般 Ra 为 1.6μm，尺寸精度也较高，所以在粗加工阶段，槽内侧用加工外轮廓的方法，槽外侧用加工内轮廓的方法，这样可以留出精加工余量。在槽底平面留出精加工余量 0.5 mm。

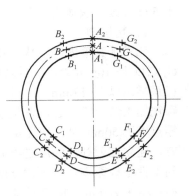

图 5-59　凸轮槽基点坐标

在 G54 坐标系加工槽内外侧，图 5-59 凸轮槽基点坐标示意图，表 5-18 为凸轮槽基点坐标。

表 5-18　凸轮槽基点坐标

基点	坐标	基点	坐标
A	（0，39.5）	E	（18.71，−39.66）
B	（−18.49，36.42）	F	（30.84，−29.42）
C	（−30.84，−29.42）	G	（18.49，36.42）
D	（−18.71，−39.66）		
A_1	（0，34.5）	E_1	（15.48，−35.84）
B_1	（−16.86，31.69）	F_1	（27.61，−25.6）
C_1	（−27.61，−25.6）	G_1	（16.86，31.69）
D_1	（−15.48，−35.84）		
A_2	（0，44.5）	E_2	（21.94，−43.48）

基点	坐标	基点	坐标
B_2	$(-20.11, 41.15)$	F_2	$(34.06, -33.24)$
C_2	$(-34.06, -33.24)$	G_2	$(20.11, 41.15)$
D_2	$(-21.94, -43.48)$		

1）粗铣槽

粗铣槽时，先分层粗加工槽内侧，如图 5-59 所示，从工件坐标系 O_1 上方快速定位至 $X0$，$Y90$ 处，快速进给到工件坐标系 O_1 点以下 -10mm 处，然后以 G01 的速度直线插补至 A_1 上方，建立右刀补。深度进给到工件坐标系 O_1 点以下 -16.5mm 处，然后调用子程序用环切法分层顺铣加工轮廓线，每层走刀路线：$A_1 \rightarrow B_1 \rightarrow C_1 \rightarrow D_1 \rightarrow E_1 \rightarrow F_1 \rightarrow G_1 \rightarrow A_1$，$Z$ 方向每次进刀 2mm。加工槽内侧结束后，抬刀至零点以上 50mm 处，快速定位至 $X0$，$Y90$ 处，并取消右刀补。

分层粗加工槽外侧，以 G01 的速度直线插补至 A_2 上方，建立左刀补，深度进给到工件坐标系 O_1 点以下 -16.5mm 处，然后调用子程序用环切法分层顺铣加工轮廓线，每层走刀路线：$A_2 \rightarrow B_2 \rightarrow C_2 \rightarrow D_2 \rightarrow E_2 \rightarrow F_2 \rightarrow G_2 \rightarrow A_2$，$Z$ 方向每次进刀 2mm。加工槽外侧结束后，抬刀至零点以上 50mm 处，快速定位至 X_0，Y_{90} 处，并取消左刀补。

2）精铣槽

先精加工槽内侧，从工件坐标系 O_1 上方快速定位至 $X0$，$Y90$ 处，快速进给到工件坐标系 O_1 点以下 -10mm 处，然后以 G01 的速度直线插补至 A_1 上方，建立右刀补，深度进给到工件坐标系零点以下 -17mm 处，调用子程序。深度进给到工件坐标系零点以下 -31mm 处，用环切法顺铣加工轮廓线，走刀路线为 $A_1 \rightarrow B_1 \rightarrow C_1 \rightarrow D_1 \rightarrow E_1 \rightarrow F_1 \rightarrow G_1 \rightarrow A_1$，加工槽内侧结束后，抬刀至零点以上 50mm 处，快速定位至 $X0$，$Y90$ 处，并取消右刀补。以 G01 的速度直线插补至 A_2 上方，建立左刀补，深度进给到工件坐标系 O_1 点以下 -17mm 处，然后调用子程序。深度进给到工件坐标系零点以下 -31mm 处，用环切法顺铣加工轮廓线，走刀路线：$A_2 \rightarrow B_2 \rightarrow C_2 \rightarrow D_2 \rightarrow E_2 \rightarrow F_2 \rightarrow G_2 \rightarrow A_2$，抬刀至零点以上 50mm 处，快速定位至 $X0$，$Y90$ 处，并取消左刀补。

5. 装夹方案

工序 1 定位夹紧用三爪卡盘装夹，工序 2 定位夹紧用三爪卡盘装夹（用短卡爪），工序 3 以另一面和 $\phi20$mm 两个孔为定位基准装夹。

6. 刀具选择

① 用 $\phi80$mm 硬质合金端铣刀粗精铣平面；

② 用 $\phi25$mm 高速钢立铣刀采用分层铣削方式粗铣 $\phi32$mm 外形轮廓及台阶面、精铣 $\phi32$mm 外形轮廓及台阶面；

③ 用 $\phi6$mm 中心钻给 $\phi20$mm 孔定位；

④ 用 $\phi18$mm 钻头预钻 $\phi20$mm 孔；

⑤ 用 $\phi19.7$mm 扩孔钻扩 $\phi20$mm 孔；

⑥ 用 90°锪孔钻倒角；

⑦ 用 $\phi20$H7 铰刀铰 $\phi20$mm 孔；

⑧ 用 $\phi8$mm 硬质合金键槽铣刀粗铣槽；

⑨ 用 $\phi8$mm 硬质合金键槽铣刀精铣槽内外侧。

将所选定的刀具参数填入表 5-19 数控加工刀具卡片中，以便于编程和操作管理。

表 5-19 数控加工刀具卡片

产品名称或代号				零件名称		零件图号		
序号	刀具号	刀具规格名称	数量	加工表面		备注		
1	T01	ϕ80mm 端铣刀（硬质合金）	1	平面				
2	T02	ϕ25mm 立铣刀（高速钢）	1	外轮廓				
3	T03	ϕ6mm 中心钻（高速钢）	1	钻中心孔				
4	T04	ϕ18mm 钻头（高速钢）	1	钻ϕ18mm 孔				
5	T05	ϕ19.7mm 扩孔钻（高速钢）	1	钻ϕ19.7mm 孔				
6	T06	90° 锪孔钻（高速钢）	1	倒角				
7	T07	ϕ20H7 铰刀	1	铰ϕ20H7 孔				
8	T08	ϕ8mm 键槽铣刀（高速钢）	1	铣槽				
编制		审核		批准		共　页	第　页	

7．切削用量选择

（1）背吃刀量或侧吃刀量的选取

粗铣平面，a_p=1.5mm；

粗铣ϕ32mm 外形轮廓及台阶面，a_p=3mm；

精铣平面，a_p=0.5mm；

精铣ϕ32mm 外形轮廓及台阶面，a_p=0.5mm；

粗铣槽内外侧，a_p=2mm；

精铣槽内外侧，a_p=0.5mm。

（2）确定主轴转速

1）粗铣平面

查表 5-3 硬质合金铣刀加工碳钢时的切削速度为 54～115m/min。然后根据铣刀直径和公式 $n=1000v_c/\pi D$ 计算主轴转速，并填入工序卡片中（若机床为有级调速，应选择与计算结果接近的转速）。

选 v_c=75m/min，则

$$n = \frac{1000v_c}{\pi D} = \frac{1000 \times 75}{\pi \times 80} = 298(\text{r/min})$$

取 n=300r/min。

2）粗铣外形轮廓

查表 5-3 高速钢键槽铣刀加工碳钢时的切削速度为 15～36 m/min。然后根据铣刀直径和公式 $n=1000v_c/\pi D$ 计算主轴转速，并填入工序卡片中（若机床为有级调速，应选择与计算结果接近的转速）。

取 v_c=25m/min，则

$$n = \frac{1000v_c}{\pi D} = \frac{1000 \times 25}{\pi \times 25} = 318(\text{r/min})$$

选 n=300r/min。

3）精铣平面

查表 5-3，选 v_c=110m/min，则

$$n = \frac{1\,000v_c}{\pi D} = \frac{1\,000 \times 110}{\pi \times 80} = 437(\text{r/min})$$

取 n=400r/min。

4）精铣 ϕ32mm 外形轮廓及台阶面

查表 5-3，选 v_c=30m/min，则

$$n = \frac{1\,000v_c}{\pi D} = \frac{1\,000 \times 30}{\pi \times 25} = 382(\text{r/min})$$

取 n=400 r/min。

5）孔定位

查表 6-3，选 v_c=20 m/min，则

$$n = \frac{1\,000v_c}{\pi D} = \frac{1\,000 \times 20}{\pi \times 6} = 1062(\text{r/min})$$

取 n=1000r/min，则

6）钻 ϕ18mm 孔

选 v_c=20 m/min，则

$$n = \frac{1\,000v_c}{\pi D} = \frac{1\,000 \times 20}{\pi \times 18} = 353(\text{r/min})$$

取 n=350r/min。

7）钻 ϕ19.7mm 孔

选 v_c=20m/min，则

$$n = \frac{1\,000v_c}{\pi D} = \frac{1\,000 \times 20}{\pi \times 19.7} = 324(\text{r/min})$$

取 n=350r/min。

8）ϕ20mm 孔倒角

类似上述计算，取 n=400r/min。

9）铰 ϕ20mm 孔

查表 6-3，选 v_c=4 m/min，则

$$n = \frac{1\,000v_c}{\pi D} = \frac{1\,000 \times 4}{\pi \times 20} = 64(\text{r/min})$$

取 n=70 r/min。

10）粗铣槽内外侧

查表 5-3，选 v_c=25m/min，则

$$n = \frac{1\,000v_c}{\pi D} = \frac{1\,000 \times 25}{\pi \times 8} = 995(\text{r/min})$$

取 n=900 r/min。

11）精铣槽内外侧

选 v_c=30 m/min，则

$$n = \frac{1\,000v_c}{\pi D} = \frac{1\,000 \times 30}{\pi \times 8} = 1194(\text{r/min})$$

取 n=1200 r/min。

（3）确定进给速度

根据铣刀齿数 z、主轴转速 n 和切削用量手册中给出的每齿进给量 f_z，查表 5-2 高速钢键槽铣刀加工碳钢时的每齿进给量为 0.03～0.15 mm，利用式 $v_f = f_z \times z \times n$ 计算铣削进给速度并填入工艺卡片中。

查表 2-1、表 6-3 选择钻头、铰刀加工碳钢时的进给量，利用式 $v_f = f \times n$ 计算进给速度并填入工艺卡片表 5-20 中。

表 5-20　平面槽形凸轮零件机械加工工艺卡片

工厂		机械加工工艺卡			产品型号			零（部）件型号			共　页	
					产品名称			零（部）件名称			第　页	
材料牌号	45		毛坯种类	圆钢	毛坯外形尺寸/mm	ϕ120mm×44mm	每个毛坯件数			每台件数	备注	
工序号	装夹	工步号	工序内容	同时加工零件数	切削用量			工艺装备名称及编号			技术等级	工时定额
					吃刀量/mm	每分钟转速或往复次数	进给速度/(mm·r^{-1})	设备名称及编号	夹具	刀具	量具	单件 准终
1		①	车端面			500	60	车床	三爪卡盘	（略）	游标卡尺	
		②	车ϕ116mm 外圆			500	30	车床	三爪卡盘		游标卡尺	
2		①	粗铣平面		1.5	300	60	数控铣床	三爪卡盘			
		②	粗铣外形轮廓		3	300	30	数控铣床	三爪卡盘		深度游标卡尺	
		③	精铣平面		0.5	400	30	数控铣床	三爪卡盘			
		④	精铣外形轮廓		0.5	400	30	数控铣床	三爪卡盘		深度游标卡尺	
		⑤	钻中心孔			1000	30	数控铣床	三爪卡盘			
		⑥	钻ϕ18mm 孔			350	30	数控铣床	三爪卡盘			
		⑦	扩ϕ19.7mm 孔			350	30	数控铣床	三爪卡盘	（略）		
		⑧	孔一侧倒角			400	20	数控铣床	三爪卡盘			
		⑨	铰ϕ20mmH7 孔			70	20	数控铣床	三爪卡盘		塞规	
		⑩	粗铣槽		2	900	20	数控铣床	三爪卡盘			
		⑪	精铣槽		0.5	1200	20	数控铣床	三爪卡盘		塞规	
3			孔另一侧倒角			400	20	数控铣床	夹具	（略）	游标卡尺	
编制（日期）				审核（日期）					会签（日期）			
标记	处记	更改文件号	签字		日期	标记	处记	更改文件号	签字		日期	

将各工步内容、所用刀具和切削用量填入表 5-21 平面槽形凸轮零件加工工序卡片中。

表 5-21　平面槽形凸轮零件数控加工工序卡片

单位名称		数控加工工序卡		产品名称	零件名称	零件图号
				工序名称		工序号
				数控铣削		2
				车间		使用设备
						数控铣床
				夹具名称		夹具编号
				三爪卡盘		
				备注		

工序简图

工步	工步内容	程序编号	刀具号	刀具类型	主轴转速/ (r·min^{-1})	进给速度/ (mm·min^{-1})	吃刀量/mm
1	粗铣平面	O5100	T1	ϕ80mm 端铣刀	300	60	1.5
2	粗铣ϕ32mm 外形轮廓及台阶面	O5002	T2	ϕ25mm 立铣刀	300	30	3
3	精铣平面	O5500	T1	ϕ80mm 端铣刀	400	30	0.5
4	精铣ϕ32mm 外形轮廓及台阶面	O5004	T2	ϕ25mm 立铣刀	400	30	0.5
5	孔定位	O5005	T3	ϕ6mm 中心钻	1000	30	
6	钻ϕ20mm 孔至ϕ18mm	O5006	T4	ϕ18mm 钻头	350	30	
7	扩ϕ20mm 孔至ϕ19.7mm	O5006	T5	ϕ19.7mm 扩孔钻	350	30	
8	ϕ20mm 孔倒角		T6	90°mm 锪孔钻	400	20	
9	铰ϕ20mmH7 孔	O5009	T7	ϕ20mmH7 铰刀	70	20	
10	粗铣槽内外侧	O5010	T8	ϕ8mm 键槽铣刀	900	20	2
11	精铣槽内外侧	O5011	T8	ϕ8mm 键槽铣刀	1200	20	0.5

8．程序

（1）粗铣上表面程序

该零件的粗铣上表面程序同 5.4.1 节盘形零件的粗铣上表面程序相似。

（2）粗铣 ϕ32mm 外形轮廓及台阶面程序

铣 ϕ32mm 外形轮廓及台阶面用 G56 坐标系。

粗铣前在刀具补偿设定中，2 号刀的刀具半径补偿：002 的形状（D）中输入 25.5，这样外形侧面留精加工余量 0.5mm。

粗铣 ϕ32mm 外形轮廓及台阶面 FANUC 0i Mate 参考程序见表 5-22。

表 5-22 粗铣 ϕ32mm 外形轮廓及台阶面 FANUC 0i Mate 参考程序

系统	FANUC 0i Mate	程序号	O5002（主程序）
			O8120(子程序)
刀具号		T2（ϕ25mm）	
程序内容		说明	
O5002；		主程序	
G17 G90 G53 G40 G49 G00 Z–50；		程序初始化，选择工件坐标系 G56	
G56；			
G00 Z50；			
T2 M06；			
S300 M03；			
M08；			
G90 G43 G00 Z50 H02；			
G00X–80 Y–120；			
G01 Z1 .5F60；			
M98 P68120；		调用 O8120 号子程序分 6 层铣台阶面和 ϕ32mm 外形轮廓	
G00 Z50			
G54；		主轴停止，抬刀，程序结束	
M05；			
M30；			
%			
O8120；		子程序，铣 ϕ32mm 外形轮廓及台阶面	
G91G01 Z–3 F20；			
G90 G00 X0 Y–105；		分层铣 ϕ32mm 外形轮廓及台阶面	
G42 G01 Y–16 D2 F30；			
G03 X0 Y–16 I0 J16；			
G40 G01 Y–105			

系统	FANUC 0i Mate	程序号	O5002（主程序） O8120(子程序)	
刀具号			T2（ϕ25mm）	
程序内容			说明	
G42 G01 Y–40 D2；				
G03 X0 Y–40 I0 J40；				
G40 G01 X0 Y–105				
G42 G01 Y–60 D2；				
G03 X0 Y–60 I0 J60；				
G40 G01 X0Y–105；				
M99；				

（3）精铣上表面程序

该零件的精铣上表面程序与 5.4.1 节盘形零件精铣上表面程序相似。

（4）精铣ϕ32mm 外形轮廓及台阶面程序

精铣前在刀具补偿设定中，将 2 号刀的刀具半径补偿 002 的形状（D）改为 25，精铣ϕ32mm 外形轮廓及台阶面程序见表 5-23。

表 5-23　精铣平面和精铣ϕ32mm 外形轮廓及台阶面 FANUC 0i Mate 参考程序

系统	FANUC 0i Mate	程序号	O5004（主程序） O8211（子程序）
刀具号			T2（ϕ25mm）
程序内容		说明	
O5004；		主程序	
G17 G90 G53 G40 G49 G00 Z–50；		程序初始化，选择工件坐标系 G56	
G56；			
T2 M06；			
G00 Z50；			
S400 M03；			
G90 G43 G00 Z50 H02；			
M08；			
G00X–80 Y–120；			
G00 Z0；			
M98 P8211；		调用 O8211 号子程序精铣台阶面和ϕ32mm 外形轮廓	
G00 Z50			
G54；		主轴停止，抬刀，程序结束	
M05；			

续表

系统	FANUC 0i Mate	程序号	O5004（主程序） O8211（子程序）
刀具号			T2（φ25mm）

程序内容	说明
M09；	主轴停止，抬刀，程序结束
M30；	
%	
O8211；	子程序，精铣φ32mm 外形轮廓及台阶面
G01 Z−17 F20；	精铣φ32mm 外形轮廓及台阶面子程序
G90 G00 X0 Y−105；	
G42 G01 Y−16 D2 F30；	
G03 X0 Y−16 I0 J16；	
G40 G01 Y−105；	
G42 G01 Y−40 D2；	
G03 X0 Y−40 I0 J40；	
G40 G01 X0 Y−105；	
G42 G01 Y−60 D2；	
G03 X0 Y−60 I0 J60；	
G40 G01 X0Y−105；	
M99；	

（5）粗铣槽内外侧程序

粗铣前在刀具补偿设定中，8 号刀的刀具半径补偿：008 的形状（D）中输入 8.3，这样槽内外侧面留精加工余量 0.3mm。

粗铣槽内外侧程序 FANUC 0i 参考程序见表 5-24。

表 5-24 凸轮槽粗加工 FANUC 0i Mate 系统参考程序

系统	FANUC 0i Mate	程序号	O5010（主程序） O8420（子程序）、O8430（子程序）
刀具号			T8（φ8mm）

程序内容	说明
O5010；	主程序
G17 G90 G53 G40 G49 G00 Z−50；	程序初始化，选择工件坐标系 G54
G54；	
T8 M06；	
S900 M03；	

系统	FANUC 0i Mate	程序号	O5010（主程序） O8420（子程序）、O8430（子程序）
刀具号		T8（ϕ8mm）	

程序内容	说明
G90 G43 G00 Z50 H08；	
M08；	
G00 X0 Y90；	程序初始化，选择工件坐标系 G54
G00 Z–10；	
G42 G01 X0 Y34.5D8 F30；	
G01 Z–16.5 F30；	
M98 P78420；	调用 O8420 号子程序分层粗加工槽内侧
G00 Z50；	
G40 G00 X0 Y90；	
G41 G01 X0 Y44.5 D8 F30；	
G01 Z–16.5 F30；	
M98 P78430；	调用 O8430 号子程序分层粗加工槽外侧
G00Z100；	
G40 G00 X0 Y90	
M09；	主轴停止，抬刀，程序结束
M05；	
M30；	
%	
O8420；	子程序，分层粗加工槽内侧
G91 G01 Z–2 F20；	
G90 G03 X–16.86 Y31.69 R52 F20；	
G03 X–27.61 Y–25.6 R33.5；	
G01 X–15.48 Y–35.84；	
G03 X15.48 Y–35.84 R24；	分层粗加工槽内侧
G01 X27.61 Y–25.6；	
G03 X16.86 Y31.69 R33.5；	
G03 X0 Y34.5 R52；	
M99；	
O8430；	子程序，分层粗加工槽外侧
G91G01 Z–2 F20；	分层粗加工槽外侧

续表

系统	FANUC 0i Mate	程序号	O5010（主程序） O8420（子程序）、O8430（子程序）
刀具号			T8（⌀8mm）
程序内容		**说明**	
G90 G03 X–20.11 Y41.15 R62 F20；			
G03 X–34.06 Y–33.24 R43.5；			
G01 X–21.94 Y–43.48；			
G03 X21.94 Y–43.48 R34；		分层粗加工槽外侧	
G01 X34.06 Y–33.24；			
G03 X20.11 Y41.15 R43.5；			
G03 X0 Y44.5 R62；			
M99；			

（6）精铣槽内外侧程序

精铣前在刀具补偿设定中，8 号刀的刀具半径补偿：008 的形状（D）中改为 8，精铣槽内外侧程序见表 5-25。

表 5-25　凸轮槽精加工 FANUC　0i Mate 系统参考程序

系统	FANUC 0i Mate	程序号	O5011（主程序） O8520（子程序）、O8530（子程序）
刀具号			T8（⌀8mm）
程序内容		**说明**	
O5011；		主程序	
G17 G90 G53 G40 G49 G00 Z–50；		程序初始化，选择工件坐标系 G54	
G54；			
T8 M06；			
S1200 M03；			
G90 G43 G00 Z50 H08；			
M08；			
G00 X0 Y90；			
G00 Z–10 ；			
G42 G01 X0 Y34.5 D8 F60；			
G01 Z–17 F30；			
M98 P8520 ；		调用 O8520 号子程序精加工槽内侧	
G00 Z50 ；			
G40 G01 X0Y90 F60；			
G41 G01 X0 Y44.5 D8F60；			

续表

系统	FANUC 0i Mate	程序号	O5011（主程序） O8520（子程序）、O8530（子程序）
刀具号			T8（φ8mm）

程序内容	说明
G01 Z−17 F30；	
M98 P8530 ；	调用 O853 号子程序精加工槽外侧
G00Z100；	
G40 G00 X0Y90 ；	
M09；	
M05；	主轴停止，抬刀，程序结束
M30；	
%	
O8520；	子程序，精加工槽内侧
G01 Z−31 F20；	
G90 G03 X−16.86 Y31.69 R52 F20；	
G03 X−27.61 Y−25.6 R33.5；	
G01 X−15.48 Y−35.84；	
G03 X15.48 Y−35.84 R24；	精加工槽内侧
G01 X27.61 Y−25.6；	
G03 X16.86 Y31.69 R33.5；	
G03 X0 Y34.5 R52；	
M99；	
O8530；	子程序，精加工槽外侧
G01 Z−31 F20；	
G90 G03 X−20.11 Y41.15 R62 F20；	
G03 X−34.06 Y−33.24 R43.5；	
G01 X−21.94 Y−43.48；	
G03 X21.94 Y−43.48 R34；	精加工槽外侧
G01 X34.06 Y−33.24；	
G03 X20.11 Y41.15 R43.5；	
G03 X0 Y44.5 R62；	
M99；	

（7）孔加工程序

孔定位程序程序见表 5-26。

表 5-26　凸轮 FANUC 0i Mate 系统孔定位参考程序

系统	FANUC　0i Mate	程序号		O5005
刀具号		T3（ϕ6mm 中心钻）		
程序内容			说明	
O5005；			主程序	
G17 G90 G53 G40 G49 G00 Z−50；			程序初始化，快速定位	
G54；			选择工件坐标系 G54	
T3 M06；				
S1000 M03；				
G90 G43 G00 Z50 H03；				
G00 X0 Y−17.5；				
G98 G81X0 Y−17.5 Z−4R5 F30；			换 3 号刀，进行孔定位	
G98 G81X0 Y17.5 Z−21 R5 F30；				
G80 G00 Z50；				
M05；				
M30；				
%				

钻孔程序程序见表 5-27。

表 5-27　凸轮 FANUC 0i Mate 系统钻孔参考程序

系统	FANUC　0i Mate	程序号		O5006（主程序）
刀具号		T4（ϕ18mm 钻头）		
程序内容			说明	
O5006；			主程序	
G17 G90 G53 G40 G49 G00 Z−50；			程序初始化，快速定位	
G54；			选择工件坐标系 G54	
T4 M06；				
S350 M03；				
G90 G43 G00 Z50 H04；				
G00 X0 Y−17.5；				
G98 G81X0 Y−17.5 Z−50 R5 F30；			换 4 号刀，进行钻孔	
G98 G81X0 Y17.5 Z−50 R5 F30；				
G80 G00 Z50；				
M05；				
M30；				
%				

铰孔程序程序见表 5-28。

表 5-28　凸轮 FANUC 0i Mate 系统铰孔参考程序

系统	FANUC　0i Mate	程序号	O5009
刀具号		T7（ϕ20mmH7 铰刀）	
程序内容		说明	
O5009；			
G17 G90 G53 G40 G49 G00 Z–50；		程序初始化，快速定位	
G54；		选择工件坐标系 G54	
T7 M06；			
S70 M03；			
G90 G43 G00 Z50 H07；			
G00 X0 Y–17.5；			
G98 G81X0 Y–17.5 Z–50 R5 F20；		换 5 号刀，铰孔	
G98 G81X0 Y17.5 Z–50 R5 F20；			
G80 G00 Z50；			
M05；			
M30；			
%			

思考题 5

5.1　数控铣床的主要加工对象有哪些？

5.2　指定数控铣削加工工艺路线时应遵循哪些基本原则？

5.3　如何对数控铣削加工零件的零件图进行工艺分析？

5.4　数控铣削加工零件的加工工艺是如何划分的？

5.5　试述数控铣削加工工序的加工顺序安排原则。

5.6　制定铣削加工工艺的主要内容有哪些？

5.7　在数控铣床上加工时，选择粗铣切削、精铣切削用量的原则是什么？

5.8　图 5-60 所示为要铣削的零件外形，为确保加工质量，应合理地选择铣刀直径，试根据给出的条件，确定最大铣刀直径。

5.9　分析图 5-61 所示法兰盘轮廓面 A 的数控铣削加工工艺（其余表面已加工），零件材料为 HT200。

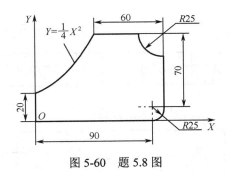

图 5-60　题 5.8 图

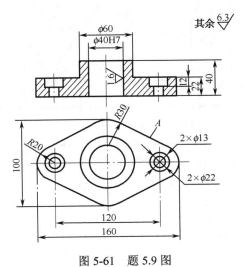

图 5-61　题 5.9 图

5.10　试编制图 5-62 所示零件的数控铣削加工工艺，零件材料为 HT200。

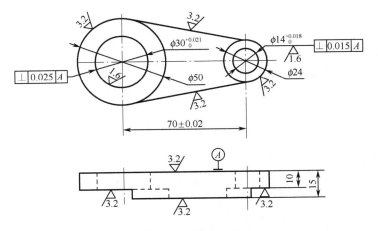

图 5-62　题 5.10 图

5.11　试编制图 5-63 所示零件的数控铣削加工工艺，零件材料为 45 钢。

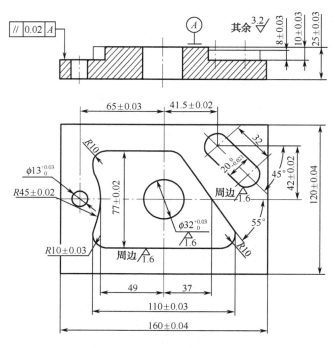

图 5-63　题 5.11 图

第 6 章

加工中心加工工艺

加工中心是在数控铣床的基础上发展起来的，都是通过程序控制多轴联动走刀进行加工的数控机床，不同的是加工中心具有刀库和自动换刀功能。数控镗铣床和加工中心（Machine Center，MC）在结构、工艺和编程等方面有许多相似之处，特别是全功能型数控镗铣床与加工中心相比，区别主要在于数控镗铣床没有自动刀具交换装置（Automatic Tooes Changer，ATC）及刀具库，只能用手动方式换刀，而加工中心因具备 ATC 及刀具库，故可将使用的刀具预先安排存放于刀具库内，需要时再通过换刀指令，由 ATC 自动换刀。

6.1 加工中心工艺特点及其加工对象

6.1.1 工艺特点

加工中心集铣削、钻削、铰削、镗削、攻螺纹等加工能力于一身，是功能较全的数控机床。加工中心加工工艺与普通数控铣床相比，在许多方面遵循基本一致的原则，因其有自动换刀装置，所以，它具有很强的加工能力和工艺手段，加工中心的工艺特点如下所述。

1. 加工精度高

加工中心具有自动换刀功能，可以有效地减少工件的装夹次数，一次装夹即可加工出零件上大部分甚至全部表面，避免了工件多次装夹所产生的定位和对刀的误差，因此，加工中心有利于保证加工表面之间的相互位置精度。

2．精度稳定

整个加工过程由程序自动控制，不受操作者人为因素的影响，而且加工中心多采用半闭环，甚至全闭环的位置补偿功能，有较高的定位精度和重复定位精度，加工过程中产生的尺寸误差能及时得到补偿，加工出的零件尺寸一致性好。

3．效率高

加工中心上一次装夹能完成较多表面的加工，减少了多次装夹工件所需的辅助时间；加工中心加时，工序高度集中；而且机床具有良好的结构刚性，可以进行大切削量的切削；加工中心移动部件选用了很高的空行程运动速度，能有效地减少机动时间和辅助时间，因此加工中心上加工零件效率高。

4．表面质量好

加工中心主轴转速和各轴进给量均是无级调速，有的甚至具有自适应控制功能，能随刀具和工件材质及刀具参数的变化，把切削参数调整到最佳数值，从而提高了各加工表面的质量。

5．生产效益好

加工中心可减少机床数量，并相应减少操作工人，节省占用的车间面积，并且可减少周转次数和运输工作量，缩短生产周期。采用加工中心加工，还可减少装卸工件的辅助时间，节省大量的专用和通用工艺装备，降低生产成本。

6．简化了生产调度和管理

加工中心上一般一次装夹后，能完成绝大部分表面的加工工序，因此，可以有效地减少车间的工序件、在制品和工夹具，简化生产调度和管理。

7．加工中心工艺设计和编程要避免干涉

在进行工艺设计和编程时要避免刀具在换刀及加工时与工件、夹具甚至机床相关部位的干涉。

8．加工中心夹具的特点

加工中心夹具应是敞开式的，避免刀具与夹具干涉。若在加工中心连续进行粗加工和精加工，夹具既要能适应粗加工时切削力大、高刚度、夹紧力大的要求，又必须适应精加工时定位精度高，零件夹紧变形尽可能小的要求。

加工中心的应用也存在一定的局限性。在加工中心加工的零件不能进行时效，内应力难以消除；对使用、维修和管理水平要求较高，要求操作者具有较高的技术水平；加工中心投资大，并且需配置其他辅助装置，如刀具预调设备、数控工具系统等，机床的加工工时费用高，多工序要集中加工，还要及时处理切屑等。

6.1.2　加工中心的主要加工对象

加工中心是指配备有刀库和自动换刀装置，在一次装夹下可实现多工序（甚至全部工序）

加工的数控机床。目前，主要有镗铣类加工中心（简称加工中心）和车削类加工中心（简称车削中心）两大类，本章中讨论的加工中心是指镗铣类加工中心。镗铣类加工中心是在数控铣床的基础上演化而来的，其数控系统能控制机床在刀库中自动地更换刀具，加工中心适用于复杂、工序多、精度要求较高、需要用多种类型普通机床和众多刀具、工装，经过多次装夹和调整才能完成加工的零件，能连续地对工件各加工表面自动进行钻孔、扩孔、铰孔、镗孔、攻丝、铣削等多种工序的加工，工序高度集中。

根据加工中心的工艺特点和工艺手段，加工中心适合于加工形状复杂、工序多、精度要求较高，普通机床加工需多次装夹及调整困难的的工件。

加工中心除了能加工前面所述数控铣床所能加工的主要对象外，更适合以下几种产品的加工。

1．既有平面又有孔系的零件

加工中心具有自动换刀装置，在一次安装中，可以完成零件上平面的铣削、孔系的钻削、镗削、铰削、铣削及攻螺纹等多工步加工。加工的部位可以在一个平面上，也可以在不同的平面。例如，五面加工中心一次安装可以完成除安装基面以外的 5 个面的加工。因此，既有平面又有孔系的零件是加工中心的首选加工对象，这类零件常见的有箱体类零件和盘、套、板类零件。

（1）箱体类零件

箱体类零件一般是指具有孔系和平面，内有一定型腔，在长、宽、高方向有一定比例的零件。如汽车的发动机缸体、变速箱体，机床的床头箱、主轴箱，齿轮泵壳体等。图 6-1 所示为热电机车主轴箱体。

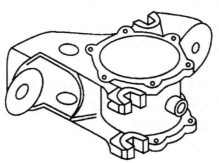

图 6-1　热电机车主轴箱体

箱体类零件一般都需要进行孔系、轮廓、平面的多工位加工，公差要求特别是形位公差要求较为严格，通常要经过铣、镗、钻、扩、铰、锪、攻丝等工序，使用的刀具、工装较多，在普通机床上需要多次装夹、找正，测量次数多，导致工艺复杂，加工周期长，成本高，更重要的是精度难以保证。当加工工位较多、工作台需要多次旋转角度才能完成的零件时，一般选用卧式加工中心；当加工的工位较少且跨距不大时，可选用立式加工中心。

（2）盘、套、板类零件

这类零件指端面分布有平面、孔系及曲面的盘、套或轴类零件，径向也常分布一些径向孔。如带法兰的轴套，带键槽或方头的轴类零件，具有较多孔加工的板类零件和各种壳体类零件等，如图 6-2、图 6-3 所示的零件。加工部位集中在单一端面上的盘、套、板类零件宜选择立式加工中心；加工部位不是位于同一方向表面上的零件宜选择卧式加工中心。

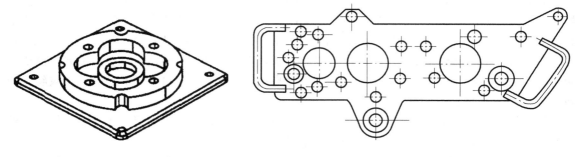

图 6-2　盘类零件　　　　　　　　　图 6-3　板类零件

2. 复杂曲面类零件

这类零件由复杂曲线、曲面组成，如凸轮类、叶轮类和模具类等零件。在加工时，需要多坐标联动加工，这在普通机床上是难以甚至无法完成的。加工中心刀具可以自动更换，工艺范围更宽，是加工这类零件的最有效的设备。常见的典型零件有以下几类。

（1）凸轮类零件

这类零件包括有各种曲线的盘形凸轮、圆柱凸轮、圆锥凸轮和端面凸轮等，加工时，可根据凸轮表面的复杂程度，选用三坐标、四坐标或五坐标联动的加工中心。

（2）整体叶轮类

这类零件除具有一般曲面加工的特点外，还存在许多特殊的加工难点，如通道狭窄，刀具很容易与加工表面和邻近曲面产生干涉。整体叶轮常用于航空发动机的压气机、空气压缩机、船舶水下推进器等，图 6-4 所示为轴向压缩机涡轮，它的叶面是一个典型的三维空间曲面，加工这样的型面，可采用四坐标以上联动的加工中心。

（3）模具类

常见的模具有锻压模具、铸造模具、注塑模具及橡胶模具等。这类零件除具有曲面外，其上的曲面与模具其他加工表面的相对位置还有较严格的要求。所以，采用加工中心加工模具，可使精加工基本在一次安装中完成全部的机加工内容，尺寸累积误差及修配工作量小。同时，模具的可复制性强，互换性好。图 6-5 所示为连杆凹模。

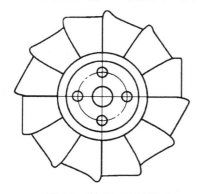

图 6-4　轴向压缩机涡轮

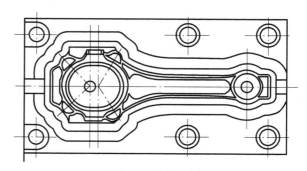

图 6-5　连杆凹模

对于复杂曲面类零件，就加工的可能性而言，在不出现加工过切或加工盲区时，复杂曲面一般可以采用球头铣刀进行三坐标联动加工，加工精度较高，但效率较低。如果工件存在加工过切或加工盲区，就必须考虑采用四坐标或五坐标联动的机床。

3．外形不规则的异形零件

异形件是指支架、基座、样板、靠模等这一类外形不规则的零件。由于异形件的外形不规则，刚性一般较差，夹紧困难，切削变形难以控制，加工精度也难以保证。如图 6-6 所示的拨叉，这类零件大多需要点、线、面多工位混合加工。因此，在普通机床上只能采取工序分散的原则加工，需要工装较多，周期较长；利用加工中心多工位点、线、面混合加工的特点，可以完成大部分甚至全部工序的内容。

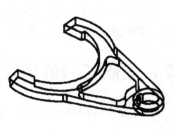

图 6-6　拨叉

4．孔的数量和尺寸较多的零件

由于孔加工多采用定尺寸刀具，需要频繁换刀，当加工孔的数量和尺寸较多时，用加工中心加工方便、快捷。

5．周期性投产的零件

投产一批零件，准备时间占很大比例。例如，工艺准备、程序编制、首件试切等，这些时间往往是单件基本时间的十几倍、几十倍。周期性投产的零件采用加工中心加工可以将这些准备时间的内容储存起来反复使用，生产周期就可以大大缩短。

6．加工精度要求较高和尺寸稳定性好的多品种、中小批零件

加工中心加工的零件精度高、尺寸稳定性好，对加工精度要求较高的中小批零件，选择加工中心加工容易获得较高的尺寸精度和形状位置精度；对加工精度要求较高和尺寸稳定性好的多品种零件，可省去许多通用机床上加工所需要的工装，节省了费用。

7．新产品试制中的零件

新产品试制需要经过反复地试验、反复地改进。在加工中心试制零件，可只用一套试制工装。当零件形状需要修改时，只需修改相应的程序及适当地调整夹具、刀具即可，节省了费用，缩短了试制期。

总之，加工中心更适合加工周期性重复投产的零件，价格昂贵的高精度零件，多品种、小批生产的零件，结构比较复杂、需要多工序多工位加工的零件，难测量的零件。

6.2　加工中心的刀具

由于采用自动换刀和自动回转工作台进行多工位加工，决定了卧式加工中心只能进行悬臂加工，应尽量使用刚性好的刀具，并解决刀具的振动和稳定性问题。另外，由于加工中心是通过自动换刀来实现工序或工步集中的，因此，受刀库、机械手的限制，刀具的直径、长度、重量一般都不允许超过机床说明书所规定的范围。

加工中心使用的刀具由刃具和刀柄两部分组成，其刃具与通用刀具一样，可以采用铣刀、钻头、镗刀、铰刀和丝锥等。刀柄是机床主轴与刀具之间、刀库与刀具之间的连接工具。

加工中心使用的刀具种类很多，其中各种铣刀在第5章已讲述，这里只介绍孔加工刀具。

在加工中心上可进行钻孔、扩孔、镗孔和攻丝等加工，其加工刀具有中心钻、麻花钻、浅孔钻、扩孔钻、锪孔钻、铰刀、镗刀、丝锥等

6.2.1　钻孔刀具的结构及特点

钻孔刀具包括中心钻、普通麻花钻、可转位浅孔钻及扁钻、深孔钻。

1．中心钻

为防止钻孔时钻偏孔和钻头折断，在钻孔前最好先用中心钻钻一中心孔。常用的中心钻有A型和B型两种，如图6-7所示。

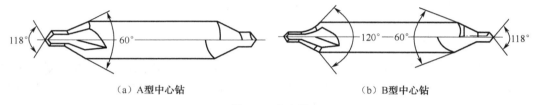

（a）A型中心钻　　　　　　　　　　（b）B型中心钻

图6-7　中心钻

2．麻花钻

加工中心的钻孔刀具主要是麻花钻。按刀具材料不同，麻花钻分为高速钢钻头和硬质合金钻头两种。按柄部分类有直柄（圆柱柄）和莫氏锥柄两种。直柄一般用于$\phi0.1\sim\phi20$mm的小直径钻头。锥柄一般用于$\phi48\sim\phi80$mm的大直径钻头；中等尺寸麻花钻的柄部，两种形式均有采用。硬质合金麻花钻有整体式、镶片式和无横刃式三种，直径较大时还可采用机夹可转位式结构，按长度分类有基本型和加长型。为了提高钻头刚性，应尽量使用较短的钻头，但麻花钻的工作部分应大于孔深，以便排屑和输送切削液。

麻花钻的组成如图6-8所示，主要由工作部分和柄部组成。工作部分包括切削部分和导向部分。切削部分担负主要的切削工作；导向部分起导向、修光、排屑和输送切削液的作用，也是钻头重磨的储备部分。

在加工中心钻孔无钻模进行定位和导向，考虑钻头刚性的因素，一般钻孔深度应小于孔径的5倍左右。为保证孔的位置精度，除提高钻头切削刃的精度外，在钻孔前最好先用中心钻钻一中心孔，或用刚性较好的短钻头进行划窝加工。划窝一般采用$\phi8\sim\phi15$mm的钻头（图6-9），以解决在铸、锻件毛坯表面钻孔引正问题。

3．浅孔钻

浅孔钻用于在实体工件上打孔，钻削直径在$\phi20\sim\phi60$mm、孔的深径比小于等于3的中等浅孔时，可选用图6-10所示的可转位浅孔钻，其结构是在带排屑槽及内冷却通道钻体的头部装有一组刀片（多为凸多边形、菱形和四边形），多采用深孔刀片，通过刀片中心压紧刀片。

靠近钻心的刀片用韧性较好的材料，靠近钻头外径的刀片应选用较为耐磨的材料，这种钻头具有切削效率高、加工质量好的特点，最适用于箱体零件的钻孔加工。为了提高刀具的使用寿命，可以在刀片上涂镀碳化钛涂层。使用这种钻头钻箱体孔，比普通麻花钻提高效率 4～6 倍。

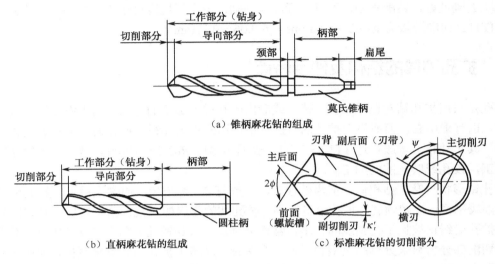

（a）锥柄麻花钻的组成

（b）直柄麻花钻的组成　　　（c）标准麻花钻的切削部分

图 6-8　麻花钻

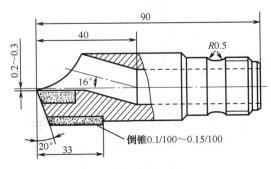

图 6-9　划窝

图 6-10　浅孔钻

4．深孔钻

对深径比大于 5 而小于 100 的深孔，因其加工中散热差，排屑困难，钻杆刚性差，易使刀具损坏和引起孔的轴线偏斜，影响加工精度和生产率，故应选用深孔刀具加工。单刃内排屑深孔钻，如图 6-11 所示。

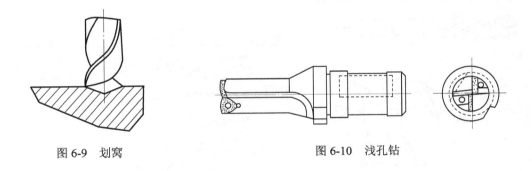

图 6-11　单刃内排屑深孔钻

这种钻头适用钻削直径 $\phi 25$mm 以上的深孔。在钻头上镶有两条硬质合金的导向块，起钻时的导向和支撑作用。在主刀刃上磨成门路状，并磨有断屑槽，使切屑分开和折断，有利切屑排出。在切削刃上有直通钻杆的排屑孔，切屑在有压力的切削液的作用下，从钻杆内孔中排出。这种钻头的刚性好，钻削平稳，可以进行高速钻削，表面粗糙度可达 $Ra3.2\mu$m，尺寸精度可达 IT10～IT11。切削用量为 v_c=60～80m/min，f=0.06～0.12mm/r。

6.2.2 扩孔刀具的结构及使用特点

扩孔是采用扩孔钻对已经钻出、铸出或锻出的孔进行加工的方法。加工中心扩孔大多采用扩孔钻，也有采用立铣刀或镗刀扩孔的。扩孔钻可用来扩大孔径，扩孔的精度和表面粗糙度比钻孔好，其尺寸精度一般可达 1T10～1T11，表面粗糙度 $Ra3.2$～6.3μm。常用于一般精度孔的最终加工，铰孔或磨孔前的加工。

扩孔钻形状与麻花钻相似，但齿数较多，一般有 3～4 个齿，通常无横刃。扩孔钻导向性好，切削较平稳、比较顺利。扩孔余量较小，扩孔钻的容屑槽较浅，钻心较厚，其强度和刚度较高。扩孔能纠正被加工孔轴线的歪斜，常作为精加工（如铰孔）前的预加工或孔的终加工。

按切削部分材料来分有高速钢和硬质合金两种。高速钢扩孔钻有整体直柄，如图 6-12（a）所示，用于加工较小的孔；整体锥柄扩孔钻如图 6-12（b）所示，用于加工中等直径的孔；套式扩孔钻如图 6-12（c）所示，用于加工直径较大的孔。

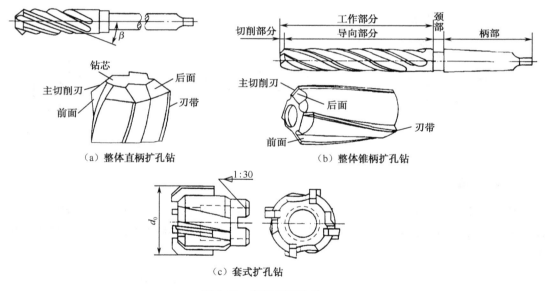

（a）整体直柄扩孔钻　　　　　　（b）整体锥柄扩孔钻

（c）套式扩孔钻

图 6-12　高速钢扩孔钻

硬质合金扩孔钻也有直柄、锥柄和套式等形式。对于扩孔直径为 $\phi 20$～$\phi 60$mm 的孔，常采用机夹可转位式，如图 6-13 所示。

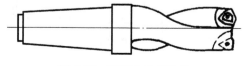

图 6-13　硬质合金扩孔钻

6.2.3 镗孔刀具的结构及特点

镗刀是使用广泛的孔加工刀具，一般镗孔精度可达 IT9～IT7，精镗时可达到 IT6，表面粗糙度 $Ra0.8～1.6\mu m$。镗孔能纠正孔的直线度误差，获得高的位置精度，特别适合于箱体零件的孔系加工。镗孔是加工大孔的主要精加工方法。

镗孔是加工中心的主要加工内容，在加工中心进行镗孔通常是采用悬臂式加工，因此，要求镗刀有足够的刚性和较好的精度。镗刀工作时悬伸长，刚性差，易产生振动，因此主偏角一般选得较大。为适应不同的切削条件，镗刀有多种类型。加工中心常用的镗刀有单刃镗刀（图 6-14）、双刃镗刀（图 6-15）和微调镗刀（图 6-16）。

1. 单刃镗刀

单刃镗刀只有一个切削刃，可垂直或倾斜安装在镗刀杆上，以适应通孔或盲孔加工，大多数单刃镗刀制成可调结构。图 6-14（a）、（b）、（c）所示分别为用于镗削通孔、阶梯孔和不通孔的单刃镗刀，螺钉 1 用于调整尺寸，螺钉 2 起锁紧作用。

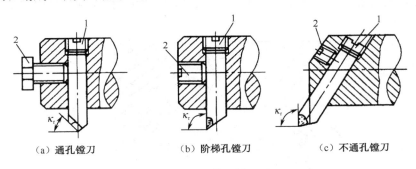

（a）通孔镗刀　　　　（b）阶梯孔镗刀　　　　（c）不通孔镗刀

图 6-14　单刃镗刀

1—调节螺钉；2—紧固螺钉

单刃镗刀镗削的工艺特点如下：

① 单刃镗刀结构简单，使用方便，但生产率低，适于单件小批生产加工各种尺寸的孔，既可粗加工，也可半精加工和精加工，适应性广。

② 可以校正原有孔轴线歪斜或位置误差。

③ 单刃镗刀镗削受孔径限制，镗杆刚性较差，易产生振动，适宜用较小的切削用量。

2. 双刃镗刀

双刃镗刀是在对称的方向上同时有切削刃参加工作，因此，可消除镗孔时径向力对镗杆的作用而产生的加工误差，对刀杆刚度要求低，不易振动，可以用较大的切削用量。双刃镗刀的尺寸直接影响镗孔精度，因此，对镗刀和镗杆的制造要求较高。

图 6-15（a）所示为近年来广泛使用的双刃镗刀，其刀片更换方便，不需要重磨，易于调整，对称切削镗孔的精度较高。同时，与单刃镗刀相比，进给量可提高 1 倍左右，生产率高。

大直径的镗孔加工可选用如图 6-15（b）所示的可调双刃镗刀，其可更换的镗刀头部可进行大范围的调整，且调整方便，最大镗孔孔径为 $\phi1000mm$。

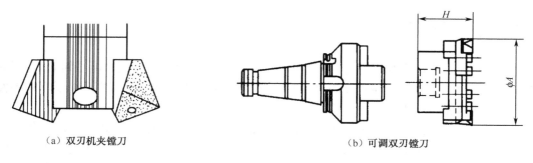

（a）双刃机夹镗刀　　　　　　　　　（b）可调双刃镗刀

图 6-15　双刃镗刀

3．微调镗刀

图 6-16 所示为在数控机床上使用的一种微调镗刀。微调镗刀是用螺钉 3 通过固定座套 6、调节螺母 5 将镗刀头 1 连同微调螺母 2 一起压紧在镗杆上。调节时，转动带刻度的微调螺母 2，使镗刀头径向移动达到预定尺寸。镗盲孔时，镗刀头在镗杆上倾斜 53°8′。旋转调节螺母 5，使波形垫圈 4 和微调螺母 2 产生变形，用于产生预紧力和消除螺纹副的轴向间隙。

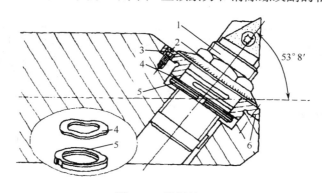

图 6-16　微调镗刀

1—镗力头；2—微调螺母；3—螺钉；4—波形垫圈；5—调节螺母；6—固定座套

6.2.4　铰孔刀具的结构及特点

铰孔是用铰刀从工件孔壁上切除很薄的金属层，从而提高其尺寸精度和减小表面粗糙度的方法。粗铰孔的尺寸精度可达 IT9～IT7，精铰孔的尺寸精度可达 IT6，表面粗糙度可达 $Ra1.6～0.4\mu m$。常用于扩孔或半精镗孔后的终加工，或用于磨孔、研磨孔前的预加工。

铰孔只能提高孔的尺寸精度、形状精度和减小表面粗糙度值，而不能提高孔的位置精度。因此，对于精度要求高的孔，在铰削前应先进行减少和消除位置误差的预加工，才能保证铰孔质量。

1．铰刀的结构

在加工中心铰孔时，多采用通用的标准铰刀。此外，还有机夹硬合合金刀片的单刃铰刀和浮动铰刀。通用标准铰刀如图 6-17 所示，有直柄、锥柄和套式三种。直柄铰刀直径为 $\phi6～\phi20mm$，

锥柄铰刀直径为 $\phi 10 \sim \phi 32$mm，小孔直柄铰刀直径为 $\phi 1 \sim \phi 6$mm，套式铰刀直径为 $\phi 25 \sim \phi 80$mm。铰刀工作部分包括切削部分与校准部分。切削部分为锥形，承担主要的切削工作；切削部分的主偏角为 $5° \sim 15°$，前角一般为 $0°$，后角一般为 $5° \sim 8°$。校准部分的作用是校正孔径、修光孔壁和导向。校准部分包括圆柱部分和倒锥部分。圆柱部分保证铰刀直径和便于测量，倒锥部分可减少铰刀与孔壁的摩擦和减少孔径扩大量。

铰刀齿数取决于孔径及加工精度。标准铰刀有 4～12 齿。齿数过多，刀具的制造、刃磨较困难，在刀具直径一定时，刀齿的强度会降低，容屑空间小，容易造成切屑堵塞和划伤孔壁甚至崩刃。齿数过少，则铰削时的稳定性差，刀齿的切削负荷增大，且容易产生几何形状误差。

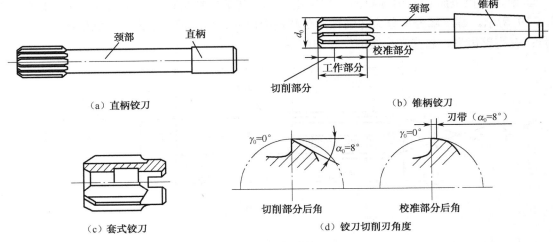

图 6-17　标准铰刀

图 6-18 所示为加工中心采用的专门设计的浮动铰刀。这种铰刀不仅能保证在换刀和进刀过程中刀具的稳定性，而且又能通过自由浮动而准确地定心，因此其加工精度稳定。浮动铰刀的寿命比高速钢铰刀高 8～10 倍，且具有直径调整的连续性，它是加工中心所采用的一种比较理想的铰刀。

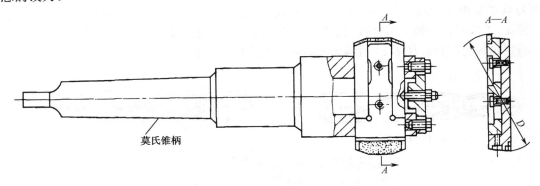

图 6-18　浮动铰刀

2. 铰孔的工艺特点

① 铰孔余量小，一般粗铰余量为 0.15～0.35mm；精铰余量为 0.05～0.15mm；切屑变形小，发热少，表面粗糙度 Ra 值小。

② 铰削速度低，粗铰一般取 $v_c = 4 \sim 10 \text{m/min}$，精铰时取 $v_c = 1.5 \sim 5 \text{m/min}$。因此，可避免产生积屑瘤，提高孔的精度，降低表面粗糙度。

③ 铰刀导向性好，铰削平稳，故铰削质量高。

④ 铰孔适应性差，铰刀只能加工一定尺寸和公差等级的孔，不宜加工阶梯孔或断续表面的孔（如花键孔），铰削一般不能校正原有孔的轴线偏斜。

6.2.5 丝锥的结构及特点

丝锥是数控机床加工内螺纹的一种常用刀具，其基本结构是一个轴向开槽的外螺纹，如图 6-19 所示。螺纹部分可分为切削锥部分和校准部分。切削锥磨出锥角，以便逐渐切去全部余量；有完整齿形，起修光、校准、导向作用。

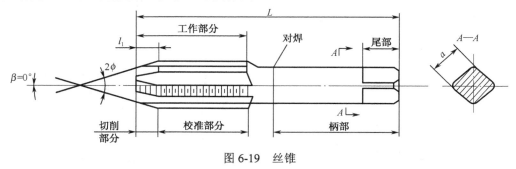

图 6-19 丝锥

6.2.6 孔加工复合刀具的结构及特点

复合刀具也称组合刀具，它是由两把以上相同类型或不同类型的刀具组合在一个刀体上使用的一种刀具。它使用刀具少、生产率高，能保证各加工表面的相互位置精度，但复合刀具制造较复杂，成本较高。常用的复合刀具有同类工艺复合刀具和不同类工艺复合刀具。同类工艺复合刀具主要由不同加工尺寸的同类刀具串接在一起，每把刀分别完成不同的加工余量或精度，例如，"铰—铰—铰"组合铰刀、"镗—镗—镗"组合镗刀等。不同类工艺复合刀具种类较多，应用也较为广泛。图 6-20 所示为三种常见的不同类工艺复合刀具。

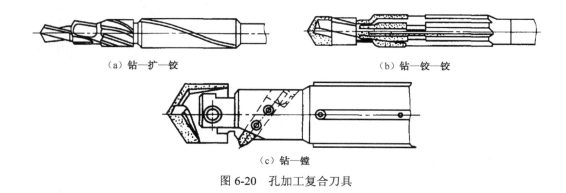

（a）钻—扩—铰　　　　　　　　　　　　（b）钻—铰—铰

（c）钻—镗

图 6-20 孔加工复合刀具

6.3　加工中心加工工艺的制定

6.3.1　加工中心加工工艺性分析

　　制定加工中心工艺方案是对工件进行数控加工的前期工艺准备工作，无论是手工编程还是自动编程，合理的工艺设计方案是编制数控加工程序的依据。加工中心工艺方案制定的内容包括工艺分析和工艺设计。

　　工艺设计包括确定加工方法，划分加工阶段，确定加工顺序和加工路线，装夹方案和夹具的选择，刀具的选择以及切削用量的选择等。编程人员必须首先制定出加工工艺方案，然后再着手进行编程。

1．加工内容的选择

　　当选择并决定对某个零件在加工中心加工后，需要进一步选择零件上适合加工中心加工的表面。根据加工中心的工艺特点，一般选择下列表面加工。

　　① 同一定位基准的表面；

　　② 孔系、螺纹；

　　③ 有孔系的平面、曲面；

　　④ 有内、外轮廓的平面；

　　⑤ 尺寸精度要求较高的表面；

　　⑥ 相互位置精度要求较高的表面；

　　⑦ 普通机床加工难以保证的复杂曲线、曲面或难以通过测量调整进给的不敞开复杂型腔表面；

　　⑧ 可以集中加工的表面。

　　要尽量合理利用加工中心，以达到产品质量、生产率及综合经济效益都为最佳的目的。由于加工中心的工时费用高，不仅要考虑加工的可能性，还要考虑加工的经济性。

2．加工中心加工零件的工艺分析

　　（1）零件图样分析

　　零件图样分析 5.3.2 节数控铣削零件图样的分析方法相同。

　　（2）分析零件的技术要求

　　分析零件的技术要求包括：尺寸精度要求、几何形状精度要求、位置精度要求、表面粗糙度与表面质量要求、热处理及其他技术要求 。

　　（3）分析零件结构工艺性

　　主要分析零件的加工内容采用加工中心加工时的可行性、经济性、方便性。

　　在加工中心上加工的零件，其结构工艺性除应符合第 3 章机械零件结构工艺性外，还应具备以下几点要求。

① 零件的切削加工量要小，以便减少加工中心的切削加工时间，降低零件的加工成本；

② 零件上孔系和螺纹的尺寸规格尽可能少，减少加工时钻头、铰刀及丝锥等刀具的数量，以防刀库容量不够；

③ 零件尺寸规格尽量标准化，以便采用标准刀具；

④ 零件加工表面应具有加工的方便性和可能性；

⑤ 零件结构应具有足够的刚性，以减少夹紧变形和切削变形。

在数控加工时应考虑零件的变形。变形不仅影响加工质量，而且当变形较大时，将使加工不能继续进行下去。这时就应当采取一些必要的工艺措施进行预防，如对钢件进行调质处理，对铸铝件进行退火处理，不能用热处理方法解决的，也可考虑粗、精加工及对称去余量等常规方法。

（4）定位基准的选择

选择定位基准六原则如下：

① 尽量选择设计基准作为定位基准；

② 定位基准与设计基准不能统一时，应严格控制定位误差保证加工精度；

③ 工件需两次以上装夹加工时，所选基准在一次装夹定位能完成全部关键精度部位的加工；

④ 所选基准要保证完成尽可能多的加工内容；

⑤ 批量加工时，零件定位基准应尽可能与建立工件坐标系的对刀基准重合；

⑥ 需要多次装夹时，基准应该前后统一。

6.3.2　加工方法的选择

加工中心常见的加工表面有平面、平面轮廓、曲面、孔和螺纹等，因此，所选的加工方法要与零件的表面特征、所要求达到的精度及表面粗糙度相适应。

1. 平面、平面轮廓及曲面

加工中心的加工工艺是以数控铣的加工工艺为基础的，因此，平面、平面轮廓及曲面在镗铣类加工中心上的加工方法就是铣削。经粗铣的平面，尺寸精度可达 IT12～IT14 级（指两平面之间的尺寸），表面粗糙度 Ra 可达 12.5～50μm。经粗、精铣的平面，尺寸精度可达 IT7～IT9 级．表面粗糙度 Ra 可达 1.6～3.2μm。

2. 孔加工

加工中心孔加工方法与数控铣相同，所不同的是加工中心有刀库，可以自动换刀，例如，一个孔加工需经过铣平面、打中心孔、钻、扩、铰等工步，用数控铣加工，5 个工步 5 个程序。每完成一个工步须换一次刀，并调用下一个程序，是断续加工。用加工中心可以自动换刀，只需一个程序连续加工。

加工中心孔加工方法有钻削、扩削、铰削和镗削等，大直径孔还可采用圆弧插补方式进行铣削加工。

① 对于直径大于 ϕ30mm 的已铸出或锻出预制孔的孔加工，一般采用粗镗—半精镗—孔口倒角—精镗，三个工步连续加工完成。

② 孔径较大的用立铣刀，采用粗铣—精铣，两个工步连续加工完成。

③ 对于直径小于φ30mm 的无预制孔的孔加工，通常采用铣平面—打中心孔—钻—扩—孔口倒角—铰的加工方案；有同轴度要求的小孔，必须采用铣平面—打中心孔—钻—半精镗—孔口倒角—精镗（铰）的加工方案。为了提高孔的位置精度，在钻孔工序前必须安排铣平面和打中心孔工步。孔口倒角安排在半精加工之后、精加工之前，以防止孔内产生毛刺。

3．螺纹的加工

螺纹的加工根据孔径大小的不同其方法也不同。一般情况下，直径为 M6～M20 的螺纹，通常采用攻螺纹的加工方法。直径为 M6 以下的螺纹，一般不在加工中心攻螺纹（因为小直径丝锥容易折断）而是在加工中心完成底孔加工，再通过其他方法攻螺纹。直径为 M20 以上的螺纹，可采用镗刀片镗削加工。

6.3.3　加工阶段的划分

在加工中心加工的零件，一般按工序集中原则划分工序，工序总数很少，往往只有一个工序，所以，其加工阶段的划分一般是指在该工序内部划分加工阶段。主要根据零件是否已经过粗加工以及加工质量要求的高低、毛坯质量的高低和零件批量的大小等因素确定。

6.3.4　工步顺序的确定

在加工中心加工零件，工序高度集中，加工顺序的安排即工步顺序的安排，一般都有多个工步，使用多把刀具。因此，加工顺序安排是否合理，直接影响到加工精度、加工效率、刀具数量和经济效益。

1．工步划分方法

加工中心工步划分方法参照数控铣削工步划分的方法。

2．工步顺序的确定

加工中心工步顺序的确定方法除参照数控铣削工步顺序确定的方法外，还应考虑以下事项。
① 若零件的尺寸精度要求较高，考虑零件尺寸精度、零件刚性和变形等因素，则采用同一表面粗加工、半精加工、精加工次序完成。
② 若零件的加工位置公差要求较高，则全部加工表面按先粗加工，然后半精加工、精加工分开进行。
③ 每道工步尽量减少刀具的空行程移动量，按最短路线安排加工表面的加工顺序。
④ 有较高同轴度要求的孔系，不采用刀具集中原则。刀具应该在一次定位后，通过顺序换刀，连续加工完成有较高同轴度要求的孔系，再加工其他位置的孔。

6.3.5　进给路线的确定

加工中心上刀具的进给路线可分为孔加工进给路线和铣削加工进给路线。加工中心加工平面、轮廓、内槽、通槽、曲面的进给路线的确定方法参照数控铣加工的进给路线的确定方法。

加工中心孔加工进给路线的确定方法有以下几个原则。

1．确定孔加工进给路线的原则

孔加工进给路线的确定应遵循第 3 章提出的几条原则。

2．孔加工时进给路线的确定

孔加工时，一般是首先将刀具在 XOY 平面内快速定位运动到孔中心线的位置上，然后刀具再沿 Z 方向（轴向）运动进行加工，所以，孔加工进给路线的确定包括以下几部分。

（1）确定 XOY 平面内的进给路线

孔加工时，刀具在 XOY 平面内的运动属于点位运动，确定进给路线时，主要考虑以下三个方面。

1）定位要迅速

对于圆周均布孔系的加工路线，要求定位精度高，定位过程尽可能快，则需在刀具不与工件、夹具和机床碰撞的前提下，应使进给路线最短，减少刀具空行程时间或切削进给时间，提高加工效率。例如，图 6-21（a）所示的零件，按图 6-21（c）所示的进给路线比按图 6-21（b）所示的进给路线进给可节省定位时间近 1/2。这是因为在点位运动的情况下，刀具由一点运动到另一点时，通常沿 X、Y 坐标轴方向同时快速移动，当 X、Y 坐标轴各自移距不同时，短移距方向的运动先停，待长移距方向的运动停止后刀具才到达目标位置。图 6-21（c）所示的方案使沿两轴方向的移距接近，因此定位过程迅速。

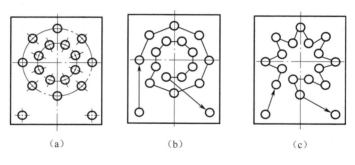

（a）　　　　　　　　（b）　　　　　　　　（c）

图 6-21　定位进给路线最短

2）定位要准确

当加工位置精度要求高的孔系加工的零件，安排进给路线时，就要避免机械进给系统反向间隙对孔定位精度的影响，一定要注意孔的加工顺序的安排和定位方向的一致，即采用单向趋近定位点的方法。例如，镗削图 6-22（a）所示零件上的 6 个孔，按图 6-22（b）所示的进给路线加工，由于孔 5、6 与孔 1、2、3、4 定位方向相反，Y 方向反向间隙会使定位误差增加，因而会影响孔 5、6 与其他孔的位置精度。按图 6-21（c）所示的进给路线，加工完孔 4 后抬刀往上多移动一段距离至 P 点，然后再折回来加工孔 5、6，这样可使孔的定位方向一致，可避免反向间隙的引入，提高了孔 5、6 与其他孔的位置精度。

3）进给路线要短

当定位迅速与定位准确不能同时满足时，应抓住主要矛盾，若按最短进给路线能保证定位精度，则取最短路线。反之，应取能保证定位准确的路线。

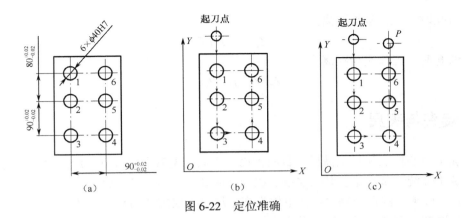

图 6-22 定位准确

（2）刀具在 Z 方向的进给路线

刀具在 Z 方向的进给路线分为快速移动进给路线和工作进给路线。刀具先从初始平面快速移动到距工件加工表面一定距离的 R 面上，然后按工作进给速度运动进行加工。图 6-23（a）所示为加工单孔时刀具的进给路线。对多孔加工，为减少刀具空行程进给时间，加工中间孔时，刀具不必退回到初始平面，只要退到 R 平面上即可，其进给路线如图 6-23（b）所示。

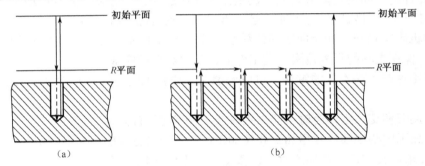

图 6-23 刀具在 Z 方向的进给路线

（3）刀具在 Z 方向切入、切出距离

R 平面距工件表面的距离称为切入距离。在孔加工 Z 方向工作进给中，工作进给距离 Z_F 包括被加工孔的深度 H、刀具的切入距离 Z_a 和切出距离 Z_0（加工通孔），如图 6-24 所示。

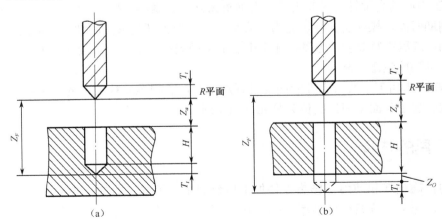

图 6-24 刀具在 Z 方向切入、切出距离

加工盲孔时，工作进给距离为

$$Z_F = Z_a + H + T_t$$

加工通孔时，工作进给距离为

$$Z_F = Z_a + H + Z_0 + T_t$$

6.3.6 装夹与夹具

根据加工中心特点和加工需要，目前常用的夹具类型有专用夹具、组合夹具、可调夹具、成组夹具及工件统一基准定位装夹系统。在选择时要综合考虑各种因素，选择较经济、合理的夹具形式。一般夹具的选择顺序：在单件生产中尽可能采用通用夹具，批量生产时优先考虑组合夹具，其次考虑可调夹具，最后考虑成组夹具和专用夹具。当装夹精度要求很高时，可配置工件统一基准定位装夹系统。

选择装夹方案应注意以下问题。

① 必须保证最小的夹紧变形。

② 夹具要尽量使在本次定位装夹中所有需要完成的待加工面充分暴露在外，夹具要尽量敞开，夹紧元件的空间位置能低则低，甚至在工件内部夹紧，必须给刀具运动轨迹留有空间，夹具不能和各工步刀具轨迹发生干涉，必须给刀具运动轨迹留有空间。

③ 考虑机床主轴与工作台面之间的最小距离和刀具的装夹长度，夹具在机床工作台上的安装位置应确保在主轴的行程范围内使工件的加工内容全部完成。

④ 小型零件或工序不长的零件，可以考虑在工作台上同时装夹几件进行加工，以提高加工效率。

⑤ 自动换刀和交换工作台时不能与夹具或工件发生干涉。

⑥ 若在加工中心连续进行粗加工和精加工，夹具既要能适应粗加工时切削力大、高刚度、夹紧力大的要求，又需适应精加工时定位精度高，零件夹紧变形尽可能小的要求。

⑦ 零件的装卸要快速、方便、可靠，以缩短机床的停顿时间。由于加工中心效率高，装夹工件的辅助时间对加工效率影向很大，所以，要求配套夹具在使用中也要装卸快速、方便。

⑧ 排屑要方便顺畅，以免切屑聚集破坏工件的定位和切屑带来的大量热量引起热变形，影响加工质量。

⑨ 加工中心的高柔性要求其夹具比普通机床结构更紧凑、简单，夹紧动作更迅速、准确，尽量减少辅助时间，操作更方便、省力、安全，而且要保证足够的刚性，能灵活多变。因此，常采用气动、液压夹紧装置。为发挥加工中心加工的效率，生产批量较大的零件加工尽可能采用多工位、气动或液压夹具。

⑩ 当在卧式加工中心对工件的四周进行加工时，若很难安排夹具的定位和夹紧装置，则可以通过减少加工表面来留出定位夹紧元件的空间。

6.3.7 刀具的选择

刀具的正确选择和使用是影响零件加工质量的重要因素。对加工中心来说，要强调选用高性能刀具，充分发挥机床的效率，提高加工精度。刀具的选择结合 5.2 节和 6.2 节内容合理选择。

6.3.8 切削用量的选择

切削用量的选择除应根据本节内容外，还应根据 3.2.8 节和 5.3.8 节所述原则、方法和注意事项，在机床说明书允许的范围之内，查阅有关手册并结合实践经验确定。计算方法按照数控铣床切削用量的方法。表 6-1～表 6-5 列出了部分孔加工切削用量，供选择参考。

表 6-1　高速钢钻头加工铸铁的切削用量

材料硬度切削用量　钻头直径/mm	160～200HBS		200～400HBS		300～400HBS	
	v_c/(m·min^{-1})	f/(mm·r^{-1})	v_c/(m·min^{-1})	f/(mm·r^{-1})	v_c/(m·min^{-1})	f/(mm·r^{-1})
1～6	16～24	0.07～0.12	10～18	0.05～0.1	5～12	0.03～0.08
6～12	16～24	0.12～0.2	10～18	0.1～0.18	5～12	0.08～0.15
12～22	16～24	0.2～0.4	10～18	0.18～0.25	5～12	0.15～0.2
22～50	16～24	0.4～0.8	10～18	0.25～0.4	5～12	0.2～0.3

注：采用硬质合金钻头加工铸铁时取 v_c=20～30m/min。

表 6-2　高速钢钻头加工钢件的切削用量

材料硬度切削用量　钻头直径/mm	σ_b=520～700MPa（35、45 钢）		σ_b=700～900MPa（15Cr、20Cr）		σ_b=1000～1100MPa（合金钢）	
	v_c/(m·min^{-1})	f/(mm·r^{-1})	v_c/(m·min^{-1})	f/(mm·r^{-1})	v_c/(m·min^{-1})	f/(mm·r^{-1})
1～6	8～25	0.05～0.1	12～30	0.05～0.1	8～15	0.03～0.08
6～12	8～25	0.1～0.2	12～30	0.1～0.2	8～15	0.08～0.15
12～22	8～25	0.2～0.3	12～30	0.2～0.3	8～15	0.15～0.25
22～50	8～25	0.3～0.45	12～30	0.3～0.45	8～15	0.25～0.35

表 6-3　高速钢铰刀铰孔的切削用量

工件材料切削用量　铰刀直径/mm	铸铁		钢及合金钢		铜铝及其合金	
	v_c/(m·min^{-1})	f/(mm·r^{-1})	v_c/(m·min^{-1})	f/(mm·r^{-1})	v_c/(m·min^{-1})	f/(mm·r^{-1})
6～10	2～6	0.3～0.5	1.2～5	0.3～0.4	8～12	0.3～0.5
10～15	2～6	0.5～1	1.2～5	0.4～0.5	8～12	0.5～1
15～25	2～6	0.8～1.5	1.2～5	0.5～0.6	8～12	0.8～1.5
25～40	2～6	0.8～1.5	1.2～5	0.5～0.6	8～12	0.8～1.5
40～60	2～6	1.2～1.8	1.2～5	0.5～0.6	8～12	1.5～2

注：采用硬质合金铰刀铰铸铁时取 v_c=8～12m/min，铰铝时取 v_c=12～15m/min。

表 6-4　镗孔的切削用量

工序	刀具	铸铁		钢及合金钢		铜铝及其合金	
		$v_c/(\text{m}\cdot\text{min}^{-1})$	$f/(\text{mm}\cdot\text{r}^{-1})$	$v_c/(\text{m}\cdot\text{min}^{-1})$	$f/(\text{mm}\cdot\text{r}^{-1})$	$v_c/(\text{m}\cdot\text{min}^{-1})$	$f/(\text{mm}\cdot\text{r}^{-1})$
粗镗	高速钢	20~25	0.4~1.5	15~30	0.35~0.7	100~150	0.5~1.5
	硬质合金	35~50		50~70		100~250	
半精镗	高速钢	20~35	0.15~0.45	15~50	0.15~0.45	100~200	0.2~0.5
	硬质合金	50~70		95~135			
精镗	高速钢	70~90	D1 级<0.08	100~135	0.12~0.15	150~400	0.06~0.1
	硬质合金		D 级 0.12~0.15				

表 6-5　攻螺纹的切削用量

加工材料	铸铁	钢及其合金钢	铝及其合金
$v_c/(\text{m}\cdot\text{min}^{-1})$	2.5~5	1.5~5	5~15

（1）侧吃刀量 a_e

侧吃刀量 a_e 为垂直于铣刀轴线测量的切削层尺寸，钻孔时，a_e 为孔径的 1/2。镗孔、铰孔、扩孔时 a_e 为切削层厚度。

（2）主轴转速 n

要确定主轴转速 n，先要确定切削速度，根据选定的切削速度 v_c 和加工直径或刀具直径按式（5-3）计算。

（3）进给速度

孔加工工作进给速度根据选择的进给量 f 和主轴转速 n 按式（5-2）计算；

攻螺纹时进给速度的选择决定于螺纹的导程 P，即

$$v_f = P \times n \tag{6-1}$$

6.4　典型零件的加工中心加工工艺分析

6.4.1　盖板零件加工中心加工工艺性分析

图 6-25 所示为盖板零件，材料为 45 钢，该零件主要由平面、外轮廓、凸台及不同尺寸的孔系组成，适合在加工中心加工。

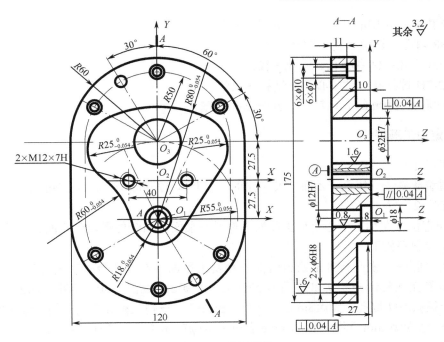

图 6-25　盖板零件

1．零件图工艺分析

ϕ12H7 内孔的表面粗糙度要求为 Ra0.8μm；ϕ32H7 和 ϕ6H8 的表面粗糙度要求为 Ra1.6 μm；ϕ32H7 内孔对 A 面的垂直度要求为 0.04mm；上表面对 A 面的平行度要求为 0.04mm，凸台轮廓对 A 面的垂直度要求为 0.04mm，所以应以 A 面为第一定位基准。

为便于在加工中心定位和夹紧，可以先由普通铣床铣其底面（A 面），并将工件外形铣成尺寸为 124mm×180mm×29mm 的四方，另一端面、凸台和孔在加工中心上一次安装完成加工。

最后以 A 面、ϕ32H7 和 ϕ12H7 孔一面两销定位铣盖板零件外轮廓。

如图 6-25 所示，将工件坐标系 G54 建立在 124mm×180mm×29mm 的工件上表面下 2mm，ϕ12H7 内孔的中心 O_1 处；将工件坐标系 G55 建立在 124mm×180mm×29mm 的工件上表面下 2mm，零件的对称中心 O_2 处；将工件坐标系 G56 建立在 124mm×180mm×29mm 的工件上表面下 2mm，ϕ32H7 内孔的中心 O_3 处。

2．选择加工方法

在加工中心上，124mm×180mm 平面用端铣的方法，凸台外形轮廓及台阶面用周铣加端铣的方法。所有孔都是在实体上加工，为防钻偏，均先用中心钻引正孔，然后再钻孔。根据孔的精度，孔深尺寸和孔底平面要求，用不同方法完成孔壁和孔底平面的加工。各加工表面选择的加工方案如下：

124mm×180mm 平面：粗铣→精铣；

凸台外形轮廓及台阶面：粗铣→精铣；

ϕ32H7 内孔：钻中心孔→钻孔→扩孔→半精镗→精镗；

ϕ12H7 内孔；钻中心孔→钻孔→粗铰→精铰；

2×ϕ6H8 内孔；钻中心孔→钻孔→铰；

6×ϕ7mm 内孔；钻中心孔→钻孔→铰；

2×M12-7H 螺纹孔；钻中心孔→钻孔→攻丝；

ϕ18mm 和 6×ϕ10mm 孔；钻中心孔→钻孔→锪孔。

3．确定加工顺序

（1）工序 1

由普通铣床铣一端平面（A 面）及两侧面，至尺寸 124mm×180mm×29mm，分三个工步。

（2）工序 2

以 A 面定位，在加工中心上加工盖板零件另一端面、凸台外形及台阶面、孔共分 21 个工步，加工工步顺序如下：

粗铣上平面→粗铣凸台外形及台阶面→精铣上平面→精铣凸台外形及台阶面→孔定位→钻ϕ32H7 底孔至ϕ18mm→扩ϕ32H7 孔至ϕ25mm→扩ϕ32H7 孔至ϕ30→半粗镗ϕ32H7 孔→精镗ϕ32H7 孔→钻ϕ12H7 底孔→锪ϕ18mm 孔→粗铰ϕ12H7 孔→精铰ϕ12H7 孔→钻 2×ϕ6H8 底孔→铰 2×ϕ6H8 孔→钻 6×ϕ7mm 底孔→锪ϕ10mm 孔→铰 6×ϕ7mm 孔→钻 M12 螺纹底孔→攻丝。

（3）工序 3

在加工中心上铣盖板零件外轮廓，分两个工步：粗铣外轮廓→精铣外轮廓。

4．装夹方案

① 铣上平面、铣凸台外形及台阶面、孔加工用平口钳定位夹紧；

② 铣盖板零件外轮廓以 A 面、ϕ32H7 和ϕ12H7 孔一面两销定位装夹，如图 6-26 所示。

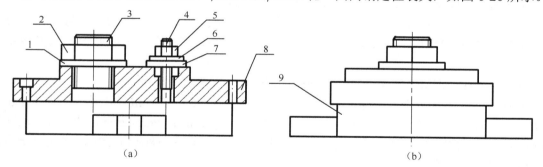

（a）　　　　　　　　　　　　　　　（b）

图 6-26　铣盖板零件外轮廓夹具示意图

1、6、7—垫圈；2、5—螺母；3、4—螺柱；8—工件；9—夹具

5．确定走刀路线

（1）铣平面走刀路线

该零件铣平面走刀路线与 5.4.1 节盘形零件铣平面走刀路线相似。

（2）铣凸台外形及台阶面走刀路线

凸台外形基点和台阶面编程数据点示意图如图 6-27 所示；凸台外形基点和台阶面编程数据点在坐标系 G54 的坐标见表 6-6。

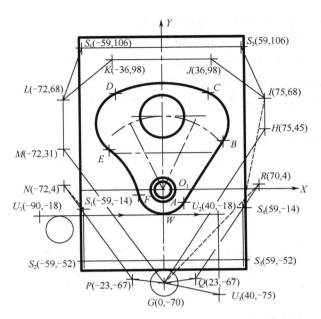

图 6-27　凸台外形基点和台阶面编程数据点 G54 坐标系示意图

表 6-6　凸台外形基点和台阶面编程数据点 G54 坐标系坐标

点	坐标	点	坐标
U_1	（-90，-18）	K	（-36，98）
U_2	（40，-18）	L	（-72，68）
U_3	（40，-75）	M	（-72，31）
W	（0，-18）	N	（-72，4）
A	（15.21，-10.25）	P	（-23，-67）
B	（44.37，35.86）	Q	（23，-67）
C	（33.81，72.5）	R	（70，4）
D	（-33.81，72.5）	S_1	（-59，-14）
E	（-38.82，30.29）	S_2	（-59，-52）
F	（-17.59，-4.46）	S_3	（59，-52）
G	（0，-70）	S_4	（59，-14）
H	（75，45）	S_5	（59，106）
I	（75，68）	S_6	（-59，106）
J	（36，98）		

　　铣凸台外形及台阶面走刀路线如图 6-27 所示，用顺铣加工，先铣轮廓线，再铣轮廓周围台阶，走刀路线如下：

　　$U_1 \to W \to A \to B \to C \to D \to E \to F \to W \to U_2 \to U_3 \to G \to H \to I \to J \to K \to L \to M \to G \to Q \to R \to G \to P \to N \to S_1 \to S_2 \to S_3 \to S_4 \to I \to S_5 \to S_6 \to L$。

　　（3）孔系加工走刀路线

　　因该零件孔系位置精度要求不高，机床的定位精度完全能保证，所有孔加工进给路线均按最短路线确定。图 6-28 和图 6-29 所示为孔加工进给路线。

图 6-28 所示的孔定位工步的进给路线如下：

孔 1→孔 2→孔 3→孔 4→孔 5→孔 6→孔 7→孔 8→孔 9→孔 10→孔 11→孔 12。

图 6-28 所示的钻 2×ϕ6mm 底孔和铰 2×ϕ6mm 孔工步的进给路线为孔 2→孔 11。

图 6-28 所示的钻 2×M12 底孔和攻丝工步的进给路线为孔 6→孔 7。

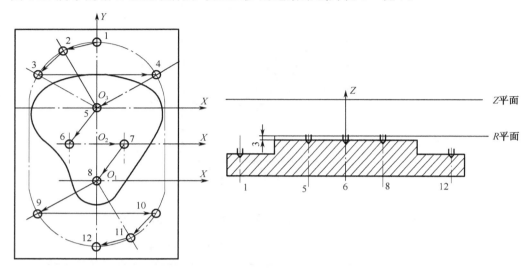

图 6-28　孔加工进给路线 1

图 6-29 所示的钻 6×ϕ7mm 底孔和铰 6×ϕ7mm 孔工步的进给路线为孔 1→孔 3→孔 4→孔 10→孔 9→孔 12。

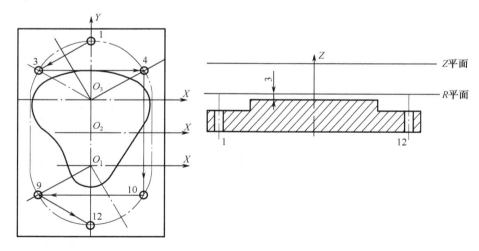

图 6-29　孔加工进给路线 2

6. 填写数控加工工序卡片

将各工序内容和切削用量填入表 6-7 盖板零件加工工艺卡片中。

表 6-7 盖板零件机械加工工艺卡片

工厂			机械加工工艺卡				产品型号		零（部）件型号			共 页
							产品名称		零（部）件名称			第 页
材料牌号		45	毛坯种类	钢板	毛坯外形尺寸/mm		126×180×34		每个毛坯件数	每台件数		备注
工序号	装夹	工步号	工序内容	同时加工零件数	切削用量			工艺装备名称及编号			技术等级	工时定额
					吃刀量/mm	每分钟转速或往复次数	进给速度/(mm·min⁻¹)	设备名称及编号	夹具	刀具 量具		
1		1	粗铣 A 平面		1.5	250	60	普通铣床	平口钳			
		2	精铣 A 平面		0.5	300	30	普通铣床	平口钳			
		3	铣 120 两侧面留余量		1.5	300	60	普通铣床	平口钳			
2		1	粗铣上平面		1.5	250	60	加工中心	平口钳			
		2	粗铣凸台轮廓及台阶面		2	300	30	加工中心	平口钳			
		3	精铣上平面		0.5	350	30	加工中心	平口钳			
		4	精铣凸台轮廓及台阶面		0.5	400	30	加工中心	平口钳			
		5	钻中心孔			1000	30	加工中心	平口钳			
		6	钻 ϕ32mmH7 底孔			300	30	加工中心	平口钳			
		7	扩钻 ϕ32mmH7 孔			300	30	加工中心	平口钳			
		8	扩钻 ϕ32mmH7 孔			300	30	加工中心	平口钳			
		9	半精镗 ϕ32mmH7 孔		0.8	500	80	加工中心	平口钳			
		10	精镗 ϕ32mmH7 孔		0.2	800	60	加工中心	平口钳	(略) (略)	单件	准终
		11	钻 ϕ12mmH7 底孔			600	60	加工中心	平口钳			
		12	锪 ϕ18mm 孔			150	30	加工中心	平口钳			
		13	粗铰 ϕ12mmH7 孔		0.1	80	30	加工中心	平口钳			
		14	精铰 ϕ12mmH7 孔			80	30	加工中心	平口钳			
		15	钻 2×ϕ6mmH8 底孔			700	30	加工中心	平口钳			
		16	铰 2×ϕ6mmH8 孔		0.1	80	30	加工中心	平口钳			
		17	钻 6×ϕ7mm 底孔			700	70	加工中心	平口钳			
		18	锪 ϕ10mm			150	30	加工中心	平口钳			
		19	铰 6×ϕ7mm 孔		0.1	80	30	加工中心	平口钳			
		20	钻 M12 螺纹底孔			600	60	加工中心	平口钳			
		21	攻丝			100	175	加工中心	平口钳			
3		1	粗铣外轮廓		1.25	400	40	加工中心	夹具			
		2	精铣外轮廓		0.5	400	25	加工中心	夹具			

编制（日期）			审核（日期）			会签（日期）			
标记	处记	更改文件号	签字	日期	标记	处记	更改文件号	签字	日期

将工序 2 各工步内容、所用刀具和切削用量填入表 6-8 盖板零件数控加工工序卡片 1 中。

表 6-8　盖板零件数控加工工序卡片 1

单位名称		数控加工工序卡	产品名称	零件名称	零件图号

工序简图

工序名称	工序号	
铣削	2	
车间	使用设备	
	加工中心	
夹具名称	夹具编号	
平口钳		
备注		

工步	工步内容	程序编号	刀具号	刀具类型	主轴转速 /(r·min⁻¹)	进给速度 /(mm·min⁻¹)	吃刀量 /mm
1	粗铣上平面	（略）	T1	$\phi100$mm 端铣刀（硬质合金）	250	60	1.5
2	粗铣凸台轮廓及台阶面	O0900	T2	$\phi25$mm 立铣刀	300	30	2
3	精铣上平面	（略）	T1	$\phi100$mm 端铣刀（硬质合金）	350	30	0.5
4	精铣凸台轮廓及台阶面	O0910	T2	$\phi25$mm 立铣刀	400	30	0.5
5	钻中心孔	O0910	T3	$\phi5$mm 中心钻	1000	30	
6	钻$\phi32$mmH7 底孔至$\phi18$mm	O0910	T18	$\phi18$mm 钻头	300	30	
7	扩$\phi32$mmH7 孔至$\phi25$mm	O0910	T19	$\phi25$mm 扩孔钻	300	30	
8	扩$\phi32$mmH7 孔至$\phi30$mm	O0910	T7	$\phi30$mm 扩孔钻	300	30	
9	半精镗$\phi32$mmH7 孔至 $\phi31.6$mm	O0910	T8	内孔镗刀（硬质合金）	500	80	0.8
10	精镗$\phi32$mmH7 孔	O0920	T8	内孔镗刀（硬质合金）	800	60	0.2
11	钻$\phi12$mmH7 底孔至$\phi11.8$mm	O0920	T10	$\phi11.8$mm 钻头	600	60	

工步	工步内容	程序编号	刀具号	刀具类型	主轴转速 /(r · min⁻¹)	进给速度 /(mm · min⁻¹)	吃刀量 /mm
12	锪 ϕ18mm 孔	O0920	T11	ϕ18mm×11mm 锪钻	150	30	
13	粗铰 ϕ12mmH7 孔	O0920	T12	ϕ12mmH7 铰刀	80	30	0.1
14	精铰 ϕ12mmH7 孔	O0920	T12	ϕ12mmH7 铰刀	80	30	
15	钻 2×ϕ6mmH8 底孔至 ϕ5.8mm	O0920	T14	ϕ5.8mm 钻头	700	30	
16	铰 2×ϕ6mmH8 孔	O0920	T15	ϕ6mmH8 铰刀	80	30	0.1
17	钻 6×ϕ7mm 底孔至 ϕ6.8mm	O0920	T4	ϕ6.8mm 钻头	700	70	
18	锪 6×ϕ10mm 孔	O0920	T5	ϕ10mm×5.5mm 锪钻	150	30	
19	铰 6×ϕ7mm 孔	O0920	T6	ϕ7mmH8 铰刀	80	30	0.1
20	钻 M12 螺纹底孔	O0920	T16	ϕ10.3mm 钻头	600	60	
21	攻丝	O0920	T17	M12 攻丝	100	175	

将工序 3 各工步内容、所用刀具和切削用量填入表 6-9 盖板零件数控加工工序卡片 2 中。

表 6-9　盖板零件数控加工工序卡片 2

单位名称		数控加工工序卡	产品名称	零件名称	零件图号
				盖板	

			工序名称	工序号	
工序简图			铣削	3	
			车间	使用设备	
				加工中心	
			夹具名称	夹具编号	
			盖板铣夹具		
			备注		

工步	工步内容	程序编号	刀具号	刀具类型	主轴转速 /(r · min⁻¹)	进给速度 /(mm · min⁻¹)	吃刀量 /mm
1	粗铣盖板轮廓	（略）	T2	ϕ25mm 立铣刀	400	40	1.25
2	精铣盖板轮廓	（略）	T2	ϕ25mm 立铣刀	400	25	0.5

7. 程序

盖板零件粗平面凸台加工程序见表 6-10。

表 6-10　盖板零件粗平面和凸台加工程序（FANUC 0i Mate 系统）

系统	FANUC 0i Mate	程序号	O0900（主程序）O0901(子程序)　O0902(子程序)	
刀具号	T1（ϕ100mm）、T2（ϕ25mm）			

O0900 号程序

程 序 内 容	说　　明
O0900；	
G17 G90 G53 G40 G49 G00 Z - 50；	程序初始化，选择工件坐标系 G55
G55；	
G91 G28 Z0；	换 1 号刀，刀具快速定位，并调用 1 号刀长度补偿
T1 M06；	
S250 M03；	
G90 G43 G00 Z50 H01；	
G00 X120 Y - 45；	
G00 Z10；	
M98 P0901；	调用 O0901 号子程序粗铣平面
G00 Z100；	
M05；	
G91 G28 Z0；	换 2 号刀，刀具快速定位，并调用 2 号刀长度补偿
T2 M06；	
S300 M03；	
G54；	
M08；	
G90 G43 G00 Z50 H02；	
G00 X - 80 Y - 75；	
G00 Z0.5；	
M98 P50902 ；	调用 O0902 号子程序分层粗铣台阶面和外形轮廓
G00 Z100；	
M05；	主轴停止，此时机床主轴停止转动
M09；	
M30；	程序结束
%	

程序内容	说　明
O0901 号子程序铣平面	
O0901；	
G00 X120 Y－45；	
G01Z－1.5 F60；	
G01 X－120 F30；	
G00 Z50；	
G00 X120 Y45；	
G01Z－1.5 F60；	
G01 X－120 F60；	
M99；	
O0902 号子程序粗铣台阶面和外形轮廓	
O0902；	
G00 X－91 Y－75；	
G91 G01 Z－2 F20；	
G90 G42 G01 Y－18 D2 F30；	
G01 X 0 Y－18 F60；	
G03 X15.21 Y－10.25 R18；	
G01 X44.37 Y35.26；	
G03 X33.81 Y72.5 R25；	
G03 X－33.81 Y72.5 R80；	
G03 X－38.82 Y30.29 R25；	
G02 X－17.59 Y－4.46 R60；	
G03 X0 Y－18 R18；	
G01 X40 Y－18；	
G40 G01 X40 Y－75	
G01 X0 Y－70；	
G01 X75 Y45；	
G01 Y68	
G01 X36 Y98 F30；	
G01 X－36 Y98	
G01 X－72 Y68 F30；	
G01 X－72 Y31；	
G01 X0 Y－70；	
G01 X23 Y－67；	
G01 X70Y4；	
G00 X0 Y－70；	

续表

程 序 内 容	说　明
G01 X – 23 Y – 67 F30；	
G01 X – 72 Y4；	
G00 X – 59 Y – 14；	
G01 X – 59Y – 52 F30；	
G01 X59Y – 52；	
G01 X59Y – 14；	
G00 X75 Y68；	
G01 X59Y106 F30；	
G01 X – 59 Y106；	
G01 X – 72 Y68；	
G00 Y – 75；	
M99；	

　　粗铣平面、粗铣外形轮廓及台阶面都留了精加工余量，粗加工后测量工件，更改刀补后进行精加工。精铣平面、精铣外形轮廓及台阶面、钻、铰孔的 FANUC 0i Mate 系统程序见表 6-11、表 6-12。

表 6-11　盖板零件精铣台阶面和外形轮廓及部分孔加工程序(FANUC 0i Mate 系统)

系统	FANUC 0i Mate	程序号	O0910（主程序）
刀具号	T1（ϕ100mm）、T2（ϕ25mm）、T3（ϕ5mm）、T7（ϕ30mm）、T8（镗刀）、T18（ϕ18mm）、T19（ϕ25mm）		

O0910 号程序

程 序 内 容	说　明
O0910；	
G17 G90 G53 G40 G49 G00 Z – 50；	程序初始化，选择工件坐标系 G55
G55；	
G91 G28 Z0；	换 1 号刀，刀具快速定位，并调用 1 号刀长度补偿
T1 M06；	
S350 M03；	
G90 G43 G00 Z50 H01；	
G00 X120 Y – 45；	
G00 Z20；	
M98 P0911；	调用 O0911 号子程序精铣平面
G00 Z100；	
M05；	换 2 号刀，刀具快速定位，并调用 2 号刀长度补偿
G54；	
G91 G28 Z0；	

续表

程 序 内 容	说　　明
T2 M06；	
S400 M03；	
M08；	
G90 G43 G00 Z50 H02；	
G00 X－80 Y－75；	
G00 Z0；	
M98 P0912 ；	调用 O0912 号子程序精铣台阶面和外形轮廓
G00 Z50；	
M05；	
M09；	
G91 G28 Z0；	换 3 号刀，刀具快速定位，并调用 3 号刀长度补偿
T3 M06；	
S1000 M03；	
G90 G43 G00 Z50 H03；	
M98 P0913 ；	调用 O0913 号子程序孔定位
G00 Z50；	
G55；	
M05；	
G91 G28 Z0；	
T18 M06；	换 18 号刀，刀具快速定位，并调用 18 号刀长度补偿
S300 M03；	
G90 G43 G00 Z50 H18；	
M98 P0915；	调用 O0915 号子程序钻 ø32H7 底孔ø18mm
G00 Z50；	
M05；	
G91 G28 Z0；	
T19 M06；	换 19 号刀，刀具快速定位，并调用 19 号刀长度补偿
S300 M03；	
G90 G43 G00 Z50 H19；	
M98 P0915；	调用 O0915 号子程序扩 ø32H7 底孔至ø25mm
G00 Z50；	
M05；	
G91 G28 Z0；	
T7 M06；	换 7 号刀，刀具快速定位，并调用 7 号刀长度补偿
S300 M03；	
G90 G43 G00 Z50 H07；	

续表

程 序 内 容	说 明
M98 P0915；	调用 O0915 号子程序扩 ϕ32 H7 底孔至 ϕ30mm
G00 Z50；	
M05；	
G91 G28 Z0；	
T8 M06；	换 8 号刀，刀具快速定位，并调用 8 号刀长度补偿
S500 M03；	
G90 G43 G00 Z50 H08；	
M98 P0925；	调用 O0925 号子程序半精镗 ϕ32H7 孔至 ϕ31.6mm
G00 Z100；	
M05；	
M30；	程序结束
%	
O0911 号子程序铣平面	
O0911；	
G00 X120 Y - 45；	
G01Z - 2 F60；	
G01 X - 120 F30；	
G00 Z50；	
G00 X120 Y45；	
G01Z - 2 F60；	
G01 X - 120 F30；	
M99；	
O0912 号子程序精铣台阶面和外形轮廓	
O0912；	
G00 X - 91 Y - 75；	
G91 G01 Z - 10 F20；	
G90 G42G01 X - 91 Y - 18 D2 F30；	
G01 X0Y - 18 F30；	
G03 X15.21 Y - 10.25 R18；	
G01 X44.37 Y35.26；	
G03 X33.81 Y72.5 R25；	
G03 X - 33.81 Y72.5 R80；	
G03 X - 38.82 Y30.29 R25；	
G02 X - 17.59 Y - 4.46 R60；	
G03 X0 Y - 18 R18；	
G01 X40 Y - 18；	

程 序 内 容	说　明
G40 G01 X40 Y - 75;	
G01 X0 Y - 70;	
G01 X75 Y45;	
G00 Y68;	
G01 X36 Y98 F30;	
G01 X - 36 Y98	
G01 X - 72 Y68 F30;	
G01 X - 72 Y31;	
G01 X0 Y - 70;	
G01 X23 Y - 67;	
G01 X70Y4;	
G00 X0 Y - 70;	
G01 X - 23 Y - 67 F30;	
G01 X - 72 Y4;	
G00 X - 59 Y - 14;	
G01 X - 59Y - 52 F30;	
G01 X59Y - 52;	
G01 X59Y - 14;	
G00 X75 Y68;	
G01 X59Y106 F30;	
G01 X - 59 Y106;	
G01 X - 72 Y68;	
G00 Y - 75;	
M99;	
O0913 号子程序孔定位	
O0913;	
G56;	
G16 G99 G81 X50 Y90 Z - 14 R3 F30;	
G99 G81 X50 Y120 Z - 14 R3 F30;	
G98 G81 X50 Y150 Z - 14 R3 F30;	
G98 G81 X50 Y30 Z - 14 R3 F30;	
G15;	
G55;	
G99 G81X0 Y27.5 Z - 4R3 F30;	
X - 20 Y0;	
X20 Y0;	

程 序 内 容	说　明
G98 G81 X0 Y － 27.5 Z － 4R3 F30；	
G54；	
G16 G98 G81 X50 Y210 Z － 14 R3 F30；	
G99 G81 X50 Y330 Z － 14 R3 F30；	
G99 G81 X50 Y300 Z － 14 R3 F30；	
G98 G81 X50 Y270 Z － 14R3 F30；	
G15；	
G80 G00 Z50；	
M99；	
O0915 号子程序钻φ32mm 孔	
G98 G81 X0 Y27.5 Z － 37 R3F30；	
G80 G00 Z50；	
M99；	
O0925 号子程序镗φ32mm 孔	
G98 G85 X0 Y27.5 Z － 35 R3 F30；	
G80 G00 Z50；	
M99；	

表 6-12　盖板零件部分孔加工程序（FANUC 0i Mate 系统）

系统	FANUC　0i Mate	程序号	O0920（主程序）
刀具号	T4（φ 6.8mm）、T5（φ10mm）、T6（φ7mm）、T8（镗刀）、T10（φ11.8mm）、T11（φ18mm）、T12（φ12mm）、T14（φ5.8mm）、T15（φ6mm）、T16（φ10.3mm）、T 17（M12）		

O0910 号程序

程 序 内 容	说　明
O0910；	
G17 G90 G53 G40 G49 G00 Z － 50；	程序初始化，选择工件坐标系 G55
G55；	
G91 G28 Z0；	
T8 M06；	
S800 M03；	
G90 G43 G00 Z50 H08；	
M98 P0925；	调用 O0925 号子程序精镗φ32H7 孔
G00 Z50；	
M05；	
G91 G28 Z0；	
T10 M06；	
S600 M03；	

程 序 内 容	说 　 明
G90 G43 G00 Z50 H10；	
M98 P0916；	调用 O0916 号子程序钻 ϕ12H7 底孔
G00 Z50；	
M05；	
M08；	
G91 G28 Z0；	
T11 M06；	
S150 M03；	
G90 G43 G00 Z50 H11；	
M98 P0926；	调用 O0926 号子程序锪 ϕ18mm 孔
G00 Z50；	
M05；	
G91 G28 Z0；	
T12 M06；	
S80 M03；	
G90 G43 G00 Z50 H12；	
M98 P0936；	调用 O0936 号子程序粗铰 ϕ12H7 孔
G00 Z50；	
M98 P0936；	调用 O0936 号子程序精铰 ϕ12H7 孔
G00 Z50；	
M05；	
M09；	
G91 G28 Z0；	
T14 M06；	
S700 M03；	
G90 G43 G00 Z50 H14；	
M98 P0917；	调用 O0917 号子程序钻 2×ϕ6H8 底孔
G00 Z50；	
M05；	
G91 G28 Z0；	
T15 M06；	
S70 M03；	
G90 G43 G00 Z50 H15；	
M98 P0927；	调用 O0927 号子程序铰 2×ϕ6H8 孔
G00 Z50；	
M05；	

续表

程 序 内 容	说　　明
G91 G28 Z0；	
T4 M06；	
S700 M03；	
G90 G43 G00 Z50 H04；	
M98 P0914；	调用 O0914 号子程序钻 $6\times\phi7$mm 底孔
G00 Z50；	
M05；	
M08；	
G91 G28 Z0；	
T5 M06；	
S150 M03；	
G90 G43 G00 Z50 H05；	
M98 P0924；	调用 O0924 号子程序锪 $6\times\phi10$mm 孔
G00 Z50；	
M05；	
G91 G28 Z0；	
T6 M06；	
S70 M03；	
G90 G43 G00 Z50 H06；	
M98 P0934；	调用 O034 号子程序铰 $6\times\phi7$mm 孔
G00 Z50；	
M05；	
M09；	
G55；	
G91 G28 Z0；	
T16 M06；	
S700 M03；	
G90 G43 G00 Z50 H16；	
M98 P0918；	调用 O0918 号子程序钻 M12 底孔
G00 Z50；	
M05；	
M09；	
G91 G28 Z0；	
T17 M06；	
S100 M03；	
G90 G43 G00 Z50 H17；	

程 序 内 容	说 明
M98 P0928；	调用 O0928 号子程序攻丝
M05；	
M30；	程序结束
%	
O0914 号子程序钻 6×ϕ7mm 底孔	
O0914；	
G56；	
G16 G99 G81 X50 Y90 Z－35 R3 F30；	
G98 G81 X50 Y150 Z－35 R3 F30；	
G98 G81 X50 Y30 Z－35 R3 F30；	
G15；	
G54；	
G16 G98 G81 X50 Y330 Z－35 R3 F30；	
G99 G81 X50 Y210 Z－35 R3 F30；	
G98 G81 X50 Y270 Z－35 R3 F30；	
G15；	
G80 G00 Z50；	
M99；	
O0924 号子程序锪 6×ϕ10mm 孔	
O0924；	
G56；	
G16 G99 G81 X50 Y90 Z－16 R3 F30；	
G98 G81 X50 Y150 Z－16 R3 F30；	
G98 G81 X50 Y30 Z－16 R3 F30；	
G15；	
G54；	
G16 G98 G81 X50 Y330 Z－16 R3 F30；	
G99 G81 X50 Y210 Z－16 R3 F30；	
G98 G81 X50 Y270 Z－16 R3 F30；	
G15；	
G80 G00 Z50；	
M99；	
O0934 号子程序铰 6×ϕ7mm 孔	
O0934；	
G56；	
G16 G99 G85 X50 Y90 Z－35 R3 30；	

程 序 内 容	说　明
G98 G85 X50 Y150 Z – 35 R3 F30；	
G98 G85 X50 Y30 Z – 35 R3 F30；	
G15；	
G54；	
G16 G98 G85 X50 Y330 Z – 35 R3 F30；	
G99 G85 X50 Y210 Z – 35 R3 F30；	
G98 G85 X50 Y270 Z – 35 R3 F30；	
G15；	
G80 G00 Z50；	
M99；	
O0925 号子程序镗ϕ32H7 孔	
G98 G85 X0 Y27.5 Z – 35 R3 F30；	
G80 G00 Z50；	
M99；	
O0916 号子程序钻ϕ12H7 底孔	
G98 G81 X0 Y – 27.5 Z – 37 R3 F30；	
G80 G00 Z50；	
M99；	
O0926 号子程序锪ϕ18mm 孔	
G98 G81 X0 Y – 27.5 Z – 8 R3 F30；	
G80 G00 Z50；	
M99；	
O0936 号子程序铰ϕ12H7 孔	
G98 G85 X0 Y – 27.5 Z – 35 R3 F20；	
G80 G00 Z50；	
M99；	
O0917 号子程序钻 2×ϕ6H8 底孔	
G56；	
G16 G98 G81 X50 Y120 Z – 35 R3 F30；	
G15；	
G54；	
G16 G98 G81 X50 Y300 Z – 35 R3 F30；	
G15；	
G80 G00 Z50；	
M99；	
O0927 号子程序铰 2×ϕ6H8 孔	

续表

程 序 内 容	说　明
G56;	
G16G98 G85 X50 Y120 Z - 35 R3 F20;	
G15;	
G54;	
G16G98 G85X50 Y300 Z - 35 R3 F20;	
G15;	
G80 G00 Z50;	
M99;	
O0918 号子程序钻 M12 底孔	
G55;	
G99 G81 X20 Y0 Z - 35 R3 F30;	
G98 G81 X - 20 Y0 Z - 35 R3 F30;	
G80 G00 Z50;	
M99;	
O0928 号子程序攻 M12 螺纹	
G99 G84 X20 Y0 Z - 35 R3F175;	
G98 G84 X - 20 Y0 Z - 35 R3 F175;	
G80 G00 Z50;	
M99;	

6.4.2　箱体零件加工中心加工工艺性分析

1. 零件图工艺分析

图 6-30 所示为箱体零件，材料为 YL12，毛坯尺寸为 324mm×264mm×64mm，单件生产。该零件主要由平面、型腔、凸台及不同尺寸的孔系组成，适合在加工中心加工。正面有四个矩形槽、矩形槽中凸台、孔、反面有一个矩形通槽。

为便于在加工中心上定位和夹紧，可以先由普通铣床铣其底面，并将工件外形铣成尺寸为 320mm×260mm×62mm 的四方体，铣 224mm 的通槽。另一端面、矩形槽、凸台和孔在加工中心上一次安装完成加工。

在加工中心上，将工件坐标系 G54 建立在 320mm×260mm×62mm 的工件上表面下 2mm 处，ϕ40mmH7 内孔的中心 O 处。

2. 选择加工方法

在加工中心上，320mm×260mm 平面用端铣的方法，型腔及底面用周铣加端铣的方法。所有孔都是在实体上加工，为防钻偏，均先用中心钻引正孔，然后再钻孔。根据孔的精度，孔深尺寸和孔底平面要求，用不同方法完成孔壁和孔底平面的加工。各加工表面选择的加工方案如下：

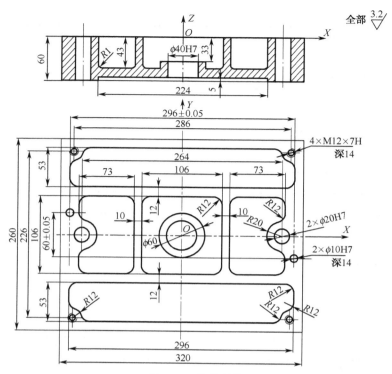

图 6-30 箱体零件

320mm×260mm 平面：粗铣→精铣；

型腔及槽底面：粗铣→精铣；

ϕ40mmH7 内孔：钻中心孔→钻孔→扩孔→扩孔→半精镗→精镗；

2×ϕ20mmH7 内孔：钻中心孔→钻孔→扩孔→铰；

2×ϕ10mmH7 内孔：钻中心孔→钻孔→铰；

4×M12-7H 螺纹孔：钻中心孔→钻孔→攻丝。

3. 确定加工顺序

（1）工序 1

由普通铣床铣底平面及四侧面至尺寸 320mm×260mm×62mm，铣 224mm 的通槽。分三个工步。

（2）工序 2

以底平面定位，在加工中心加工零件另一端面、型腔及槽底面、孔共分 19 个工步，加工工步顺序如下：

粗铣上平面→精铣上平面→分层粗铣 106mm×106mm 矩形槽至ϕ60mm 凸台平面上 0.5mm→分层粗铣各型腔及槽底面→精铣 106mm×106mm 矩形槽ϕ60mm 凸台平面→精铣各型腔及槽底面→孔定位→钻ϕ40mmH7 底孔至ϕ18mm→扩ϕ40mmH7 孔至ϕ28mm→扩ϕ40mmH7 孔至ϕ38mm→半精镗ϕ40mmH7 孔至ϕ39.6mm→精镗ϕ40mmH7 孔→钻 2×ϕ10mmH7 底孔至ϕ9.8mm→铰 2×ϕ10mmH7 孔→钻 2×ϕ20mmH7 底孔至ϕ18mm→扩ϕ20mmH7 孔至ϕ19.7mm→铰ϕ20mmH7 孔→钻 M12 螺纹底孔→攻丝。

4. 装夹方案

用平口钳定位夹紧。

5. 确定走刀路线

（1）铣平面走刀路线

该零件的铣平面走刀路线与 5.4.1 节盘形零件铣平面走刀路线相似。

（2）铣型腔及槽底面走刀路线

型腔及槽底面基点示意图如图 6-31 所示，基点在 G54 坐标系的坐标见表 6-13。

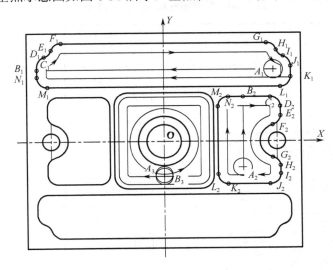

图 6-31　型腔基点示意图

表 6-13　加工内轮廓主要基点坐标

节　点	坐　标	节　点	坐　标
A_1	（128，78）	A_2	（93，−31）
B_1	（−148，78）	B_2	（93，53）
C_1	（−148，90）	C_2	（125，53）
D_1	（−140，102）	D_2	（137，41）
E_1	（−132，110）	E_2	（137，31）
F_1	（−120，118）	F_2	（127，19）
G_1	（120，118）	G_2	（127，−19）
H_1	（132，110）	H_2	（137，−31）
I_1	（140，102）	I_2	（137，−41）
J_1	（148，90）	J_2	（125，−53）
K_1	（148，76）	K_2	（76，−53）
L_1	（136，64）	L_2	（63，−41）

续表

节　点	坐　标	节　点	坐　标
M_1	(-136, 64)	M_2	(63, 41)
N_1	(-148, 76)	N_2	(76, 53)
A_3	(0, -41)	B_3	(0, -42)

6．填写数控加工工序卡片

将工序 2 各工步内容、所用刀具和切削用量填入表 6-14 箱体零件数控加工工序卡片中。

表 6-14　箱体零件数控加工工序卡片

单位名称		数控加工工序卡	产品名称	零件名称	零件图号

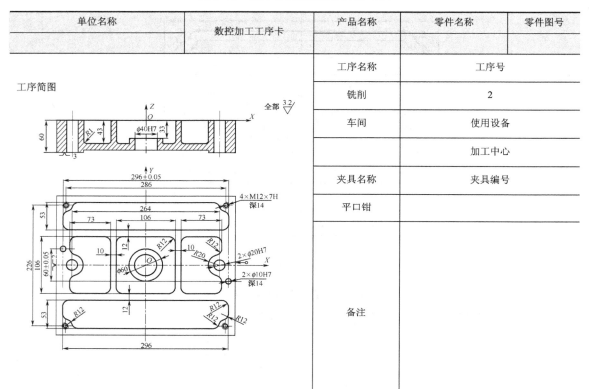

	工序名称	工序号
	铣削	2
	车间	使用设备
		加工中心
	夹具名称	夹具编号
	平口钳	
	备注	

工步	工步内容	程序编号	刀具号	刀具类型	主轴转速 /(r·min⁻¹)	进给速度 /(mm·min⁻¹)	吃刀量 /mm
1	粗铣上平面	（略）	T1	ϕ140mm 端铣刀（硬质合金）	200	60	1.5
2	精铣上平面	（略）	T1	ϕ140mm 端铣刀（硬质合金）	250	30	0.5
3	粗铣上面 106mm×106mm 矩形槽至凸台平面（分层）深 32.5mm	（略）	T3	ϕ65mm 键槽铣刀	100	30	2
4	粗铣上面其他各矩形槽（分层）	（略）	T2	ϕ20mm 键槽铣刀	300	30	2

续表

工步	工步内容	程序编号	刀具号	刀具类型	主轴转速 /(r·min⁻¹)	进给速度 /(mm·min⁻¹)	吃刀量 /mm
5	精铣 106mm×106mm 矩形槽 ϕ60mm 凸台平面	（略）	T3	ϕ65mm 键槽铣刀	160	30	0.5
6	精铣上面其他各矩形槽	O3003	T2	ϕ20mm 键槽铣刀	400	30	0.5
7	孔定位	（略）	T4	ϕ6mm 中心钻	1000	30	
8	钻 ϕ40mmH7 底孔至 ϕ18mm	（略）	T5	ϕ18mm 钻头	300	30	
9	扩 ϕ40mmH7 孔至 ϕ28mm	（略）	T6	扩孔钻 ϕ28mm	300	30	
10	扩 ϕ40mmH7 孔至 ϕ38mm	（略）	T7	扩孔钻 ϕ38mm	300	30	
11	半精镗 ϕ40mmH7 孔至 ϕ39.6mm	（略）	T8	内孔镗刀（硬质合金）	400	80	0.8
12	精镗 ϕ40mmH7 孔	（略）	T8	内孔镗刀（硬质合金）	800	60	0.2
13	钻 2×ϕ10mm 孔至 ϕ9.8mm	（略）	T9	ϕ9.8mm 钻头	600	60	
14	铰 2×ϕ10H7 孔	（略）	T10	ϕ10mmH7 铰刀	90	30	0.1
15	钻 2×ϕ20mm 孔至 ϕ18mm	（略）	T11	ϕ18mm 钻头	300	30	
16	扩 2×ϕ20mm 孔至 ϕ19.7mm	（略）	T12	ϕ19.7mm 扩孔钻	300	30	
17	铰 2×ϕ20mmH7 孔	（略）	T13	ϕ20mmH7 铰刀	80	30	0.15
18	钻 M12 螺纹底孔	（略）	T14	ϕ10.3mm 钻头	600	60	
19	攻丝	（略）	T15	M12 攻丝	100	175	

7. 程序

箱体零件精铣上面各矩形槽数控程序见表 6-15。

表 6-15 箱体零件精铣上面各矩形槽数控程序

系统	FANUC 0i Mate	程序号	O3003
刀具号	T2		

O3003 号程序

程 序	说 明
O3003；	程序名
G17 G90 G53 G40 G00 Z－50；	程序初始化，包括切削平面指令，绝对编程 G90，选择机床坐标系 G53，取消刀具半径补偿，快速移动到机床 O 点以下 50mm 的地方
G54；	选择工件坐标系 G54
S400 M03；	主轴正转，转速为 400r/min
G00 Z50；	刀具 Z 方向快速移动到工件坐标系 O 点以上 50mm 的地方

程　序	说　明
G00 X0 Y10 Z5；	
M98 P3110；	
G00 Z50；	
G51.1 Y0；	
M98 P3110；	
G50.1 Y0；	
G00 Z50；	
G00 X0 Y10 Z5；	
M98 P3111；	
G00 Z50；	
G51.1 X0；	
M98 P3111；	
G00 Z50；	
G50.1 X0；	
G00 X0 Y10 Z10；	
M98 P3112；	
G00 Z100；	刀具 Z 方向快速移动到工件坐标系 O 点以上 100mm 处
M05；	主轴停止，此时机床主轴停止转动
M30；	程序结束
%	程序结束符
O3110 号子程序铣 296mm×53mm×43mm 槽	
O3110；	
G00 X128 Y78；	
G01 Z－43 F20；	
G42 G01 X－148 Y78 D2F60；	$A_1 \rightarrow B_1$
G01 X－148 Y90；	$B_1 \rightarrow C_1$
G02 X－140 Y102 R12；	$C_1 \rightarrow D_1$
G03 X－132 Y110 R12；	$D_1 \rightarrow E_1$
G02 X－120 Y118 R12；	$E_1 \rightarrow F_1$
G01 X120 Y118 ；	$F_1 \rightarrow G_1$
G02 X132 Y110 R12；	$G_1 \rightarrow H_1$
G03 X140 Y102 R12；	$H_1 \rightarrow I_1$
G02 X148 Y90 R12；	$I_1 \rightarrow J_1$
G01 X148 Y76；	$J_1 \rightarrow K_1$
G02 X136 Y64 R12；	$K_1 \rightarrow L_1$
G01 X－136 Y64；	$L_1 \rightarrow M_1$

程　　序	说　　明
G02 X－148 Y76 R12；	$M_1 \rightarrow N_1$
G01 X－148 Y78；	$N_1 \rightarrow B_1$
G40 G01 X128；	$B_1 \rightarrow A_1$
M99；	
O3111 号子程序铣 106mm×73mm×43mm 槽	
O3111；	
G00 X93 Y－31；	
G01 Z－43 F20；	
G42 G01 X93 Y53 D2 F30；	$A_2 \rightarrow B_2$
G01 X125 Y53；	$B_2 \rightarrow C_2$
G02 X137 Y41 R12；	$C_2 \rightarrow D_2$
G01 X137 Y31；	$D_2 \rightarrow E_2$
G02 X127 Y19 R12；	$E_2 \rightarrow F_2$
G03 X127 Y－19 R20；	$F_2 \rightarrow G_2$
G02 X137 Y－31 R12；	$G_2 \rightarrow H_2$
G01 X137 Y－41 ；	$H_2 \rightarrow I_2$
G02 X125 Y－53 R12；	$I_2 \rightarrow J_2$
G01 X76 Y－53；	$J_2 \rightarrow K_2$
G02 X63 Y－41 R12；	$K_2 \rightarrow L_2$
G01 X63 Y41；	$L_2 \rightarrow M_2$
G02 X76 Y53 R12；	$M_2 \rightarrow N_2$
G01 X93 Y53；	$N_2 \rightarrow B_2$
G40 G01 X－31；	$B_2 \rightarrow A_2$
M99；	
O3112 号子程序铣 106mm×106mm×43mm 槽	
O3112；	
G00 X0 Y－80；	
G42 G01 X0 Y－30D2 F60；	
G01 Z－43 F20；	
G03 X0 Y－30 I0J30 F30；	
G00 Z10；	
G40 G00 X0 Y－80；	
G00 X0 Y80；	

续表

程　序	说　明
G42 G01 X0 Y－53D2 F60；	
G01 Z－43 F20；	
G01 X－41 Y－53 F20；	
G02 X－53 Y－41；	
G01 X－53 Y41；	
G02 X－41 Y53；	
G01 X41 Y53；	
G02 X53 Y41；	
G01 X53 Y－41；	
G02 X41 Y－53；	
G01 X0 Y－53；	
G00 Z10；	
G40 G00 X0 Y80；	
M99；	

思考题 6

6.1 数控加工中心有哪些工艺特点？

6.2 适合加工中心加工的对象有哪些？

6.3 在加工中心加工零件，对零件的工艺分析应包括哪些内容？

6.4 在加工中心钻孔与在普通机床上钻孔相比，对刀具有哪些更高的要求？

6.5 数控铣床与加工中心有何共性？有何区别？

6.6 加工中心的刀具主要有哪几种形式？

6.7 如图 6-32 所示零件，分别按"定位迅速"和"定位准确"的原则确定 XOY 平面的孔加工进给路线。

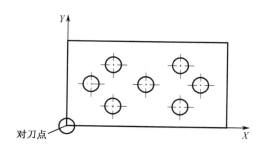

图 6-32　题 6.7 图

6.8 如图 6-33 所示，零件为基座圆盘，是机械加工中很常见的形状，材料为 HT200，试对其进行加工中心的加工工艺分析。

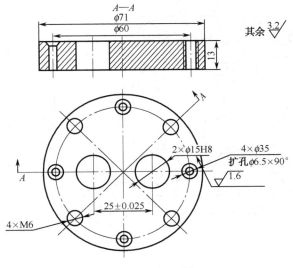

图 6-33 题 6.8 图

6.9 编制如图 6-34 所示的零件的数控加工工艺路线，零件材料为 45 钢。

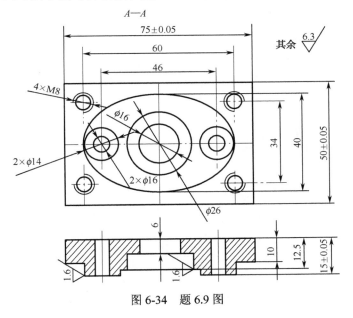

图 6-34 题 6.9 图

6.10 编制如图 6-35 所示零件的数控加工工艺路线，零件材料为 45 钢。

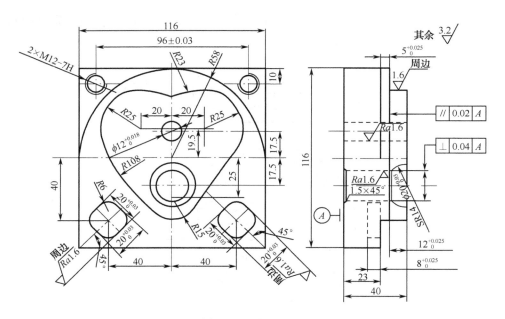

图 6-35　题 6.10 图

参 考 文 献

[1] 杨继宏．数控加工工艺手册．北京：机械工业出版社，2006．

[2]郑修本．机械制造工艺学．北京：机械工业出版社，2006．

[3] 李志华．数控加工工艺手册与装备．北京：清华大学出版社，2005．

[4] 刘长伟．数控加工工艺．西安：西安电子科技大学出版社，2007．

[5] 蔡兰．数控加工工艺学．北京：化学工业出版社，2005．

[6] 冯辛安．机械制造装备设计．北京：机械工业出版社，2005．

[7] 谢家瀛．机械制造技术概论．北京：机械工业出版社，2001．

[8] 苏建修．数控加工工艺．北京：机械工业出版社，2009．

[9] 施晓芳．数控铣工与加工中心操作工快速提高．北京：北京理工大学出版社，2010．

[10] 赵长明．数控加工中心加工工艺与技巧．北京：化学工业出版社，2009．

[11] 杨晓平．数控加工工艺．北京：北京理工大学出版社，2009．

[12] 贺曙新．数控加工工艺．北京：化学工业出版社，2005．

[13] 田苹．数控机床加工工艺及设备．北京：电子工业出版社，2005．

[14]杨志勇．数控编程与加工技术．北京：机械工业出版社，2002．

[15]田春霞．数控加工工艺．北京：机械工业出版社，2006．

[16]朱焕池．机械制造工艺学．北京：机械工业出版社，1999．

[17]刘雄伟．数控机床操作与编程培训教程．北京：机械工业出版社，2002．

[18]鞠鲁粤．机械制造基础．上海：上海交通大学出版社，1998．

[19]肖华．机械制造基础：下册．北京：中国水利水电出版社，2005．

[20]李郝林．机床数控技术．北京：机械工业出版社，2001．

[21] 刘书华．数控机床与编程．北京：机械工业出版社，2002．

反侵权盗版声明

电子工业出版社依法对本作品享有专有出版权。任何未经权利人书面许可，复制、销售或通过信息网络传播本作品的行为，歪曲、篡改、剽窃本作品的行为，均违反《中华人民共和国著作权法》，其行为人应承担相应的民事责任和行政责任，构成犯罪的，将被依法追究刑事责任。

为了维护市场秩序，保护权利人的合法权益，我社将依法查处和打击侵权盗版的单位和个人。欢迎社会各界人士积极举报侵权盗版行为，本社将奖励举报有功人员，并保证举报人的信息不被泄露。

举报电话：（010）88254396；（010）88258888
传　　真：（010）88254397
E-mail：　dbqq@phei.com.cn
通信地址：北京市海淀区万寿路 173 信箱
　　　　　电子工业出版社总编办公室
邮　　编：100036